既有工业建筑园区更新改造研究与应用
——鲢鱼洲文化创意产业园

晏　曼　谢璋辉　张彤炜　周书东　主编

中国建筑工业出版社

图书在版编目（CIP）数据

既有工业建筑园区更新改造研究与应用：鳡鱼洲文
化创意产业园/晏曼等主编. — 北京：中国建筑工业
出版社，2021.8
ISBN 978-7-112-26308-0

Ⅰ.①既…　Ⅱ.①晏…　Ⅲ.①工业园区-改造-研究
-东莞　Ⅳ.①TU984.13

中国版本图书馆CIP数据核字（2021）第133171号

　　本书对既有工业建筑转变为文化创意园的更新与改造过程中遇到的问题
及解决方案进行收集、归纳、提炼，为同类工业建筑提供更新与改造经验，有
效提高同类型工业建筑的更新与改造效率，降低项目总体成本。通过对既有工
业建筑的更新与改造技术提炼，从建筑整体方案策划、房屋鉴定、施工技术、
建筑布局等角度总结一套适用于既有工业建筑的更新与改造技术。

　　本书共11章，包括绪论、国内外既有工业建筑更新改造相关调查与研究、
鳡鱼洲园区项目背景与现状分析、鳡鱼洲园区更新改造策划、鳡鱼洲园区更新
改造设计研究、既有工业建筑鉴定与评价分析、鳡鱼洲既有工业建筑结构修复
及改建、更新改造案例分析（饲料厂原料立筒库）、更新改造案例分析（残损
厂房）、更新改造案例分析（其他建筑）及附录。本书是工程各参建单位、技
术咨询单位等共同努力的结晶，可供类似工程建设、设计、施工等单位从业人
员参考及使用，也可供大专院校相关专业师生使用。

　　责任编辑：杨　杰　范业庶
　　责任校对：芦欣甜

既有工业建筑园区更新改造研究与应用
——鳡鱼洲文化创意产业园
晏　曼　谢璋辉　张彤炜　周书东　主编

*

中国建筑工业出版社出版、发行(北京海淀三里河路9号)
各地新华书店、建筑书店经销
北京鸿文瀚海文化传媒有限公司制版
北京建筑工业印刷厂印刷

*

开本：787毫米×1092毫米　1/16　印张：18　字数：443千字
2021年8月第一版　　2021年8月第一次印刷
定价：**85.00**元
ISBN 978-7-112-26308-0
（37756）

本书编委会

主　　编：晏　曼　谢璋辉　张彤炜　周书东

副 主 编：倪宏飞　黄志明　廖俊晟　刘　亮
　　　　　李志青　傅书满

参编人员：何建修　叶雄明　麦镇东　南　楠
　　　　　张　益　周小梅　杨会会　杨红婧
　　　　　张新平　林丹莹　邓志军　余　勇
　　　　　曹　波　陈宇震　马骁智　刘玉春
　　　　　刘茵茵　叶瑞丰

主编单位：东莞市莞城建筑工程有限公司
　　　　　东莞市建筑科学研究所

参编单位：广东华方工程设计有限公司第五设计所
　　　　　广东鑫诚建筑工程有限责任公司

前　言

改革开放以来，我国经历了前所未有的快速城市化进程，各地建成了一大批具有不同时代特征、兼具技术与艺术价值的工业建筑，构成特定历史时期的文化象征，日益成为城市的特色标识和公众的时代记忆。

随着国民经济的高速发展，工业园区的核心产业"退二进三"，首批进驻市区内的制造业企业逐渐外迁，区域内大量的工业企业与仓储设施被废除或者转移到城市新区，遗留下来了一定数量的工业遗产。在中国城市的更新过程中，城市中相当多的工业建筑正面临着拆毁废弃和改造再利用两种不同的命运。这些工业建筑大多具有大跨度、大空间、结构坚固的特点，并且真实地反映原有的工业时代特征。

我国城市建筑开发建设将逐渐由新建建筑向既有建筑更新、改造、扩建和功能提升等方向发展。既有工业建筑承载着城市发展历史，是城市的发展的集体记忆。这些既有工业建筑原有生产功能不能满足新的发展需求，但仍具有较长使用寿命，大拆大建不符合绿色低碳发展的时代要求，对既有工业建筑改造升级，保留时代记忆和工业遗产，塑造特色建筑风貌，提高城市品质，成为新时期的必然要求。东莞市政府提出"湾区都市、品质东莞"的城市发展定位，既有工业建筑园区更新与改造应运而生。

"鳒鱼洲文化创意产业园"为1.5级开发用地项目，项目位于东江大道东侧，厚街水道西侧，是改革开放初期作为全国农业工业化先驱和模范的重要物证及东莞市最具特色的工业遗址之一。"鳒鱼洲文化创意产业园"充分发挥滨水景观优势，整体规划"一环、两点、三轴、四廊"。开发内容为历史建筑保护、Ⅰ类及Ⅱ类保护建筑改造及活化利用、扩建新建建筑，主要是将既有工业建筑升级改造为艺术设计工作室、展览中心、创意孵化中心，以及扩建文创办公及休闲娱乐配套设施等。

通过对东莞市鳒鱼洲文化创意产业园更新活化研究，结合珠三角城市更新改造案例的调研，总结鳒鱼洲更新改造的关键技术，从而为珠三角片区既有工业建筑更新活化项目提供相关素材及借鉴。

目　录

第1章　绪论

1.1　研究背景

改革开放以来，我国经历了前所未有的快速城市化进程，各地建成了一大批具有时代特征、兼具技术与艺术价值的工业建筑。它们构成了特定历史时期的文化象征，日益成为城市的特色标识和公众的时代记忆。

随着我国经济的高速发展，工业园区的核心产业"退二进三"，首批进驻市区内的制造业企业逐渐外迁，区域内大量的工业企业与仓储设施被废除或者转移到城市新区后，遗留下来了一定数量的工业遗产。在中国城市的更新过程中，城市中相当多的工业建筑正面临着拆毁废弃和改造再利用两种不同的命运。这些工业建筑大多具有大跨度、大空间、结构坚固的特点，并且真实地反映了原有的工业时代特征。

由于经济、技术以及价值观念等问题，在城市更新中，不少既有工业建筑未能充分利用，大多还是采取"大拆大建，推倒重来"的方式，一方面造成了资源存量的浪费，集约利用的低下，另一方面，也导致了城市特色的缺失和千城一面状况的出现。因此，工业建筑改造与再利用是我国城市发展建设中不得不面临的，也是迫切需要解决的问题，亟待开展相应的专题研究。

鳒鱼洲始于1974年，位于东江大道东侧、厚街水道西侧，是改革开放初期东莞作为全国农村工业化先驱和模范的重要物证，是我市最具特色的工业遗址之一。2019年3月，东实集团获得鳒鱼洲地块租赁权，以东莞市土地1.5级开发模式启动开发，实施工业遗存保护及活化利用，力求将鳒鱼洲打造成东莞文化新地标。

具有非凡意义的鳒鱼洲，占据莞邑文化走廊核心位置。鳒鱼洲总占地面积约9.5万 m²，总建筑面积约7.4万 m²，在原生工业遗存的基础上，融入东莞可园的建筑元素和现代建筑风格打造而成。它规划了产业、商业、文化、旅游四大业态，提供文艺创作办公空间、个性设计工作室、教育培训基地、潮流运动空间、新式消费体验，定期举办艺术展览、文化沙龙，打造成独具历史韵味的人文旅游胜地和全城网红打卡点。

1.2　研究目的及意义

1.2.1　研究目的

通过对东莞市鳒鱼洲既有工业建筑更新活化研究，结合珠三角城市更新改造案例的调研，梳理相关内容与要素，总结鳒鱼洲更新改造的关键技术，提出可供实际操作的建筑策划框架与方法，从而为珠三角片区既有工业建筑更新活化项目提供相关素材及借鉴，科学合理地指导相关项目的工作开展，保障旧工业园区的合理改造利用。

1.2.2　研究意义

从发展的历程来看，工业建筑在每个时代都会有其对应的建筑特点和艺术形态。例如工业发展阶段，建筑类型能展现出较为明显的工业性，并且是所有建筑的主流发展趋势。该阶段所有的建筑都需要以使用寿命长和适用性强为基本前提，因此现阶段尚存的各种既有工业建筑仍保存良好。对于保留下来的既有工业建筑，具有大空间、柱距较大、易改造的特点。因此，深入研究国内外的既有工业建筑改造的理论与实践，形成一套全面系统的改造理论和实践体系，对现阶段的城市创新性发展有较强的引导作用。研究既有工业建筑更新改造有以下意义：

（1）历史意义

吴良镛先生曾谈到："文化是历史的沉淀，存留于建筑间，融汇在生活里。"工业建筑作为城市发展和工业文明的"参照物"，记录着一个时代的经济、技术发展水平，其建筑物、构筑物及相关工业设施，都反映了一个历史时期的工业建筑艺术特征和风格，在形体、色彩、细部等方面有极强的感染力，具备工程美学的价值。在如今城市特质消失、城市景观发展趋同严重的形势下，我们通过对工业建筑、历史构筑、人文环境的深度挖掘，提出既有工业建筑物适合的改造更新方式，可以提高区域和城市的辨识度，延续城市历史文脉。鳡鱼洲现存 6 处历史建筑，33 处Ⅰ、Ⅱ类保护建筑，是城乡深厚历史底蕴和特色风貌的体现，具有不可再生的宝贵价值。

（2）实践意义

近代工业建筑的发展作为一种社会趋势，是当下建筑改造中的热门课题，本论文的研究来源于实践，也期望最终能用之于实践。在调研、分析、总结大量的国内外既有工业建筑理论与相关改造实例的前提之下，进行升级和调整，总结出一套较为系统，且适应性较强的改造理论和经验体系，对国内未来的既有工业建筑改造有较强的实践意义。鳡鱼洲文创园将打造成东莞首个文化体验式商业 IP，成为湾区东岸创意文化的新据点。高耸的烟囱与粮仓，满眼的翠绿与水岸，旧货仓旧建筑将变身为画廊、音乐工作室、艺术中心等灵感空间，艺术展览、剧场演出、文化沙龙、街头艺术等文化活动将在此相会，多领域创作及艺术的汇聚，是既有工业改造项目的实践基地。

（3）经济意义

大多数建于 19 世纪末期的工厂在城市更新后，区位价值普遍得到提升。首先，工厂的地理位置由以往的城郊发展为市区，交通便捷性提高；其次，区域基础配套设施较为完善，这些区位优势使得环境投资小、回报率高；再次，工业建筑的特点是空间大、内部空间使用灵活、结构坚固、跨度较大和层高较高，与其他类型建筑相比有更强的空间适应性，功能置换后通过"小修小补"后，建筑仍能在以后较长时间内发挥其作用。综上所述，对既有工业建筑进行改造比拆除重建更经济、更环保。鳡鱼洲文创园的独特优势，为东莞的产业发展加速赋能，具有良好的经济价值。园区提供 $50\sim1500\mathrm{m}^2$ 的单层面积，部分高达 9m 层高的灵活空间，平层写字楼与独栋办公楼多样选择，适合文艺创作、影视传媒、艺术培训、工业与建筑设计等文化产业群集聚生长。它还配备了会议展览场地，专业的企业产业服务，助力企业发展，赋能城市新生，经济意义明显。

1.3　研究方法及路线

1.3.1　相关概念和研究对象

本次的研究对象为鳒鱼洲文创园保护范围内的工业建筑（图 1-1），其中包括 6 处历史建筑、5 栋Ⅰ类建筑、7 栋Ⅱ-A 类建筑、21 栋Ⅱ-B 类建筑、1 栋构筑物及 2 栋新建建筑。

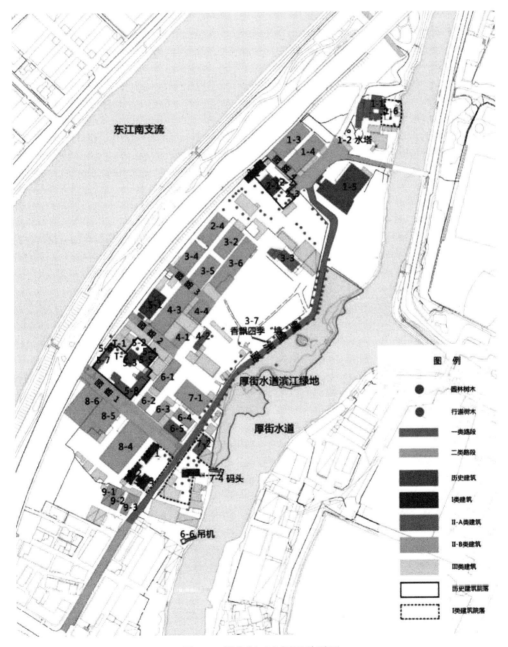

图 1-1　鳒鱼洲工业园区总平面

（1）历史建筑：东莞市面粉公司办公楼旧址 2-1～2-3、饲料厂原料立筒库 5-1、饲料厂烟囱及锅炉房 5-2～5-5、饲料厂实验室 5-6、海关办事机构旧址 1-5，以上历史建筑均为 2017 年公布的东莞市第二批历史建筑。

（2）Ⅰ类建筑：是指住宅、医院、老年建筑、幼儿园、学校教室等民用建筑工程。即地块内 3-1、7-3、8-1、8-2、8-3 栋建筑。

（3）Ⅱ类建筑：是指办公楼、商店、旅馆、文化娱乐场所、书店、图书馆、展览馆、体育馆、公共交通等候室、餐厅、理发店等民用建筑工程。分为Ⅱ-A 类和Ⅱ-B 类，Ⅱ-A 类即地块内 1-1、3-3、4-2、5-7、5-8、6-5、7-2 栋建筑；Ⅱ-B 类建筑即地块内 1-3、1-4、2-4、3-2、3-4、3-5、3-6、4-1、4-3、4-4、6-1、6-2、6-3、6-4、7-1、8-4、8-5、8-6、9-1、9-2、9-3 栋建筑。

（4）构筑物：1-2 水塔。

（5）新建建筑：即地块内 10-1、10-3 栋建筑。

1.3.2 研究方法

（1）文献研究法

通过对国内外既有工业建筑改造的相关文献进行整理，深入研究国内外既有工业建筑成功的案例，分析其相关改造思路及相关技术，为本研究奠定坚实的理论基础。

（2）调研考察

以广东珠三角片区既有工业建筑改造项目作为调研对象，通过实地走访、网上记录、拍照等方式收集相关资料。调研内容为整体规划、建筑方案、交通及消防等。对改造中的优缺点进行总结。

（3）层次分析法

由于鳡鱼洲更新改造项目为一个多维方案项目，通过层次分析法，将项目目标分解为若干层次的问题，并提出相应解决方案，从而保证为鳡鱼洲更新项目的更新改造提供简单实用的分析方法。

1.3.3 研究路线

本项目中研究路线（图 1-2）主要包括以下方面内容：

（1）总体规划：从现有相关法律及规划文件出发，对历史建筑、工业特征建筑及新建建筑三种类型建筑进行规划分析及优化，设立相应的规划改造原则，力求保持鳡鱼洲既有工业建筑的原有风味同时也体现城市蓬勃发展、欣欣向荣的生命力。

（2）单体建筑的改造优化：对鳡鱼洲既有工业园区的单体建筑进行个性化改造，在保持总体风格一致的同时，通过空间改造、外围护结构改造、相关设施的增设对建筑方案进行优化升级。

（3）鉴定加固改建方面：项目对既有工业建筑的特点进行针对性策略，根据既有工业建筑存在的问题，采用统一修复方案、原位修复、钢结构加固等措施。对于需要加建的部位结合加建与加固原则进行处理，实现加固加建双目的。

（4）标志性建筑改造：项目对标志性建筑改造（筒仓、海关办公楼等）采取"一楼一策"的策略，尊重既有工业建筑的历史，确保更新改造后的建筑实现价值最大化。

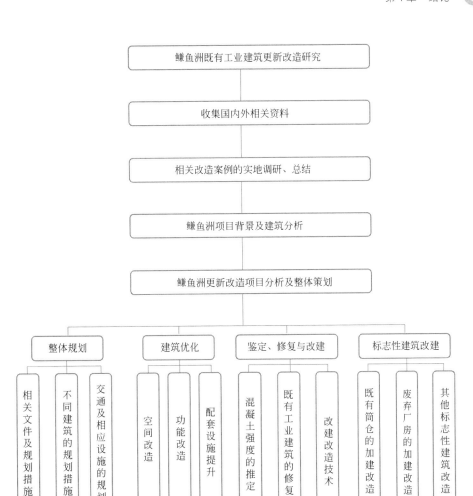

图 1-2 鳚鱼洲既有工业建筑更新改造研究路线图

1.3.4 相关概念解析

（1）工业遗产

我国的工业遗产有狭义和广义之分。狭义的"工业遗产"指的是鸦片战争以来我国各阶段的近现代工业建筑，它们构成了工业遗产的主体。广义的"工业遗产"指的是具有历史学、社会学、建筑学和科技、审美价值的工业文化遗存，包括建筑物、工厂车间、矿山、工业流程、企业档案等。大规模城镇建设过程中，许多年代晚近的工业文化遗存遭毁坏，留下城市记忆的空洞，形成社会历史的断缺。

（2）工业遗产活化

工业遗产活化是一种建筑文物保护利用的形式，即通过一定的建筑更新改造手段，重新为工业遗迹带来人为利用的可能性和相应的社会经济价值。

工业遗产活化一定程度上解决城市发展更新中对废弃工业建筑处置的问题，同时可以为城市工业建筑方面的文化保护提供一种解决方案。

（3）既有工业建筑

工业建筑有狭义、广义两种定义。狭义的工业建筑即指"厂房"，指用来从事工业生产活动的房屋。广义的工业建筑包括工业生产的厂房，以及用来保障生产正常进行的其他建筑物和构筑物，比如办公楼、宿舍楼、仓库、动力站、设备房、管理用房、生活用房、水塔等。

本书研究的"既有工业建筑"是广义的概念，主要指鱇鱼洲保护范围内，因为种种原因失去原有生产功能，现在处于废弃或闲置状态的工业生产用建筑、辅助用建筑以及机器设备和构筑物，即指大量存在的工业遗存。

（4）更新改造

通常指采用一定的方法和手段对旧建筑进行维护、整理、修缮、调整，以适应新的使用功能，延续旧建筑的使用周期和生命周期。

更新改造往往是针对一些由一定特点和价值的建筑和相关设施进行适应性的修复和翻新，使之重新焕发活力的同时与当前时空的场景、文化相辅相成，并为人提供相应的建筑功能。

（5）历史建筑

历史建筑是指经城市、县人民政府确定公布的具有一定保护价值，能够反映历史风貌和地方特色，未公布为文物保护单位，也未登记为不可移动文物的建筑物、构筑物。《东莞市历史建筑保护管理暂行办法》中指出，有下列情形之一的建（构）筑物，可以认定为历史建筑：

1）反映东莞历史文化和民俗传统，具有特定时代特征和地域特色的；

2）建筑样式、结构、材料、施工工艺和工程技术反映地域建筑历史文化特点、艺术特点或者具有科学研究价值的；

3）与重要政治、经济、文化等历史事件或者著名人物相关的代表性建（构）筑物；

4）代表性、标志性建筑或者著名建筑师的代表作品；

5）其他具有历史文化意义的建（构）筑物、市政基础设施、园林等。

（6）修缮

为保持和恢复既有房屋的完好状态，以及提高其使用功能，对建筑物进行维护、维修、改造的各种行为。

（7）加固

对安全性不足的承重结构、构件及相关部分采取的增强、局部更换或调整其内力等措施，以提高其在现有承载性能和耐久性的过程。加固是既有建筑改造中的一项重要工作，因为建筑改造中往往会引起承载力变化，同时改造常常也需要提高原有建筑的使用年限。

1.3.5 鱇鱼洲保护范围及相关规定

2018年6月8号，东莞市自然资源局发布关于《东莞鱇鱼洲历史地段保护规划》的批后公告，划定了鱇鱼洲的历史地段保护范围及建设控制地带界线。

（1）历史地段保护范围，即西至东江南东侧，东至厚街水道，北至东江南支流与厚街水道交汇处，南至鱇鱼洲工业园区南边界，面积约 13 万 m²。

保护范围内新建、扩建、改建活动，需经过建设、规划主管部门批准，应当符合下列规定：

　　1）进行建设活动时，应保留街区空间格局、环境风貌和建筑的立面、色彩等；

　　2）对历史建筑进行改建时，应当保持其历史风貌不受影响；

　　3）新建、改建或扩建建筑高度应符合规划的高度控制要求；

　　4）不得擅自新建、扩建道路，对现有道路进行改建时，应当保持其原有的道路格局及景观特征。

　　（2）建设控制地带界线（即在东、西、北三个方向）与岸线统一，面积约 23 万 m^2。

　　1）建设控制地带内不应大拆大建，建设活动应按照建筑保护整治分类措施进行；

　　2）新建、改建或扩建建筑控制高度应符合规划的高度控制要求；

　　3）新建、扩建、改建道路和配套建设市政公用设施时，不得破坏街区历史风貌。

本章参考文献

[1] 王建国. 后工业时代产业建筑遗产保护更新 [M]. 北京：中国建筑工业出版社，2008.

[2] 李慧民. 旧工业建筑的保护与利用 [M]. 北京：中国建筑工业出版社，2015.

[3] 李勤，张扬，李文龙. 旧工业建筑再生利用规划设计 [M]. 北京：中国建筑工业出版社，2019.

[4] 王俊，王清勤，叶凌. 国外既有建筑绿色改造标准和案例 [M]. 北京：中国建筑工业出版社，2016.

[5] 邹怡. 日本是如何保护和利用工业遗产的 [J]. 文汇报，2016（02）：1-5.

[6] 李美娟，封金财. 浅谈工业建筑改造与加固现状 [J]. 中国科技信息，2010（08）.

[7] 罗文婧. 英国工业建筑遗产可持续再利用实践及启示 [J]. 世界建筑，2019，000（006）：106-109.

[8] 刘宇. 后工业时代我国工业建筑遗产保护与再利用策略研究 [D]. 天津：天津大学，2015.

[9] 唐宇峰. 德国旧工业建筑改造经验研究 [D]. 西安：西安建筑科技大学，2018.

[10] 王益，吴永发，刘楠. 法国工业遗产的特点和保护利用策略 [J]. 工业建筑，2015，000（009）：191-195.

[11] 侯逸，马扎·索南周扎. 美国历史工业建筑改造利用探析 [J]. 建筑，2016，000（017）：62-64.

[12] 左琰. 德国柏林工业建筑遗产保护与再生的经验及启迪 [D]. 上海：同济大学建筑城规学院，2005.

[13] 侯学妹. 工业建筑遗产的保护与再利用设计研究 [D]. 青岛：青岛理工大学，2019.

[14] 曹幸. 广州旧工业建筑更新改造的调查研究 [D]. 广州：华南理工大学，2017.

[15] 曹智林. 与创意产业结合的深圳旧工业建筑再利用设计研究 [D]. 哈尔滨：哈尔滨工业大学，2008.

[16] 黄琪. 上海近代工业建筑保护和再利用 [D]. 上海：同济大学，2007.

[17] 余亚奎. 深圳旧工业建筑绿色改造设计研究 [D]. 哈尔滨：哈尔滨工业大学，2013.

第2章 国内外既有工业建筑更新改造相关调查与研究

2.1 国外既有工业建筑改造及启示

20世纪50年代以来，西方城市更新改造概念发生了5次明显的变革。20世纪50年代的主导概念是城市重建（urban reconstruction），60年代的概念是城市振兴（urban revitalization），70年代的概念是城市更新（urban renewal），80年代的概念是城市再开发（urban redevelopment），90年代以来的主导概念是城市再生（urban regeneration）。概念变革反映了城市更新改造的时代背景和时代特征，该发展历程在工业建筑中也同样适用。

工业革命最早发生在西方国家，随着经济的发展，为满足生产和生活的需求，各国建成大量的工业建筑，例如德国鲁尔、法国洛林、美国西雅图等地。随着信息化以及经济一体化的不断推进，对产业结构转型带来了极大的影响，工业建筑因为失去了其生产功能被大量的弃用的同时又占据着城市的关键地段，在整体的规划设计时给城市带来了不利的影响。因此，以美国为代表的西方国家陆续开始对既有工业建筑进行改造和再利用的研究和探索。1965年，美国景园大师劳伦斯·哈普林提出了建筑的"再循环"理论，并在美国旧金山的吉拉德里广场的设计中应用。1996年巴塞罗那国际建筑协会第十九届大会提出对"模糊地段"——如废弃的工业区、码头、火车站等地段的改造。2003年，国际工业遗产保护联合会（TICCIH）在俄罗斯下塔吉尔通过国际产业遗产保护领域的纲领性文件——《下塔吉尔宪章》，促使国际间对产业历史遗产的价值及其保护达成共识。会议代表们认为：那些为工业活动而建造的建筑物和构筑物、其生产的过程与使用的生产工具，以及所在的城镇和景观，连同其他的有形或无形的表现，都具有基本的重大价值。

在工业建筑改造中较有经验的有日本、英国、德国、美国，以下分别对其进行分析：

（1）日本

近40年来，日本的工业遗产保护和利用从无到有，从理论到实践均取得了长足的进步。2007年2月，战国晚期、江户前期日本最大的银矿—岛根县石见银山成功申请世界遗产。2014年6月，群马县富冈制丝场及近代绢丝产业遗迹群也被列入世界遗产名录。2015年7月，明治产业革命遗址群申请世界遗产成功。短短8年内，三处工业遗产的成功申遗表明，日本工业遗产的保护和利用走在了亚洲前列。

日本工业遗产发展进程 表 2-1

时期	历史事件
19世纪70年代	明治维新运动引发日本工业变革
1974年	开始重视产业类历史建筑的改造再利用,代表作是日本建筑师浦边镇太郎将仓敷依比广场中的纺织厂改为观光旅馆

续表

时期	历史事件
1977 年 2 月	日本工学考古学会成立,创办《工业考古学》刊物
1980 年末期	日本开始关心"文化财"中属于生产设施方面的工厂与建筑保存,并进行普查
1988 年	日本文化厅公开《国家文化与文化行政白皮书》,解释土地开发与遗产保护间的矛盾关系
1990 年	开始大规模近代化遗产的综合调查工作,包括工业遗产的类别以及优秀个案,对于优秀个案则定义为"近代化遗产",并根据《文化遗产保护法》予以认定和保护,其余的则作为有形的文化景观,根据登录文化财产制度给予保护
2008 年	日本文化厅开展文化艺术创造城市、文化发祥战略、文化政策评价等研究工作,确认对工业遗产的保护状况
2013 年	工业遗产国民会议在东京召开
2014 年 6 月	群马县富冈制丝场、近代绢丝产业遗迹群被列入世界遗产名录
2015 年 7 月	明治产业革命遗址群被列入世界遗产名录

以下以富冈制丝场为例进行分析:

1872 年,富冈制丝场设立于明治维新的近代化革新浪潮中,是明治政府为改善日本生丝质量,为向法国等引进技术和培训人员而设立的一所示范性机器制丝工场。在实现技术引进,并完成国内技术人员培训后,政府将富冈制丝场转向民营,先后由三井家、原家接手经营,工场的生产经营活动一直持续至 1987 年。之后,日本的产业布局逐渐倾向于高附加值工业产品,且因为生丝价格低迷,工场只得停业。片仓工业在工场停止运营后,采取不出租、不转卖、不破坏的政策,将厂区划归片仓集团下的不动产部经营。但纯粹地保存这一工业遗产,成本巨大。片仓工业每年为此需支付固定资产税 2000 万日元、维护费用 1 亿日元,这成为集团的一个沉重负担。

此时,地方尝试对富冈制丝场进行新的开发利用,发挥其社会教育和旅游观光的功能。从 1995 年开始,富冈市长金井清二郎与片仓工业开始就利用富冈制丝场进行交涉。2003 年,群马县知事小寺弘之建议以世界遗产申报为开发目标。2004 年 12 月,群马县知事,富冈市长和片仓工业株式会社社长三方就开发达成协议。2005 年,片仓工业将富冈制丝场捐赠给地方,其中制丝场建筑全部无偿赠与,土地则采取有偿转卖的方式。

片仓工业完成了工场遗迹保全的历史任务,同时,从企业经营而言,片仓工业也卸下了一个沉重的开支负担,将资产转让至能让其更好发挥社会效用的所有者手中,地方政府开始正式接手富冈制丝场的工业遗产开发任务。通过产权的灵活转移,资源重新得到了优化配置。

地方政府在工业遗产的有效保护和利用中发挥了关键的第一推动力,通过将工业遗产的产权转移至政府,令其在新的社会条件下发挥其公共品的效用。而在保护和利用的具体实施中,由政府主导和协调,又大力引入了各方社会力量。既以工业遗产为吸引,高效地利用了相关人力,又在整合人力的过程中发挥了工业遗产的公共服务价值(图 2-1、图 2-2)。

图 2-1　富冈制丝场东置茧所

图 2-2　富冈制丝场缲丝所内景

日本值得借鉴之处：

1）注重工业遗产的研究，有专业的《工业考古学》刊物；

2）全民参与工业遗产保护，包括专业研究者、个人爱好者、地方团体、企业及政府，为工业遗产信息收集积累方面发挥重要的作用；

3）面对既有工业建筑闲置，不采取拆除方式，而是让其转变为工业遗产；

4）工业遗产的保护和利用中由政府主导和协调，将工业遗产的产权从企业转移至政府，令其在新的社会条件下发挥其作用。

（2）英国

英国是工业革命的发源地，工业建筑的改造及再利用在工业革命之后的 200 年间普遍存在。低廉的租金和易被改造利用的空间成为这些厂房建筑没有被拆除的直接原因，但在缺乏政府及专业的指导干预下，这些改造很少真正尊重工业建筑的品质与完整性。20 世纪 50 年代，在英国只有极小一部分工业建筑以可识别的形式及完整的厂房结构从中世纪保留下来，许多建筑或被改造得面目全非或损毁严重。直到"工业考古学"被提出，人们才开始意识到这些象征着英国工业历史的建筑的重要性。

城市亮点公司由汤姆·布洛克斯汉姆和乔纳森·法尔金汉于 1993 年创立，该公司专注于旧工业建筑的再利用，认为每个历史建筑都具有其独特的复杂性，应给予独有的现代回应方式。该公司在英国政府支持下，与多个建筑事务所合作，采用新颖大胆的设计，突出传统建筑的性格，整合丰富的功能，利用旧工业建筑改造出大量的住房、办公及商业空间，营建可持续发展的社区环境。他们的设计项目广泛分布在英国多个城市，如曼彻斯特的箱子工厂、艾伯特工厂、瓦尔克工厂、利物浦的索道区茶厂、利物浦宫等改造。

英国工业遗产发展进程　　　　　　　　　　　　　　　　　表 2-2

时期	历史事件
18 世纪 60 年代	英国开始工业革命
1950 年	英国最早提出"工业考古学"，"工业文物全国普查"（National Industrial Monument Survey）形成
1973 年	英国工业考古协会（Association for Industrial Archeology）成立举行第一届产业纪念物保护国际会议

时期	历史事件
1975 年	谢尔班·坎塔库齐诺的开创性著作《旧建筑的新用途》出版,手册肯定工业建筑中植入新功能的保护方法
1980 年	英国投入大量资金用于工业建筑和遗址改造,357 个"保护区合作计划"取得良好成效,其中包括怀特黑文,坎布里亚郡和赫尔等地区旧港口及工业区的改造与转型
1990 年	"拯救英国遗产协会"等社会团体产生,以"可持续"为口号,进行一系列以社区为主导的历史建筑改造,如伦敦的装饰艺术大厦
1993 年	城市亮点公司创立,专注于旧工业建筑改造
1994 年	"英格兰策略联盟"成立,成为英国历史建筑再利用领域最具影响力的国家级机构
	"遗产更新基金会"成立,该组织在"王子基金会"和英国遗产局的资助下,由专家组资源组成考察团队,调查和保护英国各地工业建筑,创建工业建筑的数据库
1997 年	成立专门的国际产业遗产保护组织,并设立专门的产业考古奖

以下以邓禄普堡轮胎厂为例进行分析:

邓禄普堡轮胎厂位于通往伯明翰的 M6 高速主干道旁,建成于 1917 年,是当时世界上最大的轮胎厂。建筑主体由西德尼·斯托特(Sidney Stott)和吉布斯(W. W. Gibbings)在 20 世纪 20 年代设计完成。20 世纪 80 年代,大规模进口汽车进入英国市场,英国本土汽车产业遭到巨大冲击,邓禄普堡轮胎厂随即停止大规模生产,最终于 2014 年关闭,如图 2-3 所示。

城市亮点于 1999 年接手这片区域,在米德兰西部经济发展署支持下,谢德姆(shed-km)建筑事务所在 2008 年完成建筑改造。设计从现有的结构和平面出发,创造灵活的地面层,提供以市场为导向的办公空间,单元的面积从底层的 90m² 到顶层 5000m² 不等。设计手法大胆果敢,注重反应建筑自身的结构与保留建筑的完整性,允许现有建筑展现自己前世的"遗迹",清晰表达新的功能空间—办公、零售、酒店的插入,为邓禄普堡创造丰富功能和消费人群。建筑中部凿穿原有地板,形成上下通高的中庭空间,顶部开天窗,光线投射在建筑的钢架结构上,具有未来主义风格。同时,绿色种植屋面也为原本沉寂的建筑增添了生机,形成一个天然的保温层和野生动物保护区。

邓禄普堡轮胎厂目前已被评为英国 A 级办公建筑,到 2015 年已有 30 多家公司入驻,约 2000 人在此办公。邓禄普堡轮胎厂的新生,成为伯明翰城市复兴的象征。前卫的建筑改造设计在传统区域所发挥的再生作用展现了传统建筑对于现代设计的包容,体现着既有工业建筑未来发展的各种可能(图 2-3)。

(a) 室内改造前 (b) 室内改造后 (c) 邓禄普堡轮胎厂外景

图 2-3 邓禄普堡轮胎厂

英国值得借鉴之处：

1）政府扶持下有效的组织机构及多种资金募集方式；

2）可持续的专业开发模式，从 21 世纪开始，英国便有针对工业建筑再利用改造的专业开发商公司，并在专业学者的指导下，与建筑师合作，形成一种可持续运转的开发模式；

3）建立相对成熟的保护制度和良好的实践指南，英国采取工业建筑遗产的分级登录制度，有选择性地对濒危工业遗产进行优先保护，使有限的资源得到最大化的合理利用。英国在多方努力之下，建立针对地区的专业实践指南，对于区域的开发和再利用具有相当重要的指导意义；

4）专业人士及公众的参与。

（3）德国

德国的工业革命大致始于 19 世纪 30 年代，比英国和法国晚许多，但自 1871 年帝国统一后，工业经济飞速发展，到 19 世纪末 20 世纪初已迅速赶超英法两国，一跃成为仅次于美国的世界第二工业强国。

德国工业遗产发展进程 表 2-3

时期	历史事件
1823 年、1824 年、1830 年	陆续发布《针对各种破坏和特征丧失的纪念物的保护和修缮》
1871 年	德国完成工业革命
1975 年	出台欧洲建筑遗产宪章
1984 年	出版《大都市——柏林 20 世纪的工业文化》
1985 年	在联邦政府总理倡导下成立"德国文物保护基金会"，并在每年 9 月举办"文物开放日"活动，在全国范围内向观众展示人们平时无法见到的文物
2002 年	柏林的工业建筑 1840～1910 年
2007 年	德国柏林工业建筑遗产的保护与再生

以下以鲁尔区第十二矿山发电厂锅炉房为例进行分析：

德国最大最现代化的鲁尔区第十二矿山发电厂锅炉房建于 1932 年，为钢架砖混建筑结构，位于埃森（Essen）附近的 Zeche Zollverein 是一座 20 世纪初设计规模巨大的冗余煤矿开采综合大楼。它曾是鲁尔地区最大的竖井系统，但由于煤炭生产变得不经济，于 1986 年废弃。1997 年由福斯特建筑师事务所改造为展示当代德国设计产品的德国设计中心。建筑师决定重新利用这里作为一个文化中心，并将旧发电站改造成一个艺术中心，以促进德国和国外的当代设计。

在建筑的改造过程中，第一步是保护，恢复建筑的外立面，移除一些后来增加的部分，以展示其原始面貌。建筑内部保持了重工业的感觉，保留了五个原始锅炉中的一个，作为 20 世纪 30 年代技术的展示。剩下的锅炉被挖空来容纳独立支撑的画廊，它们被铰接成"盒子里的盒子"，它们的轻盈与原始结构的沉重并列在一起。一个简单的混凝土立方体包含会议室以及进一步灵活的展览空间，能够根据临时和永久收藏的变化不断更新。参观者通过引人注目的中央大厅进入，生锈的钢结构和裸露的砖墙在各种展品旁随处可见——从汽车到电器的一切。不同的展区和新旧建筑的互动为展品的位置创造了不同的背景，而展览本身不断变化的性质也为这种关系增添了进一步的动态元素（图 2-4）。

(a) 外部场景

(b) 内部场景

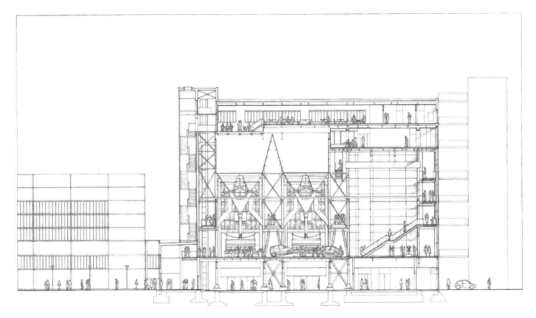

(c) 鲁尔区第十二矿山发电厂锅炉房剖面图

图 2-4　鲁尔区第十二矿山发电厂

德国值得借鉴之处：

1）保护法规的灵活性

根据柏林文物保护法的规定，被列为文物建筑的可以是整个建筑，也可以是建筑的一部分。在这个原则下，文物建筑出现部分新的添加或文物建筑群中出现新建筑都可以被接受，保护法规在具体操作上具有较高的灵活性和能动性，使改造在实施拆、改、留、添等不同的措施和方法上具有更多的选择空间，客观上缓解了保护与开发之间的矛盾。

2）优惠政策和项目资助

鼓励投资者将工业遗产潜在的巨大商机和文化价值充分挖掘出来，形成强劲的经济推动力。这些优惠政策体现为：①减免税收政策。对于参与政府许可和鼓励的工业遗产保护和再利用项目投资的民间投资人可以获得所得税、财产税、经营税等各种税收方式的减免；②政府或有关机构对列入城市复兴计划的工业改造区内的建筑遗产再生项目提供优惠基金和贷款。

（4）法国

法国也是老牌工业化国家之一，在欧洲也较早完成了工业化进程，也是欧洲的工业强国。19 世纪中期，法国近代工业化发展逐步完成，随着工业革命的结束，废弃工业建筑改造成了一项重要的工作。由于自身较早实现工业化，至今仍然保留了很多的工业历史遗迹，有一些甚至还保持原来的风貌，但大部分经过改造变成了具有新功能和观感的现代建筑。

法国工业遗产发展进程 表 2-4

时期	历史事件
1900 年	成立文化遗产基金会
1970 年	将工业遗产纳入文化遗产的范畴
1975 年	加入《保护世界文化与自然遗产公约》
1983 年	成立工业遗产普查处
1984 年	设立全国性的"文化遗产日"
1995 年	工业遗产政策报告提出了法国工业遗产保护的四个标准

以下以法国佩雷特文化中心（Perret Hall）为例进行分析：

佩雷特文化中心是基于在 1920 年废弃的钢筋混凝土工业建筑基础上改扩建而成的。它占地约 2276m^2 的文化中心，其中设有音乐学校、舞蹈学校、广播室和录音工作室等。整体建筑利用"中央翼"的高度构成结构中的核心部分，并从一个点延伸到另一个点。框架之间的空间被释放，扩展成为城市空间的交流会场和艺术场所。设计师极具创造力地在原有结构的基础上，加上四分之三的框架结构，创造了一个负空间，使其成为一个在夜间具有照明功能的有室外画廊。

建筑适应现有中央中殿式的建筑特色，同时具有宽阔的开口和侧面区域。整体概念为框架支撑并覆盖有双凸透镜状屋顶梁的钢筋混凝土工业建筑的建筑的改造建筑。该改造项目通过释放建筑物的物质感来重新定义空间。

内部饰面强调了建筑独具的特性：所有地板均以温暖的灰色阴影（即所谓的液体石材的典型特征）打磨了裸露的楼板，露出了现浇板的表面，以表达楼板本身的效果。垂直壁由高压加气混凝土块制成。壁顶是由成分的真实质地决定的，因此内部模块的绘制既可以通过物理轮廓来表达，也可以通过颜色的细微变化来表达。

在入口大厅区域，温暖的灰色环境与层压木板的热量相辅相成，这些木板覆盖了整个楼梯和楼梯栏杆及主要走廊的水平路线，从而分隔了主要通道和流通空间。自然光发散到文化中心并重新配置空间，可以吸引观众入内参观 Perret 大厅内的建筑景观。

法国值得借鉴之处：

1）工业遗产保护教育与培训

法国在工业遗产保护实践中，通过组织有关工业遗产的研究与培训，推动了工业遗产保护的相关工作的顺利开展，促进工业遗产清单与目录的建立。同时，注重工业遗产保护和发展结合，在保护过程中重新考虑利用工业遗产无形价值，实现可持续保护。

2）工业文化遗产资源化

法国将工业文化遗产作为显著的资源要素纳入城市与区域规划，即利用工业文化遗产对旅游者的吸引力使其成为现实中的旅游资源，促进了文化旅游消费新增长。同时区域旅游发展部门将工业文化资源与地区规划结合，通过开发旅游周边产业和产品，带动区域经济发展（图 2-5）。

(a) 外部场景

(b) 内部场景

图 2-5　法国工业建筑示意图

（5）美国

美国的历史工业建筑多出现于历史悠久的东海岸大城市，这些城市人口密集，土地价值极高。同时，也由于教育与科研实力集中，使得新兴科技与艺术公司在此聚集。城市的发展和产业转型使得对办公、休闲空间要求更高，工业区面临空置和拆除。在这种矛盾下，工业建筑的改造已是大势所趋。

美国工业遗产发展进程　　　　　　　　　　　　　　表 2-5

时期	历史事件
1964 年	成立"历史与遗产委员会"
1965 年	美国景园大师劳伦斯·哈普林提出了建筑的"再循环理论"
1966 年	颁布《国家历史文化保护法》(The National Histories Preservation Act)
1967 年	完成旧金山吉拉得利广场综合性改造，将巧克力厂、毛纺厂等改建为商店及餐饮设施
1969 年	美国制定《历史性的美国工程记录法案》
1971 年	美国工业考古协会成立
1976 年	颁布《历史建筑修缮标准和修缮导引》的重要历史文献

以下以美国底特律基金会酒店（Detroit Foundation Hotel）为例进行分析：

作为曾经全美犯罪率最高的城市，底特律在 2013 年宣告破产后，以让世界惊叹的速度谷底反弹，地方政府的痛定思痛，科技产业进驻取代衰败的汽车业和制造业，随之而来的科技新贵为城市注入活力和商机，以往因治安不佳让人却步的市中心，借由曲棍球场、NBA 主场的落成与一个接着一个的都市开发项目落地而逐渐改头换面，加上路面电车的开通，提高了旅游的便利性，位在市中心的美国底特律基金会酒店更是当中最受瞩目的建筑之星。该酒店地处底特律市市区的中心地带，它充分利用市区出城的门附近的各种景点。汽车城提供的设施包括会议中心，体育和博物馆，使得每个人都可以在底特律享受一些乐趣。

这座钢结构的五层新古典主义建筑建于 1929 年，是密歇根州最古老的消防部门的长期住所。消防部门于 2013 年迁出后，Aparium 酒店集团将其结构重新开发为拥有 100 间客房的精品酒店。为了致敬这座城市，该酒店将这个占地 95000 平方英尺的建筑改造成了底特律经典的风格，同时又具有现代感，两者结合体现了当地文化特色。这次改造保持了消防部门的大部分美感，同时增加了底特律商业街的木质感和明亮度。

底特律基金会酒店改变了 1929 年底特律消防局总部的格局，融合了工业和豪华设计，倡导休闲、社交、创造和解脱，从而一定程度上改变了传统的底蕴，并为用户提供个性化的空间。它除了是旅馆，更是异乡人接触底特律在地文化与生活经验的窗口。五层楼高的新古典主义风格建筑，保留了早年作为消防总局的格局和样貌，直面大街的拱型落地大窗成为在地艺术家的展示平台；从前停放消防车的挑高空间，区分为旅馆柜台、大厅和餐厅，功能独立却又互通声息（图 2-6）。

(a) 改造前外部场景

(b) 改造后外部场景

(c) 改造前内部场景

(d) 改造后内部场景

图 2-6　底特律基金会酒店

美国值得借鉴之处：

1）建立评估机制与立法保护

从美国历史工业建筑保护实践中可以得出，建立评估历史工业建筑价值及其处理方式的政策法规及机制尤其重要。美国政府出台了一系列的对历史建筑保护的鼓励措施，使得开发商在改造项目中可以获得大量的税收减免和政府资助。这一切保证了美国的历史工业建筑改造项目的健康发展。

2）鼓励群众参与

群众参与在美国是一种非常普遍的做法。从大型的政府公建项目到个人住宅的改造都要通过社区听证。这种做法一方面提高了人民的公民意识，使社会提高对项目的关注度；另一方面，以旧工业厂房为依托，让普通民众感觉到生活在人文历史价值的氛围中，了解城市历史的进程是改造中更需要关注的。

2.2　国内既有工业建筑改造现状及问题

2.2.1　国内既有工业建筑改造现状

纵观我国既有工业建筑发展的历程，与西方发达国家相比起步较晚。我国从 20 世纪 90 年代开始进行工业遗产的保护工作，主要是通过旧工业企业将其旧工厂转变为商业建筑。转变过程中大多还是采用简单拆解的方法，个别的改建再利用也多出于经济实用性的衡量，这种改建再利用的方式对建筑遗产自身会直接造成不同程度的损坏。

2001 年，国务院办公厅发布《国务院办公厅转发国家计委关于"十五"期间加快发展服务业若干政策措施意见的通知》，提出实施"退二进三"，大中城市要根据城市总体规划，逐步迁出或关闭市区污染大、占地多的工业企业，退出的土地要优先用于服务业。

2006 年 4 月 17 日，由中国古迹遗址保护协会、江苏省文物局、无锡市政府联合举办的"中国工业遗产保护论坛"暨"无锡工业遗产保护展"在无锡市北仓门生活艺术中心举行。主要提出工业遗产作为一种重要的历史文化资源，要用"保留—再利用—再创造"的思想来对待具有重要历史价值的工业遗产。会议还通过了关于加强保护工业建筑遗产的《无锡建议》，这表明中国工业遗产保护终于在官方层面被提上了议事日程。

2015 年 12 月 20～21 日举行的中央城市工作会议提出了新的城市建设指导方针，强调"要加强城市设计，提倡城市修补，加强控制性详细规划的公开性和强制性。要加强对城市的空间立体性、平面协调性、风貌整体性、文脉延续性等方面的规划和管控，留住城市特有的地域环境、文化特色、建筑风格等'基因'。""要保护弘扬中华优秀传统文化，延续城市历史文脉，保护好前人留下的文化遗产。要结合自己的历史传承、区域文化、时代要求，打造自己的城市精神，对外树立形象，对内凝聚人心"。

2016 年 4 月，东莞市人民政府发布《东莞市历史建筑保护管理暂行办法》（以下简称《办法》），对历史建筑的认定和保护条例进行说明。《办法》中指出，对历史建筑进行外部修缮装饰、添加设施或者改变使用性质的，须委托具有相应资质的专业设计、施工单位实施，并在使用性质、高度、体量、立面、材料、色彩等方面与历史建筑相协调，不得改变历史建筑周边原有的空间景观特征，不得影响历史建筑的正常使用。

2018 年 9 月，中华人民共和国住房和城乡建设部发布了《进一步做好城市既有建筑保留利用和更新改造工作的通知》，提出支持通过拓展地下空间、加装电梯、优化建筑结构等，提高既有建筑的适用性、实用性和舒适性。

2019 年 9 月，国务院办公厅发布了《关于完善质量保障体系提升建筑工程品质指导意见的通知》，提出支持既有建筑合理保留利用，推动开展老城区、老工业区保护更新，引导既有建筑改建设计创新。依法保护和合理利用文物建筑。建立建筑拆除管理制度，不得

既有工业建筑园区更新改造研究与应用——鳡鱼洲文化创意产业园

随意拆除符合规划标准、在合理使用寿命内的公共建筑。开展公共建筑、工业建筑的更新改造利用试点示范。制定支持既有建筑保留和更新利用的消防、节能等相关配套政策。

2020年1月，广东省住房和城乡建设厅发布工程建设地方标准《既有建筑改造技术管理规范》DBJ/T 15-178-2020，对既有建筑改造勘察、设计、施工、运营四个环节进行梳理。

以下选取在既有工业建筑方面取得一定成效的地区进行分析：

（1）上海

上海工业建筑发展进程   表2-6

20世纪30年代	工厂数量和产值占全国1/2左右,各类工厂约1万家,为全国最大的工业城市
1937~1949年	日本军队进攻上海,5000多家工厂被毁,数量占40%以上
20世纪90年代	由于产业结构调整,"八五"期间共有319户企业从中心城迁出,至2005年,上海中心城区因搬迁而空出的既有工业建筑约400万m²
2000年	由于经济利益等因素,大量近代工业建筑被破坏、拆毁
2002年	政府发布《上海市历史文化风貌区和优秀历史建筑保护条例》,提出对对工业建筑进行保护、更新活化
1989年	杨树浦水厂、上海邮政总局被颁布为第一批上海市优秀历史建筑,并改造为上海自来水展示馆
1993年	上海造币厂等12处被评为第二批优秀历史建筑
1998年	上海食品工业机械厂等工厂改为田子坊,以降低租赁吸引艺术家入驻
1999年	16处被评为第三批优秀历史建筑
2004年	发布《上海市城市总体规划》,强调中心城区旧区风貌(历史建筑与街区)保护是上海历史文化名城保护的重要内容
2008年	上海市南市发电厂改造为世博会城市未来馆,是国内首座旧工业厂房改建的"三星绿色建筑",既有工业建筑改造往绿色改造方向发展

总结：上海的近代工业建筑历程是根据大的时代背景而来的，从建设、发展、停滞、衰落期到再改造，与城市规划建设、政府的相关政策有密不可分的关系。

在运作机制方面，上海提出建立企业为主的市场运作机制，实现"以政府、市民参与"向"政府扶持、企业运作、市民参与"的转变，政府的职能从直接参与转为宏观调控和引导。投资方和原产权方签订5到10年不等的租赁协议，最长的有20年，最短的只有2年，租金双方协议并随行就市。以原来是汽车配件厂的"8号桥"为例，香港时尚生活策划咨询（上海）有限公司租用了20年，将厂房按创意产业的特殊要求进行改造后重新租出去，政府获得了税收与城市历史风貌保护的双倍效益。作为投资者，香港时尚生活策划咨询（上海）有限公司靠房租5年收回成本，还有15年的利润享用期。汽车零配件厂坐享租金，下岗工人也有了稳定收入。这是上海一开始就非常照顾创意产业的原因，让本地大量现存的老厂房不再成为城市发展的包袱。

政策的出台为上海市城区内既有工业建筑的保护和利用提供了动力。政府挂牌的创意产业集聚区对企业入驻、立项时税收和土地政策、公司注册上有相关优惠政策，如空间188（原上海无线电八厂）给予企业前五年税收30%扶持；在绿地阳光园（原上海绿地建设集团公司的工业厂房）注册的公司，均可享有"税收奖励"和"政府贴租"两大优惠政

18

策等。

（2）北京

北京工业建筑发展进程　　　　　　　　　　　表 2-7

1879 年	北京近代工业开始出现
1949 年后	工业发展迅猛,在钢铁、棉纺、电子等领域处于全国领先水平
1980 年后	随着产业升级和城市转型,工业企业纷纷外迁,为既有工业建筑的保护与利用项目的开展展开了契机
1995～2002 年	中国美术学院雕塑系教授租用 798 闲置车间作为创作场所
2005 年	发布《国务院关于北京城市总体规划的批复》,指出市中心将置换约 800 万 m^2 土地,工业用地比例将降至 7%
2006 年	改造初期,多数工业建筑采取"推倒重建"的方式开发建设。2006 年,对北京市重点工业区建筑的现状进行了调查和深入研究,颁布了一系列认定、保护和利用的方法
2010 年	中国建筑学会既有工业建筑学术委员会成立,旨在探讨和研究我国既有工业建筑保护问题

总结：北京与上海相似，工业建筑经历了建设、发展、衰落、再利用这几个阶段。北京的既有工业建筑更新改造利用也是出于对工业遗产的保护而开展的，由此部分建筑存在着重保护轻利用的问题，这反映出在既有工业建筑的政策法规及标准的制定上不健全。此外，对工业建筑的保护模式相对单一。大多数改造为文化创意产业园，其次就是主题公园、旅游开发等，而且有相当一部分既有工业建筑都是作为纯粹的商业建筑用地而被推倒重建，例如北京的尚 8 文化创意产业园、北京化工厂、北京焦化厂等基本将建筑物全部或者大部分拆除重建。

（3）深圳

深圳工业建筑发展进程　　　　　　　　　　　表 2-8

1980～1995 年	深圳经济特区创建初期,凭借改革开放政策优势吸引,吸引大量电子类的轻型加工产业,轻工业厂房需求量大增,主要集中在罗湖和蛇口
1996～2005 年	高新技术企业开始落户深圳,工业用地继续增加
2006 年	发布实施国内首部建筑节能地方法规《深圳经济特区建筑节能条例》
2007 年	城市面临转型,深圳市人民政府出台关于工业区升级改造的若干意见,出台《深圳建筑节能"十一五"规划》
2008 年	深圳市鼓励三旧改造建设文化产业园区(基地)若干措施(试行) 出台《深圳市实施生态文明建设行动纲领》及《打造绿色建筑之都行动方案》

总结：深圳的工业建筑在改革开放后才开始发展，25 年内建设了大量的工厂。面对高新技术产业的发展及城市转型，传统制造业慢慢迁移出深圳市区，大量的工业建筑面临改造。

深圳地区在改造时区别于其他地区的是对既有工业建筑进行绿色改造，深圳出台了地方法规来引导和鼓励建筑绿色改造，工业建筑中较多使用的是垂直绿化，能够有效地丰富立面效果，同时起到节能环保的效果。表 2-9 中介绍了几种常见的垂直绿化处理方式。

垂直绿化常见处理方式　　　　　　　　　　　　　　　表 2-9

爬藤式	附着构架式	种植槽式	挡板式
F518 创意园	深圳南海意库	深圳南海意库 3 号楼	深圳南海意库

（4）广州

广州工业建筑发展进程　　　　　　　　　　　　　　　表 2-10

1840～1911 年	鸦片战争后,外国资本开始大量涌入中国半开放的贸易市场,1861 洋务运动兴起,代表洋务派的官僚资本,试图发展军事、振兴经济,在广州及附近地区兴办了一批近代军工厂和制造厂
1911～1949 年	民国时期建设了大量工业建筑,涵盖了电力、机械、化工、纺织、食品加工等工厂,如太古洋行的太古仓,日商的大阪仓等
1949～1978 年	建国初期,全国进入社会主义建设的新时期,工业快速发展,广东罐头厂、广州钢铁厂、汽车轮胎厂等都是这个时期建造
1978～2000 年	改革开放时期,广州调整工业结构,以轻纺工业为发展重点,大量的工厂从城区迁往城外
2000 年	广州在中心城区推行"退二进三"的政策,在中心城区、港口码头出现了大量闲置工业建筑,20 世纪 90 年代前,广州主要采取简单的拆除重建的方式处理闲置的工业建筑
2009 年	广东省实施"三旧改造",出台了一系列相关政策支持开展改造工作,出现了包括北岸文化码头、羊城创意园、1850 创意园等改造项目

总结：广州的工业建筑发展较早,兴建了大量的工厂。改革开放后,由于中央提出"调整、改革、整顿、提高"的经济方针,广州响应中央号召,调整了工业结构,大量厂房闲置。2000 年前,较多闲置的工业建筑被拆除,在出台了相关政策后,工业建筑采用自行改造、公开出让和公益征收三种操作方式,目前大部分实施的旧厂房项目以实施功能置换为主。

2.2.2　国内既有建筑改造不足之处

我国对工业建筑保护重视程度不够,与欧洲相比,我国被列入世纪遗产名录的大多是考古遗址、宗教神庙、帝王墓葬和皇家园林等类型。在我国文物保护制度建立初期,基本没考虑工业建筑。随着保护观念逐步发展,才逐步将工业建筑纳入保护范围。相比其他类型的建筑,工业建筑占各级文保单位的比例很低。从 2001 年第五批首次入选的 2 处到第六批入选的 9 处，目前只有工业遗产 11 处工业遗产被列入全国重点文物保护单位，其中 3 处是近代工业建筑。

国内许多工业建筑由于没有鲜明的代表性，或者因相似建筑体的大量存在，无法纳入文物或优秀建筑的保护范畴，没有得到应有的重视及合理对待。据悉沈阳已拆了 4000 多座大烟囱，而著名铁西区工业类历史建筑在近年的商住开发中几乎完全被清除，北京的工业遗存也基本从北京三环路以内绝迹，南京的晨光机械厂（场地为原金陵制造局）和下关电厂等著名工业遗存都面临着紧迫的保护和改造问题。现有工业建筑相关保护与再利用实践个案虽然取得了一定成效，如广东中山岐江船厂改造、原南京工艺铝制品厂多层厂房改造、北京外研社二期厂房改造、北京远洋艺术中心以及"798"工厂改造等案例，但尚未形成一套切实可行的理论系统，很多改造停留在自发状态，表现出明显的盲目性、片面性和效果的不定性。

通过对国内既有工业建筑改造情况进行查阅资料及调研发现，在特定的历史背景下，一个地区的工业建筑往往经历了建设、发展、搬迁、空置、拆除或再利用这几个阶段，工业建筑在发展过程中存在一些共性问题：

（1）政策法规及标准不健全

面对城市转型和产业升级，大部分的厂房被闲置后，由于政策法规及标准不够完善，工业遗产得不到及时的保护，建筑的历史文化价值得不到应有的延续。

（2）急功近利，利益驱使下的拆除重建

由于早期工业建筑的优越地理位置，蕴含着巨大经济利益。企业自身或投资者在经济利益的驱使下，大都选择直接忽略其保护与再利用的工业遗产价值，而将其作为一般的废弃建筑进行拆除后推倒重建为城市居住小区或购物商场，加剧了地方特色文化的丧失。

（3）保护模式相对单一，创新性不足

在北京 798 艺术区成功后，全国各地出现大量模仿 798 的艺术区的创意产业园区，都希望可以引进艺术、设计、软件、广告等创意产业，但由于缺乏文化根基和有效的开发运营模式，出现同构性竞争，创意产业园得不到持续的发展。部分的既有工业建筑改造工程不能与原有的工业遗产特性和背景相结合，没有体现出其特点。工业遗产改造其核心在于改造及运营的模式，如果不能在模式上有所创新，改造将缺乏特色。

（4）既有工业建筑保护价值的评价体系不完善

导致工业建筑调查、认定、保护一系列工作开展难度大，在判定其保护价值的时候会有考虑不周全等现象，不利于充分发挥其价值。

（5）融资渠道单一，可持续经营性差

工业遗产的改造需要对土地进行整理、设施配套、环境整治、工人安置等一系列的工作，不但没有房地产开发那样有立竿见影的投资回报效果，反而需要长期大量的资金投入，要求开发运营企业有雄厚的资金背景。在没有强大的企业介入的时候，一般的地方政府只能做一些小修小补，或把土地使用权出让给开发商建住宅。

2.3　既有工业建筑更新改造相关调研

为更好的分析既有工业建筑的改造措施，本次对已改造完成的典型案例进行调研，具体详见表 2-11,为了解既有工业建筑更新改造的方法论,本节通过查阅大量资料,并对部分既有工业建筑改造项目进行调研,从整体规划、结构鉴定及加固、建筑改扩建的空间改造、立面改造、绿色建筑改造、消防安全提升及交通停车方面出发,分析现有工业园区的改造手法,并对改造中的优缺点进行总结。旨在为既有工业建筑提出较为可行的更新改造方法。

旧工业园区调研项目基本信息表   表 2-11

位置	名称	位置	用地面积 (m²)	原用途	现用途	滨水情况
东莞	鳡鱼洲	东莞市莞城街道	9.5 万	52 家粮油和外贸企业	文创、商业中心	左临东江南支流,右临厚街水道
	33 小镇	东升路 33 号	9 万	33 座旧厂房	文创、商业中心	无
	工农 8 号	莞城博厦工农路 88 号	2.2 万	莞城区粮仓及农资仓库	文创、商业中心	西临厚街水道
	万科 769	新基社区香园路 35 号	5.4 万	东莞万鑫鞋厂	文创、商业中心;青年社区	无
广州	广州 TIT 国际服装创意园	新港路 397 号	8.5 万	广州纺织机械厂	服装创意设计中心	北临珠江
	太古仓 1904 年	海珠区革新路 124 号	9677	旧式英商太古洋行的仓库	休闲活动中心	西临珠江靠近白鹅潭
	1850 创意园	荔湾区芳村大道东 200 号	5 万	金珠江双氧水厂	文创、商业中心	东临珠江
	信义会馆	荔湾区芳村大道	2.3 万	水利水电施工公司	文创、商业中心	东临珠江
	红专厂	天河区员村四横路 128 号	17 万	广东罐头厂	文创、商业中心	南临珠江
	羊城创意产业园	黄埔大道中	18 万	化学纤维厂	文创、商业中心	南临珠江
深圳	华侨城创意园 OCT-LOFT	深圳华侨城原东部工业区	15 万		文创、商业中心	南临深圳湾
	南海意库	蛇口兴华路 6 号	4.5 万	三洋工厂	文创、商业中心	东南临深圳湾
	F518 时尚创意产业园	宝安区兴业路 518 号	6 万	五金、塑料、制衣、小型电子加工等 75 家工厂	文创、商业中心(信息科技类)	西临南湾
	2013 文化创客园	龙岗区力嘉路 108 号	2 万	旧工业园区	文创中心	无
	深圳云里智能园	龙岗区坂田街道	7.53 万	深圳坂田物资工业园 8 栋厂房 3 栋宿舍楼	文创、医院	无
	南岭中国丝绸文化产业创意园	龙岗区南湾街道南岭社区南新路 10 号	3.6 万	广东省丝绸纺织厂	创意设计、科研创新、展示交易、旅游休闲等	无

续表

位置	名称	位置	用地面积（m²）	原用途	现用途	滨水情况
深圳	深圳艺展中心文化产业示范园区	罗湖区梨园路121号	建筑面积20万	笋岗旧仓库区	家居创意设计与产品展销中心	无
	大成面粉厂	海湾大道3号	1.94万	大成面粉厂	文化设施	东临深圳湾
	价值工厂	海湾路8号	5万	蛇口浮法玻璃厂	文化设施	东临深圳湾
佛山	柴油机械厂	容桂镇		柴油机厂	文创、商业中心	北临容桂水道
	渔人码头	容桂街道东堤路16号		容奇食品厂	文创、商业中心	北临容桂水道
	南风古灶国际创意园	禅城区高庙路6号	26.67万	南风古灶风景区及钻石厂、日用三厂、建国厂、建陶厂及电炉厂5家陶瓷废旧工厂	文创、商业中心	西临潭洲水道
中山	岐江公园	中山一路与西堤路交叉口	11万	粤中造船厂旧址	公园	东临岐江河

2.3.1　整体规划

既有工业建筑规划设计的目的是规范旧工业区原有风貌和现有要素，通过整体设计，保护地域文化，挖掘经济潜力，推动园区经济、社会和生态的可持续发展。园区规划设计应包括功能分区、建筑布置、交通组织规划、消防设施配置、供配电设计、给排水管道设置、场地环境设计等。现对以上部分工业园区整体规划中的项目定位、空间格局、建筑布局、空间尺度和肌理进行分析。

（1）项目定位

既有工业园区在项目改造初始，通过对项目进行实地勘察，对其基地现状、周围资源情况、交通现状、当地的历史人文进行分析，确定该工业园区的定位和各大板块，有利于明确后期的改造方向。以下通过对部分调研项目定位和各大功能板块进行梳理，如表2-12所示。

调研项目规划定位及板块　　　　　　　　　　表2-12

项目	定位	板块
TIT创意园	国家级孵化器	三大板块：时尚创意、创新创业、科技互联网
33小镇	艺术小镇＋文化创意街区	三大板块：文化创意区、休闲体验区、创意商务区
太古仓	城市客厅	五大板块：总部办公、商业金融、星级酒店、文化休闲、时尚艺术
华侨城创意文化园	创意休闲产业聚集区	三大板块：产品研发区、绿色办公区、休闲体验区
南海意库	文化产业基地	三大板块：文化创意区、休闲体验区、创意商务区
深圳云里智能园	以智能硬件与智能装备的全生态产业链工业园区	四大板块：办公区、研发区、宿舍区、商业区

23

续表

项目	定位	板块
F518创意园	全球设计师与艺术家的价值演绎地	六大板块:创意工作站、创意前岸、艺术创作库、品位街、创展中心及艺术酒店
深圳艺展中心	中国时尚·艺术家居生活的引领者	两大板块:家居创意设计、产品展示销售
岐江公园	综合性城市公园	三大板块:工业遗址区、休闲娱乐区、自然生态区
南风古灶国际创意园	世界陶文化交流平台	两大板块:南风古灶景区、石湾陶文化公园

从表中可看出,既有工业园区定位上主要分为两大类:

① 延续原有业态。少数沿用工业园区原有业态,如南风古灶国际创意园,原为陶器的生产地,在保留原有的窑、传统建筑和街巷的基础上,置入新的商业、办公功能,主要有各种陶制品出售、与陶艺有关的体验教室及陶艺工作室等,现定位为世界陶文化交流平台;TIT创意园原为广州纺织机械厂,现作为服装创意设计中心,兼有部分科技创新、科技互联网。这种传承原有的功能业态的方式,较能保留城市文化和记忆,使旧工业园区焕发新的生命力(图2-7、图2-8)。

图2-7 南风古灶国际创意园

图2-8 传统街巷空间保留

② 改变原有业态。大部分工业园区现有功能与原有业态不相符,如广东中山粤中造船厂改为岐江公园;广州太古仓仓库码头改为旅游观光、商业休闲场所;深圳艺展中心由仓库功能转变为大型软装市场。这种改造能将各种不同功能的业态放入既有工业建筑中,给园区提供了更多可能性,但也存在趋同性较大的问题(图2-9)。

(2)空间格局

空间格局主要体现在既有工业建筑群所在区位、交通情况与城市的关系上。原有工业建筑更新改造前空间较封闭独立,但随着城市化进展,处于城市边缘地段的旧厂房已被城区包围,区位发生变化,打造开放共享的公共空间供城市居民使用的条件成熟。除此之外,工业生产运输要求园区各功能区域有较高的可达性,所以旧工业区的交通布局都十分

(a) 岐江公园实景1　　　　　　　　　　　　　　(b) 岐江公园实景2

图 2-9　岐江公园（旧时为粤中造船厂）

清晰，为后期改造提供了便捷性。据研究调查，旧工业区内部道路大部分为 4m 以上的机动车车道，部分可以改造步行道路以及道路附属空间。

（3）建筑布局

由于工业建筑的生产特性，群组间的建筑平面布局相似度很高，所以厂房一般以群组少量集中性布置，建筑密度较低。改造过程中为了营造更舒适的园区环境，通常按照原有空间布局和组织，增加或减少部分建筑物，设置绿地和广场等开放空间穿插其间以改善园区环境。

（4）空间尺度和肌理

早期园区规划设计的绿地和广场等尺度过大，比例失调，不符合人性化设计，改造需要拆除或者加建部分建筑，以达到良好空间体验。旧工业区通常较封闭，开放空间中缺乏供城市居民休闲娱乐使用的人性化配套服务设施，空间体验感较差，不能给使用者带来场所感。因此，改造时应以开放空间系统作为载体，保留园区自身特色，即原有的文化元素和地域特色，营造园区的场所感。为满足园区内外人群使用需求，使园区开放空间服务于公众，其空间形态具有可识别性，符合环境心理学理念，与更新后的创新创意产业功能业态相适应。

（5）优秀案例

TIT 创意园前身是建于 1956 年的广州纺织机械厂，园区内厂房是由 20 多家私营纺织机械厂公私合营组建而成，经过 40 年的发展，至 1995 年到达鼎盛时期，成为全国 100 加重点纺织机械器材企业之一，职工人数最多时达 1400 多人。

1999 年前后，受国家宏观调控和其他主客观因素的影响，在激烈的市场竞争下，纺织机械厂的生产经营逐步下滑，到停产时产值仅有 1000 多万元，工厂陷入严重亏损的不良状态，企业濒临倒闭。

2007 年，为贯彻落实广东省委、广州市委"腾笼换鸟、转换升级"的产业调整政策要求，广州纺织工贸集团对原厂实行了全面停产，同时按照省委、市委的"三旧"政策，在市政府牵头指引下，广州市纺织工贸集团与深圳德业基投资控股集团有限公司携手对工厂进行改造。改造后的旧工厂取得了良好的经济收益与社会效应，2010 年，TIT 被评为广东省、广州市重点建设项目，2011 年，TIT 被评为中国纺织服装时尚创意基地。以下分别对其项目定位、空间格局、建筑布局、空间尺度和肌理进行分析。

1）项目定位

TIT 创意园定位为国家级孵化器，分为时尚创意、创新创业、科技互联网三个板块，旨在打造华南地区乃至全国最具代表性的时尚科技创意产业孵化平台。

2）空间格局

TIT 创意产业园地理位置优越，地处广州市新中轴线以南，广州市新电视塔正南面，塔前路与新港中路之间，距离地铁二号线与三号线换乘站客村站 D 出入口约 310m，交通便利。园区附近有中大服装服饰圈、琶洲会展商圈、服装学院、珠江电影制片厂等机构，创意资源与人才较为丰富。

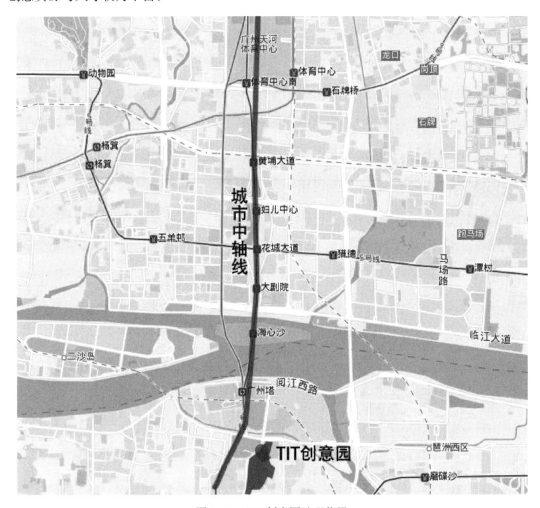

图 2-10 TIT 创意园地理位置

3）建筑布局

原有建筑划分为 6 大功能区，包含车间、仓库、电房、服务用房、卫生所、托儿所等服务设施，如图 2-11（a）所示。改造后 TIT 创意园被改造划分为 7 大功能区，包含了设计区、创意区、商业文化区、配套服务区、红酒区、时尚发布中心，以及配套的酒楼和公寓酒店等服务设施，如图 2-11（b）。从改造前后的平面图可知，TIT 创意园属于微改造，完整地保留了老厂区的格局，包括既有工业建筑和各类树木及生态环境，一期的建筑拆除量很小，如图 2-11（c），主要是对旧厂房、旧车间进行修复再利用。二期新建了 6 栋多层小楼，最北面的 2 栋 2015 年因相邻地块广州美术馆的施工建设被拆除。TIT 创意园的改造保留了大部分原有建筑，遵循了"修旧如旧，尊重历史"的原则。

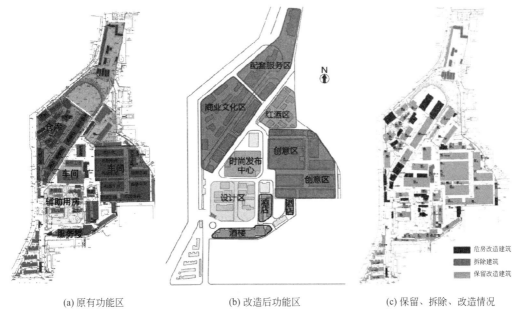

(a) 原有功能区　　　　　　(b) 改造后功能区　　　　　　(c) 保留、拆除、改造情况

图 2-11　TIT 平面布局情况

图 2-12　改造后规划鸟瞰图

4）空间尺度和肌理

TIT 创意园为了营造更舒适的办公环境，在空间上，主要运用原有的工业器械、工作场景来营造园区的场所感，并在其周围设置一些休闲空间，使原有的工业文化元素融入新

的园区中。此外，在绿化方面也尽量保留原有树木，并新增一些低矮灌木，缩小原有广场尺度的同时提升了园区整体环境。

(a) 铸造车间退火炉工作场景　　　　(b) 震压式造型机　　　　　　(c) 除尘器

图 2-13　TIT 创意园现场图

2.3.2　建筑改扩建的空间形态

（1）空间改造

1）空间的功能替换

此种方式通过简单的功能替换将建筑改为其他用途，即对建筑进行加固、修复，而不对建筑的原结构进行改变，改造的内容主要集中在开窗、内外装修、交通组织和设施的更改等。例如将大跨度的建筑改为展览空间，或者将层高较低的建筑如工业厂房、仓库等改造为娱乐休闲中心，将原有宿舍楼改为新的办公场所等，此种改造方式适用于对建筑保护要求较高的情况，例如历史建筑、工业特征建筑等。

项目案例：信义会馆

信义会馆是广州市首例工业遗产改造为创意产业园的案例。其前身是广东省水利水电机械制造厂，占地面积 2.3 万 m^2。5 号楼和 8 号楼为典型的苏式风格，原有结构保存完好，包括瓦屋面、木桁架、牛腿柱、红砖墙体等，改造时完全按照原貌进行修复。5 号楼为单层厂房，层高达 16m，适用于对面积、层高需求较大的功能用房，因此被改造为多功能厅。

(a) 信义会馆8号楼　　　　　　(b) 信义会馆5号楼外观　　　　　(c) 信义会馆5号楼内部

图 2-14　信义会馆

2）空间的重构

① 化整为零：依据新功能的需求，采用垂直分层或者水平划分的方式将内部的大空间转化为小空间，增加建筑使用面积。

a. 垂直分层：既有工业建筑大都有较高的层高，通过垂直分层的处理手法可将高大空间划分为尺度适宜的若干层空间，然后再加以利用，提高空间的使用效率。这种改造方法需注意新增加的结构和隔墙，尽量采用轻质的材料。例如加层部分的结构采用钢材，隔墙采用加气混凝土或石膏板等，减轻建筑的荷载，保证对原有建筑影响最小。

b. 水平分隔：在原有主体结构不做改动的前提下，水平方向增加分隔墙体，使开敞的空间转化为多个小型空间。如将空间开敞的多层框架结构的厂房或仓库等改造为住宅、办公场所等。这种改造中应注意分隔墙体采用加气混凝土或石膏板等轻质材料，确保在建筑承载力范围内增设墙体。

项目案例：广州太古仓

太古仓拥有百年历史，是英国太古洋行于 1904 年修建，为 3 座丁字型栈桥式混凝土码头和 7 幢（8 个编号）砖木结构仓库组成。建有砖木结构仓库 6 座，混合结构仓库 2 座，钢筋混凝土结构仓库 2 座。该项目将通高的仓库划分为两层，并将室内划分为多个小单元，来满足对铺位面积需求不同的商家。为了满足通风的要求，在室内设置排风管道，并通过外立面的排风口排出，此种做法减少了对原仓库建筑的结构和风貌的干预。

但在本项目中，存在以下缺点：a. 室内的整体性和协调性较差。太古仓在大空间的营造上，由于缺乏对室内布局的划分以及风格的界定，出现改造后的平面不按原有柱子要划分、各个商铺的风格不一的情况，导致室内的整体性和协调性较差。b. 室内通风、采光较差。由于大空间被水平、垂直分隔后，为了不对建筑形体造成大的变动，不提高窗墙比，甚至将原有窗户进行遮挡，并采用集中供冷的方式进行通风，导致室内几乎靠机械设备来通风，靠人工照明来满足采光（图 2-15）。

(a) 太古仓外立面现状　　　　　　　　　　　(b) 太古仓内部垂直分层

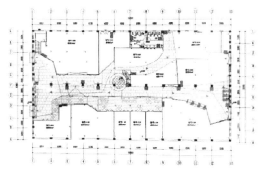

(c) 太古仓4仓改造后一层平面图　　(d) 太古仓4仓内部通风设备　(e) 太古仓4仓室内水铺那个分隔

图 2-15　太古仓相关资料图

② 化整为零：通过将多个独立的建筑进行打通，或者在建筑间加连廊及通过封顶将建筑连为更大的空间，此种方式能将各个独立的单体连为一个整体，十分适用于岭南地区炎热多雨的气候，也能提升园区的舒适性。

a. 建筑间打通连接。将紧靠在一起的两栋建筑的墙体进行打通，若原建筑为钢筋混凝土框架结构建筑，则可将各自的非承重性墙进行拆除，从而将两个建筑连接为一个建筑形成一个整体。

b. 建筑间加连廊或楼梯搭接。相邻的建筑物间采用连接廊、楼梯、台阶等进行连接，使建筑间可随意穿行，连廊一般采用轻质高强的钢材、玻璃等有机材料来减轻自重。

项目案例：顺德柴油机厂

柴油机厂位于顺德容桂沿江长堤路和垂直于长堤的工业路的交汇处。根据厂区的楼栋编号，二期的主要范围为 2、3、4 号楼及 6 号楼组团，建筑面积约 1 万 m²。已改造完成的柴油机厂 2、3 号楼由于功能不同，层高也完全不同，为了实现两栋楼间不同高度楼层的相互连接，在原有两栋建筑之间设计一部形态复杂的楼梯，这种做法创造了一个在屋顶的漫游系统，通过添加连廊将园区中的屋顶全部连通起来，游客能通过这个漫游系统到达园区的各个楼栋，增加了园区通达性的同时，丰富了整个厂区的空间（图 2-16）。

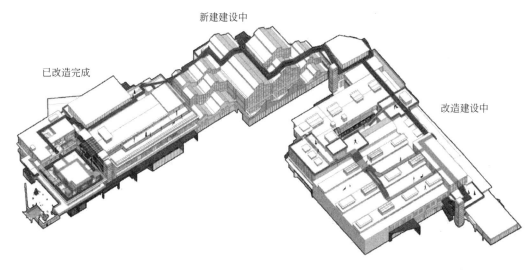

(a) 立体图

(b) 现场实景图1

(c) 现场实景图2

(d) 现场实景图3

图 2-16 顺德柴油机厂建筑

　　c. 建筑间封顶连接。将相邻建筑在邻接处加顶封闭，在加顶后的空间内可局部增建，也可用连廊等对各建筑进行连接，使原有的建筑单体连接成一个整体，后加的封顶材料宜采用轻质透明材料，如钢柱、钢屋架及玻璃、透明有机材料等，不仅可以减轻建筑的自重，还可以在延续原有建筑外墙的基础上，内外交界概念变得不再明显，使建筑更加亲切宜人。这种方式在工业园区中应用十分广泛（图 2-17）。

(a) 深圳华侨城文化创意产业园　　　　　　　　　　　(b) 鲮鱼洲

图 2-17　屋顶连接图

　　③ 局部增建：根据新的功能和空间需求，在建筑内外局部增建新的设施或空间，如电梯、楼梯、紧贴建筑外侧增加走廊、露天庭院以及中庭等。

　　项目案例：广州麦仓工作室，前身是广州啤酒厂的大麦储存仓，始建于 1934 年。2012 年在啤酒厂基础上进行改造，将筒仓顶部 40m 高的空间改造为事务所的设计大厅，建筑师们通过增建电梯、台阶、楼梯来满足交通需求，并利用南北墙面对应各开了 5 个门洞，开凿的落地窗使筒仓顶靠外的 12 个半圆空间成为工作室的空中露台，增加了休憩空间，使设计师在工作之余可以眺望周围景色，提升建筑的趣味性。门洞上的开启扇经过特殊设计可以 180° 全开启，该改造通过对建筑进行局部增建，提高建筑舒适性，满足建筑采光量大的需求（图 2-18）。

(a) 麦仓原貌　　　　　　　　　(b) 改造前顶层情况　　　　　　　　(c) 筒仓原貌

图 2-18　麦仓工作室示意图（一）

| (d) 改造后效果 | (e) 改造后顶层情况 | (f) 新增阳台空间 |

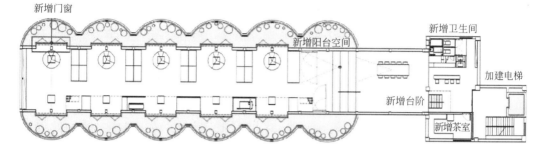

(g) 麦仓改造后平面

图 2-18　麦仓工作室示意图（二）

④ 局部拆减：主要分为三种情况：

a. 拆减墙体：将原有建筑中的非结构性外墙拆除换成透明玻璃或改为外廊来增加建筑面积、增加采光等，将非结构性内墙拆除后，让室内更加宽敞开阔。

b. 拆除楼板、梁、柱：将原有建筑部分楼板、梁、柱进行拆除，形成通高空间或中庭空间。除此之外，还要根据实际情况对保留的结构构件采取加固措施。对结构进行拆减应注意不影响结构的牢固性，特别是梁、柱等。拆除部分尽量位于多跨框架平面的中部，而应避免靠边跨拆除，那样会形成建筑物边跨无双向连接的单列柱，导致结构失稳。

项目案例：1850 创意园

以下建筑原功能为动力冷冻机房，将建筑外围原有的部分梁柱进行拆除，形成新的外观轮廓，在此基础上再对门窗进行封堵、更换，外表面重新抹灰，形成新的建筑风貌（图 2-19）。

(a) 建筑改造前　　　　　　　　　　　　　　　(b) 建筑改造后

图 2-19　1850 创意园动力冷冻机房

c. 拆除体块：对原有建筑在整体上局部拆除，形成新的外观轮廓。

项目案例：1850 创意园

该创意园前身是广州市金珠江化学有限公司，即金珠江双氧水厂，2000 年前，是广州化工集团在广州市最主要的化工生产基地之一。2008 年底，1850 文化创意园破土动工，在一年多的时间里逐步对原有 76 栋旧厂房进行了重新规划、修缮、改造、加固和装修，使得原有建筑基本具备办公的条件。

以下建筑原功能为氯化聚丙烯车间，在改造过程中将建筑局部进行拆除，置入新的玻璃盒子，形成新的外观轮廓，增强建筑的现代感，建筑体块由原有较厚重的体块变得更轻盈（图 2-20）。

(a) 建筑改造前　　　　　　　　　　　　　　(b) 建筑改造后

图 2-20　1850 创意园动力氯化聚丙烯车间

⑤ 局部重建：主要分为两种情况：

a. 由于受到自然因素的影响或者人为因素的破坏，原建筑局部受到损坏，导致其不能满足现有的使用需求，因此在改造过程中，通过对建筑局部进行重建，使其能投入正常的使用。局部重建时应尽量与原有建筑协调，并采用轻质高强材料来减轻建筑物自重。

b. 根据改造设计要求，对建筑物局部拆除并改建，以形成新的外观轮廓。

（2）扩建

扩建是指在原有建筑结构基础上或在与原有建筑关系密切的空间范围内，对原有建筑功能进行补充或扩展而新建的部分。

1）垂直加建

在原建筑顶部垂直加层扩建，从而在占地面积不变的情况下，增加建筑面积，提高容积率，满足经济性需求。这种扩建方式将改变原建筑的轮廓，影响建筑形式，对其建筑结构也有较高要求。

项目案例：111 创意园会议中心

原有建筑为 L 形平面，建筑为两层，底层部分架空，二层为外廊式，带有一个大露台。改造过程中，通过运用铝板将建筑外部空间进行围合，并在二层露台进行加建，使得建筑的使用面积增加，容积率变大（图 2-21）。

(a) 建筑改造前

(b) 建筑改造后

图 2-21　建筑改造前后

2）水平扩建

水平扩建是指在邻近或紧靠原有建筑加建新建筑，并将新老建筑以合零为整的方式结为一体。改造中应注意新老建筑间的功能、空间联系以及建造新建筑时对现有建筑结构的影响，作出保护性设计和施工方案。

项目案例：深圳艺展中心

深圳艺展中心，位于罗湖区梨园路，由笋岗仓库区的旧厂房在 2000 年改造而成，是各类室内软装产品的集散地。2016 年，设计师汉诺森对老艺展中心进行了二次改造，主要设计范围包括一、三期的地面休闲广场、一期 6～9 层的公共区域、停车楼及导视系统设计。

水平扩建主要体现在一期和三期建筑间停车场的增建，通过运用钢柱、钢梁、钢衬板混凝土组合楼板来建造结构框架，并将停车场的空间与原有建筑打通，联系十分紧密。这种做法不仅增加了停车空间，还将两座建筑联系起来，使客户停车后能到达不同层高的商铺，大大提高便捷性。除此之外，水平扩建之后首层增设了休闲广场，可以用于举办讲座活动和作品展览，创造了更舒适和优质的商业购物空间（图 2-22）。

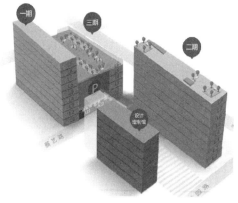
(a) 艺展中心鸟瞰图

(b) 一期与三期间新建停车楼

图 2-22　深圳艺展中心（一）

(c) 一期与三期间地面休闲广场

(d) 一期公共区域

图 2-22　深圳艺展中心（二）

2.3.3　立面改造

（1）基于建筑原貌改造

立面改造以不改变建筑风貌为前提，通过增添装饰性构件或植物，达到重塑建筑整体风格形象的效果。主要适用于砖混结构体系和框架结构体系，对建筑的改变最小、工期较短且简单易行。旧工业园区常在紧临建筑墙面处设置盆栽或树池，运用攀爬植物攀附在立面上，以达到环保、美观的效果，根据这一工艺，分为攀爬植绿化、贴植绿化和构件式绿化。此种做法能营造较为舒适的园区环境，典型的案例有工农 8 号、F518 时尚创意园、华侨城创意文化园、佛山南风古灶、南海意库等（图 2-23）。

（2）基于原结构改造

基于原结构改造是指以不改变建筑原有结构为前提，通过拆除非承重性墙体、填补原有窗洞等措施进行改造，这种改造模式对建筑的结构几乎没有影响，但能起到丰富立面效果的作用，在既有园区改造中较为常见。

项目案例：TIT 创意园

TIT 创意园中的纺园公寓，三层的钢筋混凝土框架结构，建筑现状仅有一侧为外廊式，整体效果不够通透。为了使建筑更适应岭南炎热多雨的气候，通过对侧立面的非承重墙进行拆除，置换出室外廊，与原有正立面的外廊相打通，使建筑在形体上更轻盈、通透的同时加强遮阳的效果。又如 TIT 创意园 8 号门，建筑现状形体和色彩较为单一。改造时在原有结构不变的情况下，仅对立面的门窗位置和大小进行更改，再对部分墙体材料进行更换，从而达到美化立面的效果（图 2-24）。

（3）扩容式改造

扩容式改造指在原有建筑的体型基础上，通过增加新的结构，提升和扩充原有的建筑功能。此类改造需要注意原有结构的承载能力，还需要考虑如何将已有的结构与新增的附加体进行衔接，并且这种模式会改变建筑的形体，所以需要从空间尺度、整体效果、可行性以及适用性等多种角度分析。

(a) 工农8号仓库建筑　　　　　　　(b) 工农8号仓库建筑　　　　　(c) 深圳华侨城创意园

(d) 深圳南海意库挡板式绿化　　　　　(e) 绿化单元　　　　　(f) 滴灌式绿化单元

图 2-23　立面改造示意图

(a) TIT创意园纺园公寓改造前　　　　　　　　　(b) 改造后

图 2-24　基于原结构改造（TIT 创意园）（一）

(c) TIT创意园纺园公寓8号门改造前　　　　　　(d) 改造后

图 2-24　基于原结构改造（TIT 创意园）（二）

此类更新改造方式的优点是可以对原有建筑进行功能上的补充，增加建筑的形体变化和立面的层次感，便于建筑风格的整体塑造，如深圳华侨城文化创意产业园中的部分建筑，如图 2-25 所示。而不足是这种模式下的更新改造动作较大，需考虑原有结构的荷载安全问题。

(a) 建筑门口扩容式改造　　　　　　(b) 深圳华侨城艺术馆门口扩容式改造

图 2-25　扩容式改造

（4）替换式改造

这种模式是在原有承重结构体系不变的基础上对外围护结构进行完全更换，这种改造模式适用于外围护结构与建筑承重结构相互独立的情况下实施，对原有建筑改动较大，工期较长。

项目案例：深圳云里智能园

该园前身为深圳坂田物资工业园，占地约 75300m²，包括 8 栋厂房和 3 栋宿舍楼，层数均为 6 层，层高首层 4.2m，其余各层 3.8m，无地下室，总高度均为 23.38m，均为钢筋混凝土框架结构，如图 2-26 所示。由于过去急速扩张的工业模式导致当时的建筑造型单调、内部空间单一。突出的核心筒虽将建筑体量划分，但立面元素在视觉上并无明显的指向性，如图 2-27 所示。在后续使用过程中，由于疏于管理，内部也被租户自行改造成五金加工、小作坊、仓库等各种不同功能。原有建筑外立面逐渐充斥了空调室外机、电线等无序搭建和临时性构筑物。因此，改造方案中通过结合幕墙设计，在建筑的东西两侧山墙增加了局部钢结构以实现幕墙悬挂和安装，赋予建筑新的形象和现代感。综合考虑改造成本，该项目保留了建筑原有立面的基本构架和元素，将原有立面的凌乱线条统一为横平竖直的大体块划分；同时加大开窗面积，将更多的自然光线引入室内，形成新的建筑界面。

图 2-26　深圳云里智能园总平面

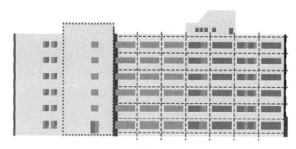

(a) 改造前建筑立面

(b) 改造前

(c) 改造后建筑立面

(d) 改造后

图 2-27　替换式改造（深圳云里智能园）

为了增加建筑的通透性，破除了原有建筑东、西侧封闭的山墙，在山墙及其转角处运用倒角玻璃幕墙，通过"玻璃盒子"的形式将城市景观引入室内，也保证了面向城市干道的一侧能够拥有较好的城市界面。各层玻璃盒子在原结构的基础上向外挑出 0.5m，并做圆角处理。各层底部设置灯光，强化了各层玻璃盒子所带来的通透感。

南、北主立面通过简单有效的设计手法赋予立面全新的动态表情。依据原立面结构位置，运用不同长度的铝扣板结合 LED 灯带设计在立面上进行搭配，形成高低错落的渐变效果。将空调室外机位置统一，并隐藏在立面垂直格栅后。

综合考虑改造成本，该项目保持建筑原有立面的基本构架和元素，将原有立面的凌乱线条统一为横平竖直的大体块划分；同时加大开窗面积，将更多的自然光线引入室内，形成新的建筑界面。核心筒部分则运用相同材质的垂直格栅结合 LED 灯带处理，进一步强化竖向设计。在色彩上，以素描感极强的黑白灰配以暖光灯，加强立面层次感。

除了上述案例，还有许多既有工业建筑采用同样的手法，如 33 小镇 15 号楼和 6 号楼、深圳艺展中心等，此种改造虽然保留了原有工业建筑的结构框架，在其基础上进行立面改造，但仅从外立面来看，并无既有工业建筑的特征，对传统工业文化的保护和传承有一定的影响。除此之外，替换式改造往往主要靠空调等机械设备来通风，建筑能耗加大，与当今倡导的绿色节能环保理念相违背（图 2-28）。

(a) 33小镇15号楼　　　　　　(b) 33小镇6号楼　　　　　　(c) 深圳艺展中心二期

图 2-28　替换式改造（其他项目）

（5）包裹式改造

包裹式改造是在保留原有建筑立面的基础上，在建筑外部增设一层结构独立的建筑表皮，对原建筑立面进行大范围的包裹。这种改造模式造价不高，对原有建筑结构的影响较小且施工过程可以不影响建筑内部各功能的正常运行。通过构建一层新的表皮达到遮盖原有立面的效果，有利于建筑形体和立面的重构，为建筑立面的改造提供了更多的可能性（图 2-29）。

2.3.4　绿色改造

绿色建筑指在建筑的全寿命周期内，最大限度节约资源，节能、节地、节水、节材、保护环境和减少污染，提供健康适用、高效使用，与自然和谐共生的建筑。既有工业建筑大部分存在能耗大、围护结构保温性能差、通风及采光效果不佳的情况，针对上述的现象，对既有工业建筑采取合适的技术措施有助于节约资源、减少污染，为人们提供生态、

(a) 深圳华侨城创意园OCAT深圳馆　　　　(b) 1850创意园　　　　(c) 33小镇19号楼

图 2-29　包裹式改造

舒适和高效率的空间。以下为建筑改造过程中的要点及具体措施，如表 2-13 所示。

绿色建筑改造要点及具体措施　　　　　　　　　　　　表 2-13

要点	分类	具体措施
节地与室外环境	室外环境改造	声环境、风环境改善
	场地生态改造	选址、透水铺装、垂直绿化、地下空间利用
节能与能源利用	构筑物与围护结构的节能改造	外墙及屋面保温改造、节能门窗改造、遮阳改造
	通风设施与新风系统的应用	高效水泵风机的应用、全空气系统可调新风的应用、中庭的设置
	照明与电气选择	高效灯具照明、节能电梯和扶梯、智能建筑系统
	能量综合利用	太阳能热水系统的运用、太阳能光伏发电、地源热泵技术
节水与水资源利用	节水系统的优化	节水设施设备
	非传统水源利用	海水、雨水、再生水的利用
节材与材料资源利用	节材设计	尽量保留原有结构框架和构件，减少拆除
	材料选用	选择可循环利用材料，如钢材、贵金属材料、玻璃等；利用建筑废料进行改造

　　本次调研中，绿色改造较为突出的有深圳南海意库、F518 创意园、佛山 1506 创意园以及中山岐江公园，其中深圳南海意库和 F518 创意园属于建筑本体进行绿色改造，中山岐江公园则是将既有工业建筑再生为城市绿地主题公园。以下以深圳南海意库 3 号厂房为例，对绿色建筑改造的具体措施进行分析。

　　深圳南海意库的"三洋厂房片区"位于深圳市南山区蛇口太子路，由六栋四层框架结构工业厂房构成。3 号厂房再生利用项目属于整个三洋厂区再生利用项目中的一个示范项目，改造总投资约 12000 万元，项目从 2005 年 3 月前期定位到 2008 年 6 月竣工交付使用，历时约 3 年，改造前后的建筑技术指标如表 2-14 所示。

南海意库 3 号楼建筑技术指标　　　　　　　　　　　　表 2-14

	原建筑（三洋厂房3号）	（改造后）创意产业园
总建筑面积	16201.2m^2	24260m^2
平均每层建筑面积	4050.3m^2	4850m^2

	原建筑(三洋厂房 3 号)	(改造后)创意产业园
层数	4	5
层高	4m	4m
停车面积	0	5636m²
结构形式	钢筋混凝土框架结构	钢筋混凝土框架结构+钢结构
外墙形式	240mm 厚黏土砖墙,水刷石及外墙涂料	保留砖墙+内贴加气混凝土砌块 Low-E 中空玻璃及遮阳系统
门窗形式	实腹钢窗	中空玻璃

图 2-30　南海意库 3 号楼

（1）节地与室外环境

本项目对于室外环境的再生利用主要是对室外场地进行更新改造及生态绿化进行配置。既有建筑前面的景观水池,通过在池底设透明玻璃,给停车库作为自然采光之用。由于采光的玻璃容易积累水藻,遮蔽采光,因此在水池中养殖观赏鱼等来消化去除水藻,使水池清澈见底,保证了采光效果。另外,3 号厂房前庭阶梯的退台顶部覆土种植,形成了良好的生态效果（图 2-31、图 2-32）。

(a) 立体绿化

(b) 楼前庭阶梯退台

图 2-31　南海意库 3 号效果图

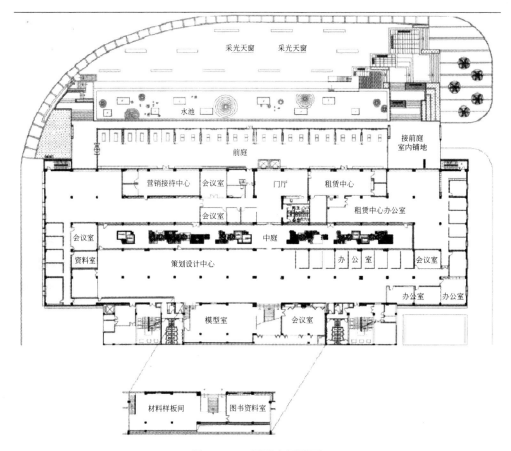

图 2-32　二层及夹层平面

此外，项目还采用渗水垫层、透水地面砖、渗水盲沟、深水井等构筑物将地面的天然雨水原位渗透到地层中，解决滨海地区"咸潮顶托"问题和恢复土壤保水能力实现温和的小气候。

（2）节能与能源利用

1）外墙与屋面改造

3号厂房原有的墙体为黏土砖墙，为减少拆除墙体产生废弃材料，改造时尽量保留原有墙体，对原有墙体增加外挂 ASA 板幕墙系统及遮阳设施，同时在原有内墙内侧砌筑 100mm 厚加气混凝土砌块。除此之外，对于外立面的围护改造，玻璃也以 Low-E 中空玻璃为主、局部热镜或智能玻璃等多种玻璃幕墙组合，外窗的隔热系数达到 $K=1.80\text{W}/(\text{m}^2\cdot\text{K})$，远低于深圳市规定的 $3.00\text{W}/(\text{m}^2\cdot\text{K})$。

屋面的改造中，在原有屋面上设置 40mm 厚聚苯挤塑隔热板，经计算传热系数为 0.82，有效地组织室内外热量的交换，同时，在屋顶的中部设置了将近 600m² 太阳能光电板，除了能有效利用光能外，还与屋面层之间形成一个空气间层，利用空气流动不断带走空气间层中的热量，起到通风散热的作用（图 2-33）。

2）通风设施与新风系统的应用

自然通风对于建筑节能至关重要，本项目通过中庭空间来创造自然通风的条件，首先在建筑内部将各层打通，并在中庭顶部设置六个玻璃拔风烟囱，利用"烟囱效应"使室内

(a) 中庭空间　　　　　　(b) 光伏发电板　　　　　　(c) Low-E中空玻璃

图 2-33　外墙与屋面改造

空气产生流动，提高室内舒适度的同时减少了空调的运行时间。

　　本项目空调系统拟采用温湿度独立控制空调系统，这是中国南方地区第一次大规模应用温湿度独立控制空调系统。通过采用温度与湿度两套独立的空调控制系统，分别控制、调节室内的温度与湿度（图 2-34、图 2-35）。

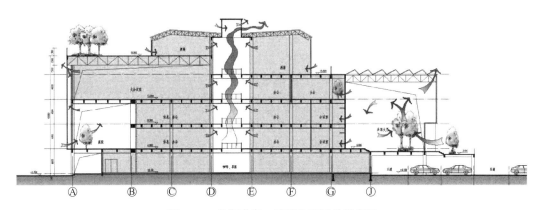

图 2-34　南海意库 3 号楼热压通风示意图

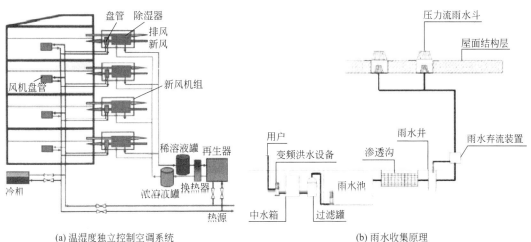

(a) 温湿度独立控制空调系统　　　　　　(b) 雨水收集原理

图 2-35　南海意库 3 号楼温湿度空调及雨水收集示意图

3）照明与电气选择

室内照明灯具按照内区与外区进行配置，且外区灯具可以实现控制。在全阴天不利情况下，整个楼层工作面约有 2000m² 的面积照度高度 300lx，白天基本可以不开灯。

中庭顶部为玻璃采光天井且布满太阳能光伏电池板，提高了建筑的透光率的同时又有良好的这样效果，就全大楼而言，累计可减少 40kW 的照明用电功率。按照每天工作 10h 计算，每天可减少约 400kWh/天，按每年工作时间 250 天计算，每年可节约照明用电约 10 万 kW·h。

（3）节水与水资源利用

本项目对排水系统做了新的设计，除将原有的卫生洁具更换为节水器具之外，还采用了人工湿地、中水回收和屋面雨水收集。另外，针对种植墙面还运用了滴灌技术，尽可能地减少水的浪费。

人工湿地和中水回用，是将各个厕所排水收集后排至 1 号人工湿地，处理后经过过滤、消毒后出水进入地下室水箱中，经变频给水装置加压供给 1~3 层冲厕所用水等。屋面雨水回收可以将雨水收集后排入埋地式 100m³ 的雨水调节池，经过过滤、消毒处理后，回收到地下室集水箱，经过给水装置加压后用于冲厕用水、浇灌绿色植物、道路冲洗等。滴灌技术的采用主要是针对种植屋面而言的，水在空中运动，不打湿叶面，也没有有效湿润面积以外的土壤表面蒸发，故直接损耗与蒸发的水量最少，比喷灌省水、省工。

（4）节材与材料资源利用

本项目改造中尽量保留原有的外墙墙体，减少拆除量，达到了建筑材料重复利用，节约资源的目的。估计可利用原厂房的结构混凝土约 16800m³，钢筋约 1440 吨，砌块约 3000m³。除此之外，利用已有的变压器、高压开关盒和部分电力电缆共计节省约 300 万元（表 2-15）。

南海意库 3 号楼绿色技术参数　　　　　　　　　　表 2-15

系统	项目	参数	备注
太阳能光伏发电系统	光伏板总面积	有效面积 292m²	
	平均日发电量	500kW·h	
	年发电量	5 万 kW·h	
太阳能光热系统（地源热泵辅助供热）	光热板面积		
	每天生产 55℃ 的生活热水	约 5000L	
	供应规模	400 人的餐厅和 30 位员工淋浴	
外墙隔热—原有墙体内侧加砌 100mm 厚加气混凝土砖	墙体热传导系数 K	≤0.8W/(m²·K)	
屋面隔热技术（30mm 厚聚苯挤塑板/75mm 厚聚氨酯压型钢）	屋面热传导系数 K	≤0.8W/(m²·K)	

系统	项目	参数	备注
Low-E 中空玻璃幕墙	隔声性	≥dB(A)	
	传热系数	≤3.0W/(m² · K)	
中庭自然通风	太阳能拔风烟囱	6 个	
温湿度独立控制系统 （温湿度独立控制空调、高温 冷水机组、溶液除湿系统）	高温冷源	18℃左右	
	COP 值提高	70% 以上	
	新风除湿	带热回收溶液 除湿新风机组	
中水利用	末端装置	冷辐射吊顶和 干式风机盘管	
	中水原水量	约 29.3m³/d	
	雨水收集池	100.0m³	
	冲洗地面、绿化	17.3m³/d	
	景观补水	8m³/d	
	处理方法	人工湿地＋砂滤	
	非传统水源利用率	10% 以上	
节水器具	节水率	8% 以上	
综合节能率		65% 以上	

2.3.5　消防安全提升

我国既有工业建筑往往具有使用年代久、人员密集、防灾能力差等特点。由于建造时期的标准要求不同及技术水平的局限，在建筑防火与设施上，往往与现行防火设计规范要求之间存在着较大的不同。再者，工业建筑改为商业建筑，所适用的防火设计规划也有所不同。因此，消防系统的改造是既有工业建筑改造的重要组成部分，在保证了建筑的安全性能的前提下，才可以有效进行其他方面的改造。

（1）既有建筑改建消防设计中存在的主要问题

既有工业建筑改建后承担餐饮、会展、休闲娱乐、商业配套、酒店服务等功能，这些功能往往与原有建筑的功能有着较大的区别，需要对建筑原有的平面布局、消防设施进行修改优化。但是，在修改过程中，一些设计单位因对建筑的原有情况掌握并不明晰等原因而未能真正履行其职责，没有办法使改造设计达到需要的水准，从而引发既有建筑改建工程消防设计的质量缺失，出现了一些消防设计的问题。

1）对既有建筑的原有耐火等级判定不准确

对既有建筑耐火等级的判定一般按照建筑内各建筑构件燃烧性能及耐火极限的判定。目前，一些设计单位责任心不强，对建筑原有构件情况未进行深入了解，仅凭经验、猜测就认定凡钢筋混凝土结构的建筑其耐火等级一律不小于二级，这种理解不一定正确。20世纪90年代中期以前建造的大部分多层钢筋混凝土结构建筑中的楼板多采用预制混凝土板，其耐火极限根据钢筋保护层厚度的不同分别为0.75h或0.8h，完全不能满足二级耐火等级楼板耐火极限1h的要求。此外，一些老建筑的结构封顶早、年代长，它的结构不可避免地出现一定的老化和局部损坏的现象；还有的建筑，主要构件的配筋量不足、风化的混凝土保护层难以起到相应的防火保护以及承载作用、楼板的厚度不够或者产生局部损坏，这些都会对不同构件的耐火性能产生一定程度的不利影响。

由于这些因素的存在，准确判定原建筑构件的耐火极限便增加了困难，要准确判定建筑构件的耐火等级，需要设计单位在仔细勘察建筑原有结构及构件基础上，才能够根据现场建筑结构的实际状况进行综合判定。

2）防火间距、消防车道不满足现有规范要求

由于历史原因，部分既有建筑之间的距离以及与居民住宅距离可能会较近，而这些年代久远的既有建筑的初始建造时，既有建筑原来设计施工时的消防法规不完善或不明确，有的甚至未经消防审核一直沿用至今。既有建筑经过改造后，其使用功能、性质都发生了变化，对其防火间距、消防车道设计都有了新的要求。既有建筑一般都难以满足现行规范的要求。

目前一些设计单位在既有建筑改造消防设计中往往仅重视建筑自身的消防设计，忽视了既有建筑与周边建筑、市政环境之间的关系，导致在消防设计中未对其与周边建筑防火间距及消防车道进行相应的改造设计而产生问题。

3）安全疏散体系的设计存在缺陷

既有工业建筑一般具有楼层净高较高、空间大、疏散楼梯少且分布不合理、疏散宽度不足、疏散距离长等特点。目前一些设计单位在既有建筑改造过程的设计中，大多仅注意了每个防火分区两个安全出口，未根据建筑使用面积对商场、娱乐场所的人员进行计算，并以此为根据校核其疏散宽度，导致老厂房改造为商场或娱乐场所时疏散宽度不足。其次，一些设计单位为了少设楼梯间，采用了两个或两个以上的防火分区共用一座疏散楼梯间的方法来解决安全出口数量的问题，造成了楼面整层疏散宽度过于缺少的问题。

4）消防设施设置不能满足现有建筑的需求

工业建筑与民用建筑、多层建筑与高层建筑、高层建筑中的一类高层和二类高层建筑的室内外消防用水量的要求不同，既有建筑改造中往往会涉及增加自动消防设施的问题。

然而，部分设计单位只是关注于对建筑内部增设消防设施，却忽略了对室外管网的校核，原有室内消火栓系统的管径与流量的确认也往往被忽略，消防电源的落实也欠佳。在此情况下，新增设的自动消防设施可能会缺少相应的水源或电源，而原有的室内消火栓系统也不能满足改造后的建筑使用功能下的需求。如市政消防进水总管管径不足，不能满足消防用水总量的要求；改造前的老建筑配套消防设施选用的消火栓泵的流量和扬程均不能满足改造后建筑使用功能的要求；原有室外消火栓的位置、数量和新增的水泵接合器不匹配等。

（2）既有工业建筑更新改造消防安全提升方法

为实现既有建筑改造工程设计阶段的质量控制，提高工程消防设计质量是既有建筑改造工程质量的重要环节。具体方法如下：

1）正确判定既有建筑的耐火等级

既有建筑原来的建筑构件情况，如柱、梁、楼板、承重墙、楼梯结构、屋面结构等是否受年代影响产生不同程度的风化变质，或是建筑改变使用性质和功能后，建筑耐火等级是否随建筑定性的改变而相应提高。应注意的是，对建筑耐火等级的判定应从严把握，一般应按照不低于二级耐火等级来考虑，特别是对建筑中重点构件（如柱、梁、楼板、承重构件）的耐火极限的执行务必按照现行的规范要求。在考察原有的建筑构件的耐火极限时，应不遗落细节。一是注意构件的保护层是否有较大脱落或变质，如楼板、承重柱、梁等，否则应加以保护或加固；二是对一些采用贴钢板、支撑角钢及外包钢板等结构加固方法的，应考虑对加固的钢构件增设混凝土砂浆层的防火保护办法，其防火保护层的厚度可参照规范条文说明中相应构件钢筋保护层的厚度进行；三是对于原先采用了钢结构防火涂料的构件，要对其涂料进行质量检验。若采用厚型防火涂料，应测试其厚度，并查看涂料是否出现开裂、脱落等现象；若薄型防火涂料，除了检查其厚度外，也要对它进行受热膨胀倍数的检验，从而检查涂料是否失效。

2）正确处理既有建筑与其他建筑的防火间距

防火间距指的是防止着火建筑在一定时间内引燃相邻建筑，便于消防扑救的间隔距离。在既有建筑改造时，常会遇到既有建筑群的内部建筑防火间距不足，或者既有建筑和周边相邻建筑的防火间距不能满足要求的问题，处理办法有：一是将建筑物的普通外墙改为实体防火墙；二是在相邻建筑的一面设置独立防火墙；三是提高相邻建筑或既有建筑本身的耐火等级；四是在相邻较高建筑外墙上的开口部位设置甲级防火窗或符合《自动喷水灭火系统设计规范》GB 50084—2001 中规定的防火分隔水幕或防火卷帘；五是降低既有建筑使用功能上的危险性，调整布局，使之更趋合理。另外，在审核中应注意因建筑改变使用性质和功能后应当设置环形消防车道和消防登高面的问题，为有效的防火措施创造良好条件。

3）合理划分防火分区及防火单元

在进行既有建筑改造消防设计时，应按照建筑使用性质、建筑类别的不同，根据相关规范要求合理划分防火分区。可采取设置防火墙、防火卷帘或防火门等防火分隔措施。防火墙应为耐火极限不低于3h 的不燃烧体砖墙、轻质混凝土砌块墙等；设在防火墙上的防火门应为甲级隔热防火门；防火卷帘的耐火极限不应低于3h，并应符合现行国家标准《门和卷帘耐火试验方法》GB/T 7633—2008 有关背火面温升的判定条件，除特级防火卷帘可直接设在防火墙上不设喷头保护外，其他防火卷帘两侧应设独立的闭式自动喷水灭火系统保护。设计单位在进行既有建筑改造消防设计时，应根据不同的使用功能，合理划分防火分区及防火单元。比如，将既有建筑改建为商场时，应将商城内不同使用功能的区域集中布置，然后按使用功能划分为独立的防火分区及防火单元。同时，不同使用功能的场所，在和其他场所之间划分时所采用的防火门及隔墙，也要参照不同标准选择。有时，根据场所的位置也会有不同的相关规范来规定场所的面积、耐火等级等条件，在面对具体情况时应仔细分析。防火分区的防火分隔措施，如防火墙、防火门等，所选构件的材料性质，要根据建筑的使用性质及类别，查阅相关规定决定。在设置防火墙时，也要考虑既有建筑本身的结构承重能力，来对建筑进行合理划分，避免建筑构件因防火系统的设置损坏。

4）重新核算疏散距离和疏散宽度

建筑安全疏散设计的主要内容是根据建筑物性质、火灾危险性大小、人员数量以及周围环境等因素，对安全疏散出口的数量、宽度、安全疏散时间、距离等进行计算，合理设置安全出口、疏散楼梯间、疏散走道、避难层（间）、直升机停机坪、应急照明与疏散指示标志、消防电梯等疏散设施。既有建筑尤其是旧厂房（仓库）等工业建筑，由于其具有内部空间大、疏散距离长、疏散楼梯少的特点，改造成人员密集场所使用时会出现疏散距离、疏散宽度和安全出口数达不到规范要求等问题。在进行建筑安全疏散设计时，要根据建筑物性质、火灾危险性大小、人员数量以及周围环境等因素，判断安全疏散出口的数量、宽度，对安全疏散时间、距离等进行计算，从而能够合理地设置安全出口、疏散楼梯间、疏散走道等疏散设施。特别是既有建筑改造成娱乐场所时，对单向和双向疏散距离、场所内人员数量、安全出口、疏散走道宽度等都有严格的规定，属于强制性技术条款。

5）按规范要求合理设置疏散楼梯间

改造前的既有建筑由于建筑本身的使用功能性质，内部楼梯多采用封闭楼梯间或敞开楼梯（间）的形式，改为商务、娱乐、餐饮、服务等综合性场所使用后，而不能很好地满足改造为商业综合使用功能的规范要求。而随着综合性服务场所内疏散条件的变化，在此情况下，一般会通过计算从而增加改造后的既有建筑的疏散楼梯间数目以满足规范要求。如多层建筑超过5层、旅馆、超过2层的商场和歌舞娱乐放映游艺场所等均应设置封闭楼梯间，超过32 m的二类高层和一类高层建筑应设置防烟楼梯间，封闭楼梯间和防烟楼梯间、前室、合用前室内均应有符合要求的自然通风窗或机械加压送风系统；封闭楼梯间内无自然通风条件的，应按防烟楼梯间的要求设置。

6）合理设置消防设施

既有建筑改造后应当根据各种不同的建筑类别、使用功能合理设置消防给水系统、自动喷水灭火系统、火灾自动报警系统、防排烟系统、应急照明和消防器材等以应对突发火情。一是要落实消防水源。多数既有建筑由于年代久远，坐落于农村或城市未开发地区，相对地理位置偏远，市政水源未配套到位，除了几条河浜外，消防市政水源根本无法落实。没有消防用水，建筑就失去了配备自动灭火系统的条件，将无法扑灭初起火灾，造成火势蔓延扩大成灾。二是室内外消防用水量的确定。有些既有建筑周边虽然有市政水源或消防水池，但市政消防进水总管管径偏小，无法满足室内外消防用水量之和，这就需要增大市政进水管径。三是应按照相关消防技术规范要求，在确定场所的分类、性质，有着正确的火灾危险性等级判断的情况下，合理设置自动喷水灭火系统及火灾自动报警系统。四是应根据不同场所要求设置应急照明、灯光型疏散指示标志和安全出口标志等设置。

7）采取有效的防排烟措施

对于歌舞娱乐放映游艺场所、商场、超市、会展等人员密集场所以及地下室、内部疏散走道等应严格要求设置排烟设施。据所采用的排烟系统为机械排烟或自然排烟系统的差别，要考虑各种相关因素及损失，按照不利状况计算，从而最大限度地保证设计的排烟系统符合规范要求。设置机械排烟系统时，排烟风机、风压、风量应根据最不利环路进行计算，其排烟量应视防烟分区的具体情况增加漏风系数，一般为 $10\%\sim20\%$，并应对排烟口的大小、间距进行计算，合理布置排烟风口；采用自然排烟方式时，应根据不同场所设置自然排烟窗的开启面积，自然排烟窗应设在净高 1/2 以上并沿火灾气流方向开启。对于建筑内的防烟楼梯间、前室、合用前室、避难走道等均应设置防烟系统，可分为机械加压送风方式和自然通风方式。当采用机械加压送风时，送风风机的风量应经计算确定，并应确保满足走廊-前室-楼梯间的压力呈递增分布，余压值应符合规范要求；采用自然通风方式时，应保证自然通风窗满足规范要求。

8）采用高压细水雾灭火技术等新技术

其作为水灭火系统中的新提出的技术之一，也被叫作细水雾灭火系统或超细水雾灭火系统。在实践工作中，主要运用高压水经过特殊喷嘴产生细水雾，以此用来灭火的自动消防系统。与以往喷淋灭火系统不同，这一内容具有以下几点特征：其一，灭火性。高压细水雾灭火系统拥有极强的抑制性、冷却性及穿透性，能控制火灾的蔓延与复燃；其二，资源消耗少。对比以往应用的喷淋，高压细水雾灭火系统扑灭火灾只需要应用十分之一或更少的水资源；其三，反应灵敏。通过擦洗烟雾可以有效控制火灾危害。因为高压细水雾喷头具备快速响应热量释放的机械结构，能自动清洗烟雾，所以不仅能控制二氧化碳产生的危害，而且可以保障周边环境质量安全；其四，方便快捷。对比现有灭火系统分析可知，不管是系统安装还是后期维护，高压细水雾灭火系统都要更加方便和快捷，并且不会出现大量影响居民安全和生态环境的不良因素，既能预防灭火剂与污染物产生反应，又能减少危害气体的出现。对正处于革新阶段的城市建设发展而言，加强既有建筑消防改造探索力度，合理运用高压细水雾灭火技术，是实现可持续发展战略方针的必然选择。

（3）既有建筑消防改造技术应用控制要点

1）明确改造技术应用目标

既有建筑防火改造设计的目标，应充分结合工程项目建设使用的功能、性质以及建筑高度等情况，进行差异性控制。在进行消防改造设计时，应从消防改造指标要求中，选取一个或几个重点改造目标，并根据实际情况对消防改造设计目标进行排序，以提高技术应用的科学合理性。例如，具有人员聚集特点的宾馆、饭店等公共民用建筑，应将保证人员的生命安全作为其消防改造技术应用首要控制目标。对于仓库类的建筑消防改造，其设计目标，应将保护货物财产安全作为改造重点，其次是既有建筑结构的安全性。同时，既有建筑物消防改造的设计技术控制，通过量化消防安全目标，明确判断火灾蔓延的标准、人员疏散的烟气难受程度以及燃烧产物扩散情况等，从而确定既有建筑物消防改造技术应用的最终目标。

2）建筑材料选用

可燃物是控制建筑火灾发展的关键因素，所以，防火改造设计人员应结合既有建筑物防火现状确定可燃物类型、数量以及分布，来进行优化控制。具体来说，就是控制火灾荷载的密度，通过减少顶棚、墙面与地面等固定火灾荷载的设置，并减少临时荷载与活动荷载的数量，来提高建筑物的防火效果。为实现此目标，设计人员需尽可能选用不燃或是难燃的建筑与装修材料，来降低火灾的发生概率、火灾危险以及损失程度。对于必须使用可燃材料的情况，既有建筑物防火改造设计人员应通过阻燃防火处理，来提高燃烧性能的等级。

3）建筑结构耐火性控制

结构耐火性的控制，就是将火势或是烟气蔓延限制在起火房间，从而降低建筑用户的生命财产损失。具体就是结合既有建筑的结构与布局形式等因素，合理划分防火分区。在此过程中，应通过核算其耐火极限，来对主要的建筑构件设施相应的防火保护。例如，可设防火板材、防火涂料以及防火封堵材料等，来提高建筑物结构设施的防火保护效果。

2.3.6 交通及停车

既有工业建筑园区原有的业态对停车的需求不大，改为商业建筑使用之后，停车位大都出现严重不足的现象，若不对园区的停车场地进行规划设计，则会出现拥堵甚至杂乱的现象。因此，如何在旧工业园区内满足现有停车需求是重中之重。目前工业建筑改造中常用的增加停车位的方法分别有：临近建筑直接设置停车位、拆除部分保留价值较差的区域作为停车场、利用建筑首层置换成停车场地、新建立体停车库这几种方式。由于工业园区的业态不止一种，以上停车方式常由多种组合而成，见下方案例。

（1）以路边停车为主

当园区内外道路车流量较小，车行道较多的情况下，可以在道路两侧划定停车区域，增加停车数量。这种停车方式能方便快捷停车，但若道路较窄，则容易造成拥堵现象。

案例：工农8号主要道路为坝翔路和工农路，园区主要由双向单车道的工农路进入，道路较窄，属于人车混流。工农八号主要的停车方式有停车场停车、分散停车、工农路两侧路边停车的方式，游客多直接停放在工农路上，由于工农路为双向单车道，在转弯区域停车时，常造成堵塞现象，具体位置如图2-36所示。

（2）以置换空间为主

通过将原有厂房建筑底层架空的方式将空间释放出来，作为停车场和设备用房，由于厂房的首层面积一般较大，能置换出较多的停车位，除了解决停车问题外，底层架空还起到促进建筑自然通风以及除湿的作用，也利于室外风环境的改善。此种方式适合用于多层且地理位置较偏的厂房，或者对停车需求量较大的建筑，例如酒店、办公楼等。这种停车方式由于底层置换后，主要功能空间放至二楼以上，因此改造为商业建筑可能会浪费宝贵的商业空间。

案例1：深圳2013文化创客园位于深圳市龙岗区横岗街道力嘉路，占地面积2万 m^2，总建筑面积6.5万 m^2。该园区吸引了各类创意设计类、新兴媒体类的文化创客和文创企业入驻，原有园区停车空间较少，改造过程中，将底层空间架空形成停车场，各栋建筑间用平台相连接，实现园区人车分流，这种设计在旧工业园区改造中较为少见，适合建筑密度较大的园区（图2-37、图2-38）。

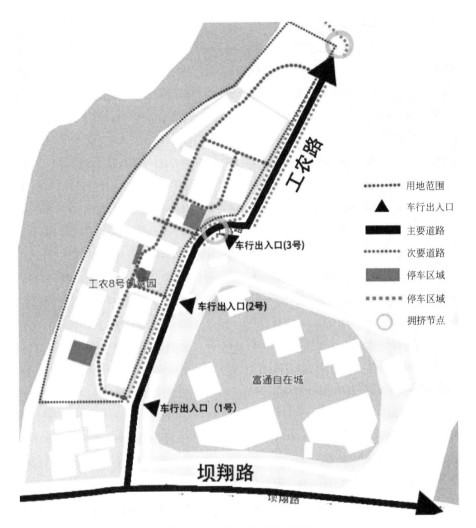

图 2-36　工农 8 号交通分析图

　　案例 2：南海意库是底层空间置换为停车空间的典范，将底层空间作为停车空间，并在原有建筑的基础上对建筑进行加层，置换功能，来满足园区内大量的停车需求。除了解决了室外停车位少的问题，底层架空也起到促进建筑的自然通风以及除湿的作用，也利于室外风环境的改善（图 2-39）。

　　（3）以独立停车场为主

　　通过在园区中规划出集中的停车场，可以将车集中停放，有利于人车分流，同时对建筑的影响较小。但对于用地面积较大的园区来说，此种方式容易造成行走路线过长的问题，因此需在园区内分散布置多个停车场，此种方式在既有工业建筑改造中较多使用。

　　案例：33 小镇位于东莞市东城区东升路 33 号（原乌石岗工业区），用地面积 17 万 m^2，建筑面积 15 万 m^2。交通方面，主要干道为东昇路、钱屋街和乌石岗工业路，33 小镇被乌石岗工业路分为两部分，车行及人行出入口均从该道路进入，属于人车混行。

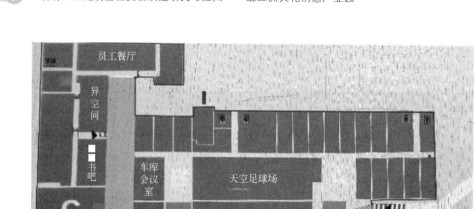

图 2-37　深圳 2013 文化创客园总平面图

(a) 停车示意图1　　　　　　　　　　　　　(b) 停车示意图2

图 2-38　建筑首层置换为停车空间

　　在停车方面。据统计，广东 33 小镇共计 7 个停车场，2013 个停车位。如图 2-40 所示，停车方式有停车场、乌石岗工业路两侧路边停车、建筑底层架空置换为停车空间以及设有专门的地下车库，以满足停车需求。园区在经过规划后，停车位显著上升，但在节假日时仍然容易出现停车位不足的现象（图 2-41）。

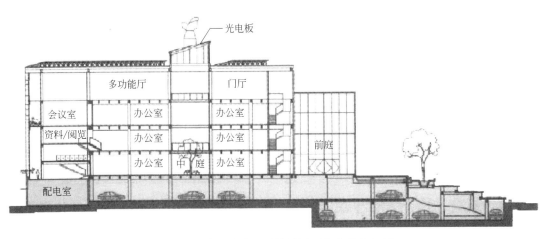

图 2-39　南海意库 3 号楼首层置换为停车空间

(a) 地下车库　　　　　　　　(b) 架空停车　　　　　　　　(c) 停车场

图 2-40　停车设施图

（4）以分散停车位为主

由于旧工业园区多改造为商业、办公、休闲空间，集中的停车场已无法满足游客和办公人员便捷使用。分散停车位一般设置与每栋建筑的入口或者附近，使游客和办公人员能最便捷的到达指定位置。但这种方式会形成人车混行、园区整体面貌不够整洁的问题。此种方式在既有工业建筑改造中较多使用，特别是在面积较大的工业园区（图 2-42、图 2-43）。

案例：TIT 创意园车行出入口位于新港中路，人行入口位于艺苑路，进行人车分流。但由于园区面积较大，公司数量较多，园区并无设置大面积的停车场，而是将停车区域分散在园区各个位置，并尽量靠近各建筑旁布置，方便工作人员日常办公停车。外来游客车辆则主要停放在园区的核心区域——产品发布中心。

（5）以立体停车库为主

对于用地紧张、停车需求量较大的园区，立体停车库是较好的选择，通过在园区中规划闲置地块，并方便人员可以较易到达。立体停车库需在前期对场地进行规划，有时还需拆除部分价值较低的建筑，并通过道路系统将车流集中起来。此种方式有助于人车分流，但便捷性较差。由于场地要求高，对原建筑影响较大、成本高、工期较长。

图 2-41　33 小镇交通分析图

图 2-42　分散停车

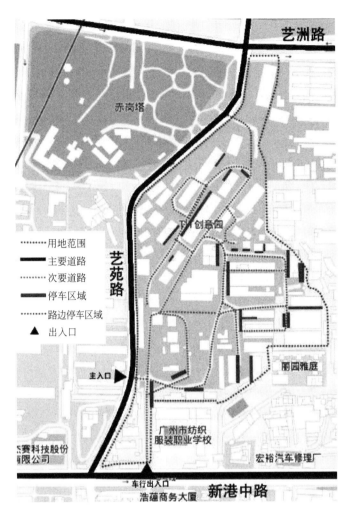

图 2-43　TIT 创意园交通分析图

案例：深圳艺展中心原有的建筑场地内停车位较少，改造成大型的软装市场后，停车需求量急增，改造过程中为尽量不对原有建筑造成影响，在一期和三期建筑间通过新建钢结构进行连接，并将停车楼与相邻两栋建筑打通，游客停车后可直接到达所需购物楼层，实现便捷购物的目的。新建停车楼这种停车方式适用于用地紧张、停车需求量大的既有园区（图 2-44）。

小结：园区内停车方式与园区的大小、用途相关。对于面积较小的园区，多以集中停车为主，分散停车为辅，此种方式以太古仓为例。对于面积较大的园区，多以分散停车位为主，集中停车为辅，方便办公人员、游客及外来人员能便捷到达园区各处，此种方式以 TIT 创意园、1850 创意园为例。对于面积较大且主要接收外来游客的园区，为了避免人车混流，以集中停车为主，以华侨城创意园、33 小镇为例。

园区周围道路情况对园区的交通有较大的影响，通过对调研项目中道路情况、停车方式、人车分流情况进行分析，详见工业园区道路及停车情况。总结有以下几种情况会造成拥堵：

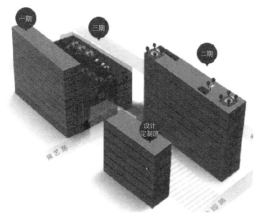

(a) 深圳艺展中心鸟瞰图

(b) 立体停车库

图 2-44　深圳艺展中心停车示意图

1）园区内双向行驶的道路上有汽车停放，仅剩单行道通行；

2）园区外双向行驶的道路上有汽车停放；

3）园区内停车位不足。

以上三种拥堵情况的主要原因：

1）园区在规划过程中对于停车的需求考虑不周，在高峰期时停车位数量不能满足需求量。

2）对于园区的主要、次要道路汽车停放管理不严格，造成拥堵。

工业园区道路及停车情况　　　　　　　　　　　　　　　　　　表 2-16

园区	道路行驶宽度	停车类别及数量	停车方式	塞车现象	人车
鲢鱼洲	内部道路双向行驶主干道多车道	停车场 2 个、停车楼 1 个	集中停放	无	人车分流
33 小镇	内部道路单、双向行驶主干道双向行驶（附带停车位）	停车场 7 个、主干道路边停车若干地下停车库 1 个	混合停放	有	人车混流
工农 8 号	内部道路单、双向行驶主干道双向行驶（无停车位）	停车场 1 个、建筑内分散停车若干、主干道路边停车若干	混合停放	有	人车混流
TIT 创意园	内部道路单、双向行驶主干道多车道	建筑内分散停车若干	分散停放	有	人车混流
太古仓	内部道路双向行驶主干道双向行驶（附带停车位）	停车场 2 个、主干道路边停车若干	集中停放	无	人车分流
1850 创意园	内部道路单、双向行驶主干道多车道	停车场 1 个、建筑内分散停车若干	混合停放	无	人车混流
信义会馆	内部道路单、双向行驶主干道双向行驶	建筑内分散停车若干	分散停放	无	人车混流
华侨城创意园	内部道路单、双向行驶主干道双向行驶	停车场建筑内分散停车若干	混合停放	无	人车分流

园区	道路行驶宽度	停车类别及数量	停车方式	塞车现象	人车
南海意库	内部道路单、双向行驶，主干道多车道	停车场	集中停放	无	人车分流
深圳艺展中心	主干道多车道	立体停车库	集中停放	无	人车分流

　　总结：工业园区由于其使用性质的区别，对车辆停放的方式也有较大影响（表 2-16），主要有两种情况：第一种是以商业为主的工业园区，其停车方式多采用集中停车场、地下车库、停车楼等能大量的停放车辆方式，主要案例有 33 小镇、工农 8 号、深圳华侨城创意园、太古仓、深圳艺展中心、南风古灶等。第二种为以办公为主，商业为辅的工业园区，其停车方式多采用分散停车或底层架空的方式。分散停车即在紧临建筑的地面区域划分停车位，汽车可以即停即放，有利于提高便捷性。主要案例有 TIT 创意园、1850 创意园、信义会馆等。底层架空的方式多用于办公场所，通过功能置换来停放大量汽车，提高办公的便捷性。主要案例有南海意库、2013 文化创客园。

2.3.7　工业遗产活化开发框架

　　通过以上的案例分析，结合第一章的国内外不同工业遗产活化的模式，工业遗产活化有一定的规律可循。根据工业遗产活化的定义，人和社会经济价值是工业遗产活化的核心。在此基础上，本节提出工业遗产活化开发框架如图 2-45 所示。

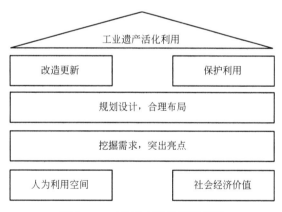

图 2-45　工业遗产活化开发框架

　　根据图 2-45，该开发框架提出工业遗产活化应该以原工业遗产的人为利用空间和社会经济价值为基础。在此基础上，工业遗产的开发活化的初步工作是挖掘潜在的需求并突出该工业遗产的亮点。在完成了前述工作之后，正式开发需要进行科学的规划设计，同时合理布局；之后对有人为利用空间的部分进行改造更新，而对具有较大社会经济价值的部分进行保护利用，并最终实现工业遗产的活化利用。

　　该框架不仅适用于建筑改造层面，而且兼顾文化保护，从更高的层面考虑工业遗产活化的意义和工业遗产本身的文化价值，既能满足城市空间更新升级的需要，又能满足人们追求美好生活的社会文化意义。后续对鲙鱼洲工业项目的开发也是从这个思路出发，首先了解鳡鱼洲基本情况和原有建筑风貌，找出其具有人为利用空间和社会经济价值的部分，在此基础上挖掘需求和项目亮点，科学规划，合理布局，最终通过一系列的技术手段改造更新，实现工业遗产的活化利用和保护。

本章参考文献

[1] 王建国. 后工业时代产业建筑遗产保护更新［M］. 北京：中国建筑工业出版社，2008.

[2] 李慧民，张扬，田卫，陈旭. 旧工业建筑绿色再生概论［M］. 北京：中国建筑工业出版社，2017.

[3] 李慧民. 旧工业建筑的保护与利用［M］. 北京：中国建筑工业出版社，2015.

[4] 孔令宇. 绿色建筑技术在厂房改造项目中的应用研究［D］. 深圳：深圳大学，2018.

[5] 林武生，王秦刚，颜永民. 2009 年度绿色建筑设计评价标识项目——南海意库 3 号楼改造项目［J］. 建设科技，2010（06）：76-80.

[6] 林武生. 宜将新绿付老枝——蛇口南海意库 3 号楼改造设计［J］. 建筑科学与工程，2010（01）：20-25.

[7] 毕路德. 在与再，再生与再用——深圳南海意库［J］. 建筑科学与工程，2016（05）：70-75.

[8] 王前. 既有公共建筑立面改造设计研究［D］. 郑州：郑州大学，2019.

[9] 李煦. 深圳坂田物资工业园改造——深圳云里智能园［J］. 建筑技艺，2017，000（010）：92-99.

[10] 吴莹. 广州旧改类创意产业园开放空间规划设计研究［D］. 广州：广东工业大学，2019.

[11] 曹幸. 广州旧工业建筑更新改造的调查研究［D］. 广州：华南理工大学，2017.

[12] 蒋滢. 麦仓顶的工作室——源计划（建筑）工作室改造［J］. 城市环境设计，2014，008（004）：180-185.

[13] 贾超. 广州工业建筑遗产研究［D］. 广州：华南理工大学，2017.

[14] 拜盖宇，张国俊. 信义会馆——从工业遗产到创意产业园的探索实践［J］. 华中建筑，2010（11）：64-66.

[15] Emma，ifworlddesignguide. 深圳艺展中心［J］. 设计，2018.

[16] 钟冠球，林海锐，谢诗颖，等. IF1959——顺德柴油机厂二期更新改造［J］. 建筑技艺，2020，295（04）：30-37.

[17] 梁文朗，谢诗颖，杜书玮，侯进旺，张晓艺等. IF1959：顺德柴油机厂二期更新改造［J］. 现代装饰 2020，156-160.

[18] 刘强. 既有建筑节能改造外墙保温材料防火问题探讨［J］. 山西建筑，2016，42（20）：197～198.

[19] 路国忠，郑学松，刘月，惠博，张遵乾. 改性玻璃棉板外保温系统性能研究及在既有建筑节能改造中的应用［J］. 新型建筑材料，2015，42（03）：47-52.

[20] 苗纪奎，郧卿德. 既有建筑外墙外保温节能改造防火措施分析［J］. 建筑节能，2015，43（01）：58-61.

[21] 郑满琴. 高压细水雾技术用于既有建筑消防改造分析［J］. 地产，2019（21）：157-158.

[22] 刘松涛，刘文利，欧宸，刘诗瑶. 铁路无锡站站房改扩建工程消防性能提升及评估技术研究［J］. 安全，2019，40（10）：15-19.

[23] 闫睿，刘福莉，王光锐，周鼎，齐贺. 建筑改造中消防系统常见问题与可用技术分析［J］. 施工技术，2018，47（S3）：136-139.

[24] 刘诗瑶，刘文利，刘松涛. 基于性能的既有交通枢纽防火改造研究［J］. 消防科学与技术，2018，37（05）：626-629.

[25] 范胜春. 既有建筑改建中消防设计存在的问题［J］. 居舍，2018（13）：74-182.

［26］王琴. 既有建筑防火现状与改造技术路线分析［J］. 建材与装饰，2017（51）：95-96.

［27］王祖纬. 既有建筑改造策略研究［J］. 建材与装饰，2016（06）：93-94.

［28］崔景立. 高压细水雾技术用于既有建筑消防改造研究［J］. 给水排水，2013，49（01）：80-83.

［29］庄毅俊，沈蓓. 既有建筑改建中消防设计存在的主要问题分析［J］. 消防科学与技术，2010，29（11）：972-974，983.

［30］张椿雨，冯志力. 旧有建筑火灾成因及消防浅论［J］. 林业科技情报，1998（03）：3-5.

［31］1850 创意园官网［EB/OL］. http：//www. gz1850. cn/.

［32］TIT 创意园官网［EB/OL］. https：//www. cntit. com. cn/.

［33］太古仓官网［EB/OL］. http：//www. tgc. gzpgroup. com/.

［34］华侨城创意园 OCT-LOFT 官网［EB/OL］. http：//www. octloft. cn/.

［35］33 小镇官网［EB/OL］. http：//www. bgy33town. com/.

［36］F518 创意园官网［EB/OL］. http：//www. cnf518. com/.

第3章 鳒鱼洲园区项目背景与现状分析

3.1 鳒鱼洲园区项目背景

3.1.1 历史沿革

鳒鱼洲位于东莞市东江和厚街水道的交会处，三面环水，从空中俯瞰，其形如鳒鱼，故名"鳒鱼洲"。20世纪70～80年代，改革开放之初，鳒鱼洲以其独特的地理优势先后聚集了52家粮油和外贸企业入驻，奠定了东莞早期的工业基础。它是改革开放初期东莞作为全国农村工业化先驱和模范的重要物证，也是东莞最具特色的工业遗址之一，还是东莞活化历史建筑，兼顾文化保育及产业创新的一个重要践行地。鳒鱼洲作为东莞第一批对外开放的基地，记录东莞人民在改革开放中的奋斗历程，其发展分为以下几个阶段。

（1）改革开放前（1974～1977年）

鳒鱼洲工业区的发展始于20世纪70年代。1974年8月，为了解决供港蔬菜和畜产品的出口保鲜问题，东莞县外贸局获东莞县革命委员会同意，征用鳒鱼洲的土地用于建设进出口制冰厂，详见表3-1。1977年9月，又经中央外贸部批准新建一座机械化生产的出口腊味加工厂（后改名为肉类加工厂），腊肠厂生产的腊肠运到香港。鳒鱼洲的制冰厂及腊味加工厂相关历史建设文件见图3-1～图3-4。

鳒鱼洲原始文件　　　　　　　　　　　　　　　　　　表3-1

项目	内容
 鳒鱼洲土地协议书	根据惠阳地区外资局(74)，惠地外资057号文通知，由国家投资我县建设制冰工厂一座，经东莞县革命委员会，东羊征(74)2号同意征用莞城镇下大队鳒鱼洲2.95亩余地为造厂基地。并经东莞会出公司(以下简称甲方)和下大队(以下简称乙方)，双方协定条款如下：(一)乙方经过全体社员讨论，为支援国家建设需要，同意将鳒鱼洲(见附图)2.95亩土地经甲方转让使用
腊味加工厂申请书	莞城建设委员会： 当前国内形势大好，要求对外贸易事业要有一个较大的发展，出口商品的品种在规格上要求更严，质量要求更高。经中央外贸部批准，我司新建一座机械化生产的出口腊味加工厂，国家投资33万元，建筑面积2000平方，现需要征用莞城鳒鱼洲荒地3000平方，作为腊味加工厂主房之用。当前有五户民房约260平方，需要拆迁。鉴于以上情况，特此上报，请建委会批准征用，并请协助解决地台、拆迁民房问题，请批示

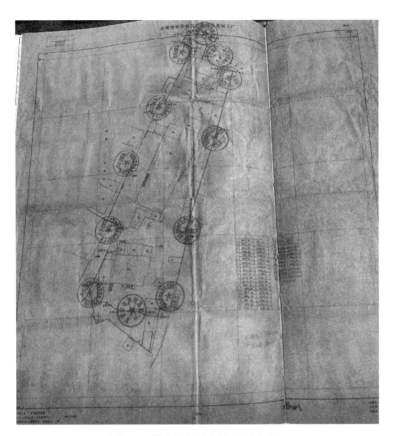

图 3-1　鲦鱼洲部分历史建设文件 1

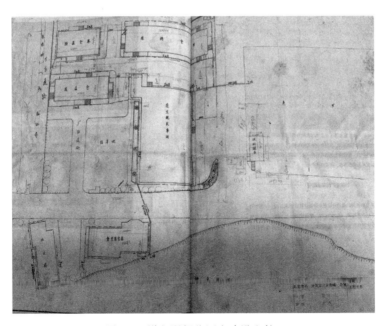

图 3-2　鲦鱼洲部分历史建设文件 2

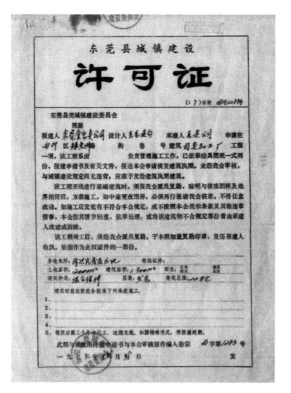

图 3-3 鳡鱼洲部分历史建设文件 3

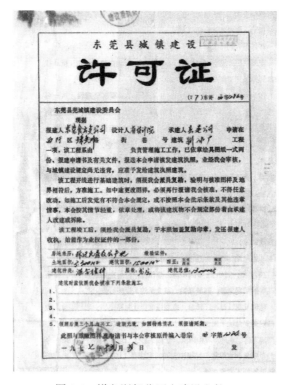

图 3-4 鳡鱼洲部分历史建设文件 4

（2）起步期（1978～1983 年）

1978 年后，鲮鱼洲迅速填沙造地，兴建厂房和引进设备，实现从传统农业到新兴工业的转变。

1981 年，经广东省人民政府批准，鲮鱼洲被设为莞城出口货物起运点。同年，东莞县粮食局向广东省粮食厅提交《关于我县基建面粉厂、面制品厂、饮料和小麦仓库的规划报告》。该报告指出，由于鲮鱼洲具有地理位置良好，水运发达等优点，拟选址于此建工业片区。

1982 年，县粮食局属下企业东莞面粉饲料厂设了两个车间（后改为东莞面粉厂和东泰饲料厂）在鲮鱼洲，分别引进瑞士和匈牙利成套的先进生产设备。并分别于 1985 年 7 月和 11 月先后建成投产，如图 3-5（a）～图 3-5（d）所示。

(a) 东莞面粉厂旧照

(b) 东莞市饲料厂旧照

(c) 东泰饲料厂饲料

(d) 东泰饲料厂生产场景

图 3-5　鲮鱼洲部分厂房旧照

（3）全面建设期（1984～1988 年）

1984 年 5 月，玻璃钢船车间从东莞造船厂分出，成立东莞玻璃钢船厂，隶属东莞市轻化工业总公司的国营企业，如图 3-6（a）、图 3-6（b）所示。

(a) 玻璃钢船厂图1

(b) 玻璃钢船厂图2

图 3-6　玻璃钢船厂

1985 年，制冰厂和腊味加工厂二厂合并为广东省东莞食品进出口有限公司肉类加工厂，主营腊味、冷冻乳猪等肉类食品生产、加工、冷藏、出口，兼制冰。

1985 年，为促进东莞县对外经济发展，引进先进技术，提高禽畜饲料产量和质量，东莞县面粉饲料厂与香港是泰饲料有限公司合作经营，正式注册成立"东泰饲料发展有限公司"，并于 1986 年元旦正式投产。

1986 年，"东莞县面粉饲料厂"改为"东莞市粮油食品工业公司"，向集团化经营转型，领导、统筹、帮扶旗下各厂完善制度，提供技术、资金支持。原面粉车间和饲料车间分开，成立"东莞市面粉厂"和"东莞市饲料厂"，统辖东莞面粉厂、东泰饲料厂、金鳌饮料厂、粤东米粉厂和脱皮烤熟花生厂 5 间工厂，大力发展商办工业，取得了好的经济和社会效益，鳒鱼洲工业呈现一片繁荣景象，逐渐形成东莞粮食局粮油食品工业区。

1987 年 7 月东莞市金鳌饮料厂投产。

1988 年初东莞市粤东米面制品厂试产。该厂引进日本米粉生产线，拥有米粉生产线、波纹面生产线设备各一套。产品主要有天鸿牌东莞米粉和天鸿牌即食面波纹面等产品。同年，广联实业有限公司下设的"脱皮烤熟花生厂"正式投产。该厂引进英国生产线，生产在国际市场有竞争力的优质脱皮烤熟花生及其他果仁类产品。广东省浓缩预混饲料厂也于该年内成立了。

（4）体制转型期（1993～1997 年）

1993 年，经东莞市外经委批准，东莞碧洲日用化工有限公司成立。出资方为东莞食品进出口有限公司肉类加工厂与香港利东贸易公司。

其中，约 70％的产品外销，由香港利东贸易公司负责，另 30％左右的产品由东莞食品进出口有限公司肉类加工厂负责内销。同年，东莞市金鳌饮料厂兼并花生厂，并更名为"东莞市双八食品总厂"。

1994 年，广东省东莞食品进出口公司肉类加工厂还自筹资金成立东莞市金皇冷冻食品厂，生产雪糕等制品。同年，东莞玻璃钢船厂更名为东莞市船舶工业公司。东莞市粮食制品厂也于该年迁至鳒鱼洲。1994 年，据当时玻璃钢船厂的会计卢惠芳描述，船厂当时年产也有几百万元，工人加上临时工，有四五百人，生产游船和快艇缉私艇，当时玻璃钢船厂正在筹建一个出口法国的一艘游船，当时游船出口至法国只有这一家公司。

因亏损严重，1996 年，市饲料厂将厂房设备出租给深圳康达尔集团。同年，东莞市双八食品总厂和东莞市粤东米面制品厂相继停产，广东省浓缩预混饲料厂结业。

1997 年广东省浓缩预混饲料厂将厂房设备租康达尔饲料有限公司，主要生产猪、鸡、鸭、鱼、虾、蟹等配合饲料及预混饲料。

年初，东莞海关与广龙公司合作将码头岸线东端 90m 改造为集装箱泊位。1997 年 8 月 1 日报往东莞海关、港监、边防、口岸等部门同意增设集装箱装卸业务。

东莞市龙通装卸运输有限公司于该年进驻鳒鱼洲，其码头成为了全市仅有的三个具备集装箱外贸运输能力的码头之一，如图 3-7（a）、图 3-7（d）所示，掀开了鳒鱼洲外贸运输新的一页。鳒鱼洲纪录片中龙通货柜码头董事长陈穗培说道：1997 年 8 月份正式开工，当时主要做进口，例如纸、木材、胶水、鞋材和电路板、液晶板，扩厂建厂多了之后，有时候一个厂，一进 1000 柜设备，当时一天都开两三班船，都倒不过来，堆场全部塞得满满的，连车都进不去，这是经济最好的时候。

同年，由东莞市寮步中贸贸易公司与（香港）金凯实业有限公司合资经营的东莞强盛鞋业有限公司搬迁至鲮鱼洲，企业所需厂房及宿舍由东莞市粮食工业公司租赁解决，因此其合作关系由东莞市粮食工业公司承接。

(a) 东莞龙通货柜码头有限公司旧照1

(b) 东莞龙通货柜码头有限公司旧照2

(c) 码头旧照3

(d) 码头旧照4

图 3-7　鲮鱼洲码头旧照

（5）拆征外迁期（1998～2009 年）

1998 年 10 月 15 日设立海关办事点（东莞海关查验科船管组），实施 24 小时监管查验。

2001 年 2 月东莞海关设立鲮鱼洲码头监管科。同年，东莞市龙通装卸运输有限公司更名为东莞市龙通货柜码头有限公司。2002 年 6 月 8 日东江大道和公园的修建工程动工，部分厂房被拆除。

2003 年，由于受市政建设规划土地征收的影响，东莞市面粉公司原有厂房、仓库及生产设备大部分被征收拆除。同年，东莞市粮食制品厂关停。

2004 年 4 月，因发展需要及当时东莞修建东江大道征地，东莞市龙通货柜码头有限公司搬迁至万江清水凹经营至今。同年，鲮鱼洲人行便民桥被拆除，东莞市粤东米面制品厂关停，居委会和码头监管科搬迁。

2009 年，康达尔饲料有限公司搬迁至东莞市麻涌镇。同年，食品进出口公司、东莞市化工技术设备开发公司、东莞强盛鞋业有限公司、东莞市船舶工业公司和东莞市粮油工业公司相继关停。

（6）重启鲮鱼洲

2019 年 3 月 13 日，东莞实业投资控股集团有限公司（以下简称"东实集团"）正式获得鲮鱼洲地块开发权。

2019 年 3 月至 4 月，东实集团开展鲮鱼洲工业建筑遗产信息保存计划，委托东莞理工学院进行鲮鱼洲工业建筑遗产信息保存工作，对园区内每栋建筑的内外各处存留的具有遗产价值的历史构件和历史痕迹进行标号、拍照、登记。除此以外，还通过 360°全景照片、全景视频的形式保存当下园区内的影像资料。在对无形的史料信息收集和保存方面，东实集团在全市范围内发起了"寻找鲮鱼洲老工友，征集工业遗存资料"活动。

东莞实业投资控股集团有限公司（下简称"东实集团"）全资子公司东莞市莞城建筑工程有限公司，以底价 12500 万元竞拍取得鳒鱼洲地块 15 年租赁权。根据规划，鳒鱼洲地块未来将力争打造成全国工业遗存改造的标杆项目、粤港澳大湾区"国际制造中心"的展示窗口、东莞历史文化保护的示范单位、东莞城市升级改造的先行标兵、东莞重要旅游集散地。

2 月 3 日，鳒鱼洲地块 15 年土地使用权出租正式挂网。

3 月 13 日，东实集团下属企业以 12500 万元的竞拍底价取得土地租赁权，地块面积约 9.5 万 m²。在获取土地租赁权后，东实集团将携旗下子公司，对鳒鱼洲地块进行"高标准规划、高标准设计、高标准建设、高标准运营"，统筹实施鳒鱼洲工业遗存改造和活化利用项目。

根据《东莞鳒鱼洲历史地段保护规划》和项目前期策划，东实集团将充分发挥地块作为工业历史遗存、风景宜人、滨水景观等自然人文优势，在对历史遗存进行保护的同时，引入文创、科创、展览、文旅等新的产业要素或文化资源，力争将鳒鱼洲打造成全国工业遗存改造的标杆项目、粤港澳大湾区"国际制造中心"的展示窗口、东莞历史文化保护的示范单位、东莞城市升级改造的先行标兵、东莞重要旅游集散地（图 3-8、图 3-9）。

(a) 鳒鱼洲纪录片　　　　　　　　　　　(b) 鳒鱼洲招商发布会

图 3-8　鳒鱼洲纪录片及招商发布会

3.1.2　文化底蕴

东莞城市因水而生，在最早的水运时代，傍水聚集了无数村落，也诞生了许多工业建筑。改革开放以来，东莞以"三来一补"为吸引外资的主要手段，利用全球制造业转移的时机，积极融入跨国公司的供应链，成为全球瞩目的"世界工厂"。近年来，中国经济发展进入新常态，东莞从来料加工型、生产车间型向创新驱动型、品牌生产型转变，为全面积极落实"中国制造 2025"行动纲领，东莞提出由"世界工厂"向"制造名城"转变的发展目标。

鳒鱼洲是由东江泥沙冲击形成的洲岛，这里曾坐落着东莞第一批的外贸货运码头、早期的海关派出机构、水上派出所等一批与东莞改革开放历史密切相关的历史遗存，是改革开放初期东莞作为全国农村工业化先驱和模范的重要物证，是东莞最具特色的工业遗址之一，也是东莞活化历史建筑，兼顾文化保育及产业创新的一个重要践行地。

鳒鱼洲不仅是地理上的一个范围有限的区域，对于在此地打拼过得老工友而言，它又

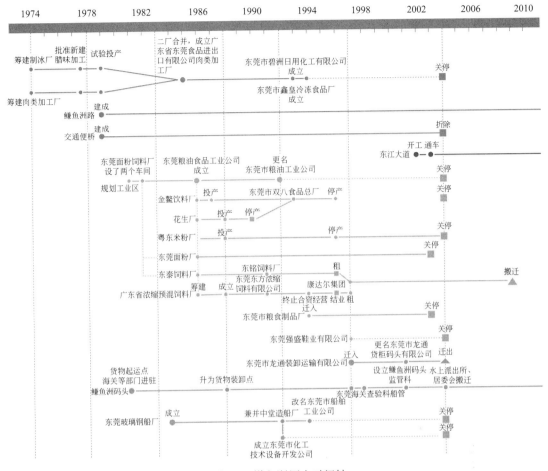

图 3-9　鳒鱼洲历史时间轴

是一个具有情感凝聚与文化感召的场所。这里曾有过食品进出口公司、肉类加工厂、冰厂、面粉厂、粮油工业公司、饲料厂、水产加工厂、玻璃钢船厂、电子厂等各种工厂，在最鼎盛的时期，鳒鱼洲曾经有过 52 家企业，数万名工人奋战在此。这里浓缩了鳒鱼洲过去 40 年来从封闭自守到包容开放，从农业耕种向工业化生产转型，开展进出口贸易的壮丽图景。

根据东莞政府出文《"三江六岸"城市品质提升工作实施方案》的要求，至 2020 年，打造 11 片区特色滨水复合功能区，而鳒鱼洲工业文化区正是位于规划核心区域。改造利用之后，将与可园、金鳌洲、下坝坊等一起，成为一处集文化创意、工业展览、产业服务、休闲娱乐、观光旅游于一体的好去处。鳒鱼洲所具有的工业遗存风貌，及未来所要展现的业态，也将成为老一辈流连驻足、年轻人津津乐道的"网红"打卡地。

作为三江六岸东莞记忆项目"洲、坊、岸、桥"四大记忆旗舰产品之一，鳒鱼洲有着"三江之洲"国际文化都心的定位（图 3-10）。地处三江六岸核心区域，是 6 公里"东莞记忆"历史游径的关键节点、14 公里滨水灯光工程的中心段落、14 公里四季莞香跑道的必经之处和都市水上游线的重要区段。同时，作为东莞最具特色的工业遗址之一，地块内共6 处建筑被纳入东莞市历史建筑名录，33 栋建筑属于Ⅰ、Ⅱ类保护建筑。

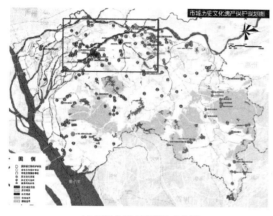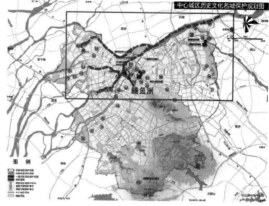

(a) 三江六岸在东莞市内位置　　　　　　　　(b) 鲮鱼洲位于三江六岸核心区

图 3-10　三江六岸示意图

3.1.3　地理区位

东莞，又称"莞城"，广东省地级市，位于广州东南、珠江口东岸，南邻深圳，是国际花园城市，全国文明城市，全国篮球城市，广东重要的交通枢纽和外贸口岸，为"广东四小虎"之首，被列为第一批国家新型城镇化综合试点地区和广东历史文化名城。

东莞地处珠江三角洲东部，河网纵横交错，地势自东向西北倾斜，多为低山盆地和丘陵台地，属南亚热带海洋性气候，四季温暖，年平均温度 22.1℃，无霜期 314 天，年平均日照时数 1986h，年均降水量为 1800mm。

鲮鱼洲地处粤港澳大湾区中轴东莞的文化核心区域，距东莞市政府约 1.8 公里，毗邻东江大道，可直达可园博物馆、东莞市文化馆。距滨江体育馆站仅 1 公里，西临东江支流，东靠厚街水道，沿岸绿地丰茂，视野开阔，与工农 8 号隔江对望（图 3-11）。

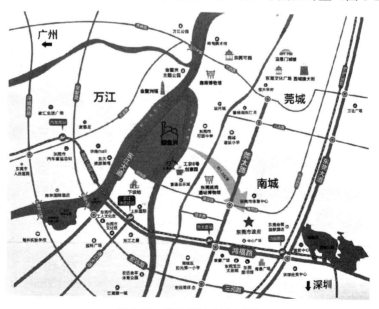

图 3-11　鲮鱼洲地理位置图

　　此外，处在万江区坝头片区与莞城区博厦片区相接区域的鲮鱼洲文化创意产业园毗邻的坝头社区的下坝坊是广东省历史文化名村，也是一个集创意、设计、休闲、艺术于一体的生活街区，一个有着东莞田子坊、东莞鼓浪屿、东莞 798 称号的传统村落型社区。下坝坊汇集了坝头社区的文化精粹，较好地保存了詹氏宗祠、绍广詹公祠等古建筑以及明清时期的岭南水乡村落格局，是珠三角地区岭南水乡文化保存较为完整的村落之一，被誉为东莞市的"岭南水乡文化博物馆"。坝头还传承了岭南传统风俗。清明祭祖、端午、团年、粤剧等岭南传统民俗得到了很好的传承。社区内蓬勃发展的都市休闲产业，在东莞市受到极大欢迎。

　　东莞"三江六岸"区域内，改革开放代表性建筑与工业遗产共有 18 处。代表性建筑包括华侨大酒店、高埗大桥旧址等，主要集中在莞城历史城区附近。工业遗产包括与滨水环境关系密切的粮仓、珊洲河、石碣村、高埗中心河口附近，此类建筑多具有一定规模及标志性，场所记忆较强，活化利用潜力大（图 3-12）。

(a) 华侨大酒店

(b) 石碣村芯路工厂建筑群

(c) 水南村水塔

(d) 高埗粮所

图 3-12　三江六岸部分标志性建筑图

3.1.4　整体格局

　　鲮鱼洲整体布局分为展览区、创意区、文化区三大功能区。展览区，即旧厂房改造区域，将打造多功能的文化服务区；创意区，将在历史遗迹和城市园林中打造一座非凡的文创产业园；文化区，将传承与探索东莞文化，激发文化活力。

鲮鱼洲原有规划平面中，北侧和南侧为东江河支流，主干道呈环状，车辆及行人可从场地东侧的大门进入，属于人车混行。原有建筑呈棋盘式布局，东江大道北侧分布着饲料厂和面粉厂的仓库和车间，南侧有一鱼塘，西侧为玻璃钢船厂，东侧为外贸仓库区、粤东厂及球场，中部为东泰饲料厂、双八食品厂、强盛鞋业、粮食制品厂等。

现有平面主要拆除了北侧饲料厂和面粉厂的仓库和车间来扩大东江大道；拆除南侧强盛鞋业的仓库、功能房及填充鱼塘来建设商业综合楼10-3；拆除东侧球场、双八食品总厂办公室、粮油工业公司仓库、球场来建设横中西路；拆除西侧饲料厂功能房、仓库、办公室及电房来建设停车楼10-1。除此之外，部分建筑拆除是为了满足现有的消防安全需求，如饲料厂立筒库旁的电房被拆除（图3-13）。

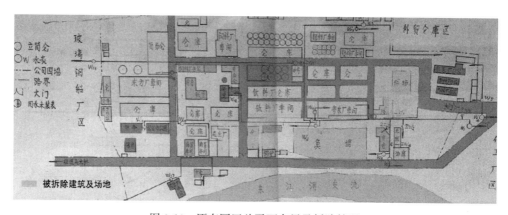

图3-13　原有园区总平面布局及拆除情况

从上述可以看出，园区规划布局变更主要体现在道路规划、提升园区整体性能、满足现有消防规范上，园区基本保留原本的建筑肌理，选取部分次要的建筑和场地来做改造，是"修旧如旧"的重要体现（图3-14～图3-16）。

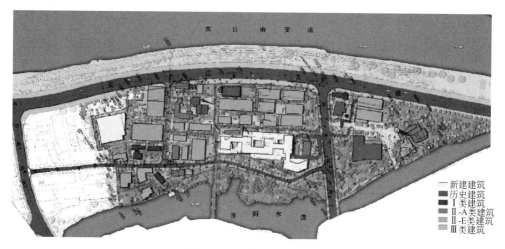

图3-14　现有总平面布局

(a) 被拆除的面粉厂车间　　　　　　　　　　　　　(b) 被拆除的筒仓

(c) 玻璃钢船厂旧照

图 3-15　鳙鱼洲部分建筑照片

图 3-16　被拆除的面粉厂车间和筒仓

园区内建筑朝向坐东北向东南，符合岭南地区常年风向规律，达到冬暖夏凉的效果。

3.2　鳙鱼洲既有工业建筑现状分析

3.2.1　基本形态特征

鳙鱼洲工业建筑类型大致分为仓库、厂房及车间、宿舍、办公楼这几种，在对其开间进深比、建筑高度、层数、结构类型、柱子规格、窗墙比进行统计后，得出鲢鱼洲各种建筑类型的基本形态特征，具体如下。

（1）仓库

鲢鱼洲工业建筑中仓库大部分具有相同的特征，代表建筑有 2-4、3-2、3-4、3-5。本节通过对鲢鱼洲工业园区内仓库的建筑、结构尺寸分析（详见附录表 11-2），得出以下规律。

1）尺度：仓库大多为单层，高度 9m 左右，平面呈长方形，中轴线对称布置，开间为 40m，进深 18m，开间与进深比例为 3:1～2:1，正立面高宽比约为 1:5，侧立面高宽比约为 1:2。

2）结构类型：钢筋混凝土框架结构与砌体结构，其中钢筋混凝土结构居多。

3）外观：坡屋顶，坡度为 3%，屋檐出挑 780mm，无组织排水。墙体为红砖砌体墙，面层涂刷浅黄色涂料。柱截面呈矩形，向外突出墙面 360mm 用于满足室内大空间的需要。采用高木窗和铁质大门，建筑窗墙比较小，仅为 0.16～0.21，雨篷挑出墙面。室内外高差为 1.3～1.5m，台阶和坡道分布在建筑的四个立面，方便货物运输（图 3-17）。

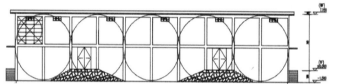

(a) 鲢鱼洲仓库2-4立面及比例关系

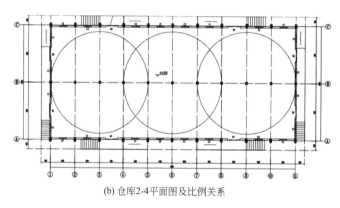

(b) 仓库2-4平面图及比例关系

(c) 仓库2-4

图 3-17　仓库 2-4 资料图

（2）厂房和车间

通过对鲢鱼洲工业园区内仓库的建筑、结构尺寸分析（详见附录表 11-3），得出以下规律。

1）尺度：厂房和车间层数为 1～4 层，1 层占比约 67%，2 层占比约 20%，3、4 层各占比约 6%，可看出 1～2 层厂房车间居多，平面多呈矩形，开间与进深的比例大约为 2:1，确保室内空间开敞，柱网尺寸比例大约为 1:1 或 1:2。

2）结构类型：有钢筋混凝土框架结构、排架结构、砖混结构，多数为钢筋混凝土框架结构。

3）外观：排架结构建筑 8-4～8-6 为坡屋顶，坡度为 29.7%；筒仓建筑 5-1 为钢坡屋顶，坡度 20%；其余均为平屋顶。厂房及车间形式较多样，单层厂房和车间与仓库有相似的外观，如建筑 6-3、6-4，均为矩形平面、高窗、四周设大门、雨篷出挑、红砖墙表面抹灰。图 3-18 开窗面积较大，窗墙比达 0.32。多层厂房的外观特征为首层层高较高，其余楼层立面设门，外挑阳台，外立面墙体设排气窗。用于采光的窗设于侧立面，如图 3-19 所示。

图 3-18　建筑 4-1　　　　　　　　　　图 3-19　建筑 4-4

（3）宿舍

通过对鳡鱼洲工业园区内仓库的建筑、结构尺寸分析（详见附录表 11-4），得出以下规律。

1）尺度：宿舍层数为 2～6 层，其中 4、6 层居多，平面多呈矩形，开间与进深的比例部分达到 5∶1，确保宿舍采光较好。

2）结构类型：包含了钢筋混凝土框架结构和砌体结构，其中钢筋混凝土框架结构居多。

3）外观：由于宿舍为数间单间组成，正立面墙体设有门窗，二层以上出挑阳台。由于采光通风需求，窗比较大。楼梯多设于走廊末端或走廊中间，呈袋形走道居多，原有的疏散长度规范满足不了现有的需求（图 3-20）。

（4）办公室

通过对鳡鱼洲工业园区内仓库的建筑、结构尺寸分析（详见附录表 11-5），得出以下规律。

1）尺度：办公楼层数为 2～4 层，其中 2 层居多，平面多呈矩形，开间与进深的比例大多为 2∶1，部分为 5∶1 和 3∶4。

2）结构类型：钢筋混凝土框架结构和砖混结构，其中钢筋混凝土框架结构居多，建筑柱距跨度较小。

3）外观：办公楼由于各类建筑办公性质的不同，设计具有多样性和灵活性，共同的特征为平屋顶、二层以上出挑阳台或走廊、建筑开窗面积较大，保证办公环境有充足的采光（图 3-21、图 3-22）。

(a) 建筑3-3

(b) 建筑8-2

(c) 建筑5-7

图 3-20　鳒鱼洲宿舍现状图

图 3-21　建筑 5-9

图 3-22　建筑 8-1

3.2.2　结构类型

鳒鱼洲既有工业建筑群的结构形式有以下几种，分别为砖混结构、钢筋混凝土框架结构、单层排架结构、钢结构、钢筋混凝土框架结构与钢构筒仓组合结构，其中数量最多的为钢筋混凝土框架结构。

（1）砖砌体结构

自然老化是砖砌体结构面临的一致问题，在风化、温差变化、环境的干湿变化等物理环境的作用下，致使砖砌体出现变色、生藓、泛碱等破坏形式，严重的甚至会导致结构性的破坏，出现裂缝、残损等不同程度的破坏，带来一定的安全隐患。鲢鱼洲建筑群中历史建筑 5-2 即高耸砖砌体结构的构筑物，目前其存在的问题有：①烟囱顶部杯口位置部分砖砌块存在松动或脱落；②个别砖砌块部分存在表面粉化、损伤；③烟道爬梯存在表面锈蚀、变形松动或脱落，如图 3-23 所示；④邻近树木枝条紧贴烟囱生长，如图 3-24 所示。

图 3-23　树木紧贴烟囱生长　　　　图 3-24　顶部部分砖砌块存在松动或脱落

（2）钢筋混凝土框架结构

此种结构类型数量较多，混凝土框架结构使厂房、车间、仓库获得较大空间，并且空间分隔灵活。损坏情况：由于年久失修，存在混凝土开裂、钢筋锈蚀等现象，基本以该材料制成的屋面板、楼板、女儿墙、梁柱等均存在一定程度的损坏。特别是外围护结构部分如屋面、女儿墙、楼板等部位，混凝土开裂和钢筋锈蚀十分明显，若不及时修复，对整个建筑的防水防潮有较大影响，甚至会对建筑的承载能力造成威胁。

（3）单层排架结构

此种结构类型仅在厂房这种建筑类型出现，排架由屋架（或屋面梁）、柱和基础组成，柱与屋架铰接，与基础刚接。是单层厂房结构的基本结构形式。现存的两座排架结构建筑存在以下问题：①钢屋架、檩条、钢屋面板等钢构件锈蚀；②部分室内地面存在下沉、开裂、首层柱 1×C 存在混凝土保护层胀裂、钢筋锈蚀等现象（图 3-25）。

（4）钢结构

既有工业建筑中的新建建筑常用钢结构，目的是短时间内建造低多层建筑，使环境及周围建筑不受太大影响。原有园区中无纯钢结构建筑，改造后园区内新建一栋钢结构商业展览楼 10-3。

（5）钢筋混凝土框架结构与钢构筒仓组合结构

案例为鲢鱼洲建筑 5-1，该建筑存在损害情况有：①部分梁体和楼板存在不同程度钢

图 3-25　建筑 8-4 单层排架结构

筋锈蚀、混凝土保护层胀裂；②部分楼板存在收缩裂缝；③部分墙体和板底存在批荡抹灰脱落；④钢筒仓仓体存在轻度锈蚀，顶盖存在严重锈蚀，部分钢板锈穿，钢筒仓底部存在轻度锈蚀，连接螺栓中度～严重锈蚀。

3.2.3　承重结构

（1）柱

现有工业建筑以钢筋混凝土方柱为主，部分为牛腿柱，牛腿是柱身上为了搁置吊车梁等而设置的外挑物，多在厂房类型建筑中出现。牛腿的高度不一，与生产产品和使用器械有关。代表建筑有 3-5、10-2（图 3-26）。

(a) 建筑3-5柱子　　　　(b) 建筑3-6柱子　　　　(c) 建筑10-2柱子

图 3-26　承重柱示意图

（2）楼板及地坪

现有楼板为现浇式钢筋混凝土楼板，主要有梁板式楼板、井字形楼板，如图 3-27、图 3-29 所示。

地坪由面层、结构层、垫层三部分组成。面层有大阶砖地面、水磨石地面、水泥砂浆地面，如图 3-28 所示。结构层是地坪的承重部分，承受由地面传来的荷载并传给地基，混凝土厚度为 60～80mm。垫层为结构层与地基间的找平层和填充部分，多用碎石、碎砖、灰土等。

图 3-27　梁板式楼板

图 3-28　大阶砖地面

图 3-29　井字形楼板

（3）楼梯

鳡鱼洲原有楼梯无法满足消防需求及安全要求，例如建筑 5-1 原料立筒库原有人流量主要集中在一层及塔楼处，一层设有多个疏散门，塔楼则由楼梯解决疏散，原有楼梯经测量后，梯段宽度为 830mm，平台宽度为 420mm，栏杆高度为 740mm，如图 3-30（a）所示。《民用建筑设计统一标准》中 6.8.3 对于公共建筑疏散楼梯的梯段宽度要求为按每股人流宽度为 0.55m＋（0～0.15）m 的人流股数确定，并不应少于两股人流，即梯段宽度≥1100mm。平台宽度应≥梯段宽度；室内栏杆高度应≥900mm，因此原有楼梯不满足安全需求，需拆除。

改造后筒仓人流量主要集中在一层、塔楼、顶部平台处。由于筒仓顶部加建平台，人流量增大，为了满足疏散需求，需在筒仓内部增设钢楼梯，在塔楼处增设电梯，来满足疏散要求。

建筑 5-9 原有楼梯为双跑梯，梯段宽度为 1220mm，平台宽度为 1080mm，栏杆高度为 750mm，不满足现有规范需求，如图 3-30（b）所示。

建筑 3-6 仓库改造前均为单层厂房，设有多个疏散门，可满足疏散要求。在改为上人屋面后，人流量增大，建筑需要新增楼梯来满足疏散。改造方式为将 3-6 仓库中间打断，拆除部分楼板、梁柱，置入庭院后在中间加建楼梯，使空间更具趣味性，如图 3-30（c）所示。

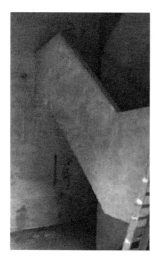  

(a) 建筑5-1筒仓原有楼梯　　　　　(b) 建筑5-9建筑原有楼梯　　　　　(c) 建筑3-6新增楼梯

图 3-30　楼梯示意图

3.2.4　围护结构

（1）门窗构造

鳡鱼洲门窗样式与建筑的年代、使用性质有关，对于厂房及仓库建筑，对于建筑的采光要求不高，建筑多在墙体设置高窗；而对于办公楼、宿舍楼等辅助配套建筑，由于生活需要，需提高其窗墙比，来达到室内采光通风良好的效果。以下为仓库、厂房、办公楼、宿舍等建筑的门窗立面情况。

窗户由铁质框架、透明玻璃、五金构件、铁质围栏组成，可开启窗扇由多个矩形单元构成，窗户的开启方式为外开上悬窗、平开窗；窗框宽 230mm，窗户亮子为 620mm，单元窗户为矩形，尺寸为 350mm×420mm 或 640mm×380mm。原有窗户多出现窗框锈蚀、玻璃破裂及缺失、五金构件锈蚀等现象（图 3-31、图 3-32）。

(a) 建筑3-1门楼窗户

(b) 建筑5-6上悬窗加平开窗

(c) 建筑9-3仓库上悬窗

(d) 建筑5-3锅炉房(平开窗)

(e) 建筑2-1窗户拆除

(f) 建筑7-6百叶窗

图 3-31　门窗示意图 1

| (g) 建筑5-9窗户门把手锈蚀 | (h) 建筑5-7窗钩 |

图 3-32　门窗示意图 2

　　门有铁质和木制两种，铁质大门均出现表面漆脱落和锈蚀现象，部分出现大门缺失现象。木门出现木板风化破损、表面油漆褪色、铁质构件锈蚀的现象（图 3-33）。

图 3-33　建筑 6-1 木制大门

　　（2）屋面构造

　　原有建筑屋面构造分为两种：一是现浇混凝土楼板，上铺方形红色大阶砖，与屋顶形成空气间层，形成通风屋顶；二是简易铁皮屋盖，由钢桁架或钢梁与铁皮组成的屋面结构。目前，混凝土屋面上的大阶砖出现缺失、破损，混凝土楼板出现开裂，导致屋面结构出现渗漏；甚至少部分楼板钢筋出现锈蚀，导致承载力下降，需要对其进行加固处理。此外，部分钢结构厂房屋盖构件出现严重锈蚀（如鳡鱼洲7-8建筑）需要拆除（图3-34、图3-35）。

　　原有女儿墙存在高度不足的现象，如鳡鱼洲 5-7 建筑，其女儿墙在高度上均不能满足现有的规范。原有女儿墙高度为 750mm，现调整为 1500mm。

　　（3）墙体

　　1）砖墙：鳡鱼洲工业建筑建于 20 世纪七八十年代，其墙面砖为红砖，具体尺寸如各

(a) 建筑1-7屋面大阶砖

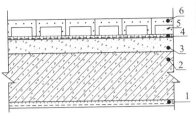

(b) 屋面大阶砖示意图

(c) 建筑6-5屋面

图 3-34 屋面示意图

图 3-35 鲢鱼洲原有建筑屋面鸟瞰图

园区墙体尺寸表，尺寸规格为长 210～250mm，宽为 100mm 或 110mm，高为 50mm 或 65mm。红砖的砌筑方式大多为五顺一丁，仅高耸构筑物烟囱建筑为一顺一丁，烟囱高 45m，一顺一丁的砌筑方式加强了烟囱的整体性和稳定性。太古仓原为英国太古洋行在 1904～1908 年修建，因此砖的砌法也采用英式。目前鲢鱼洲的砖墙主要破损情况为自然 因素和人为因素，自然因素即随着时间流逝导致的自然风化、滋生霉菌（图 3-36、图 3-37）；人为因素即砖墙后期被局部拆除或后贴瓷砖等（表 3-2）。

图 3-36 砖墙风化

图 3-37 砖墙表面滋生霉菌

各园区墙体尺寸表 表 3-2

地点	建筑	长宽高(mm)	缝宽(mm)	丁顺	示意图
鲺鱼洲	5-6 历史建筑	250×110×50	10	五顺一丁	
	5-9 残留墙	210×100×50		五顺一丁	
	4-3	230×100×50		五顺一丁	
	4-1 与 4-4 中间建筑残留墙	240×110×50		五顺一丁	
	5-3、5-4、5-5 历史建筑	230×110×65		五顺一丁	
	5-2 历史建筑（烟囱）	220×100×65		一顺一丁	
工农 8 号	第 19 栋	250×110×55	10	五顺一丁	
太古仓	5 号仓	240×90×60	10	英式砌法、一顺一丁	
TIT 创意园	广州纺织机械厂旧址退火炉	230×100×60	5	全顺砌筑	

2）水刷石墙体：即用水泥、砂、水按照一定比例搅拌后，平整地抹于墙面，待其稍微变干后，用清水轻轻刷洗掉部分水泥，使砂石露出。水刷石的破坏主要体现在局部缺失、破损，以及墙体表面滋生细菌，如图 3-38（a）所示。

(a) 水刷石墙体滋生霉菌

(b) 墙体抹灰起鼓脱落

图 3-38 墙体损坏图

3）墙面抹灰：其破坏主要表现为抹灰在热胀冷缩的状况下的局部或全部脱落、空鼓，对立面的美观性造成影响。除此之外，还有滋生霉菌、杂草、脱色、线条缺失等因素影响墙面的整洁性，如图 3-38（b）所示。

3.2.5　消防现状

鳒鱼洲现有建筑原为 1974～1998 年间建的工业建筑。2009 年，康达尔饲料有限公司搬迁至东莞市麻涌镇。同年，食品进出口公司、东莞市化工技术设备开发公司、东莞强盛鞋业有限公司、东莞市船舶工业公司和东莞市粮油工业公司相继关停，鳒鱼洲相关建筑处于闲置状态，除主体结构较完整外，其余附属结构均已拆除或破坏，直至 2019 年，才实施鳒鱼洲工业遗存改造和活化利用项目。鳒鱼洲所处建筑闲置或荒废了将近 10 年，鳒鱼洲上的原有排水系统均已破坏。

鳒鱼洲工业建筑活化区域范围内的既有工业建筑需要进行消防设计。根据现场踏勘的情况，鳒鱼洲的建筑附属设施基本拆除或已破坏到不能用，其中消防设施基本拆除或破败不堪，可利用的消防设施基本上没有，加之即使原有消防设施仍保存完好，但 22～46 年前的消防要求肯定无法满足当前消防规范的要求。此外，根据《建筑设计防火规范》的要求，鳒鱼洲原有建筑间部分间距不满足现有的消防规范，如图 3-39 所示，改造后总平面建筑布局详图 5-69 原有建筑区内，也未设置专门的消防系统及消防车道。

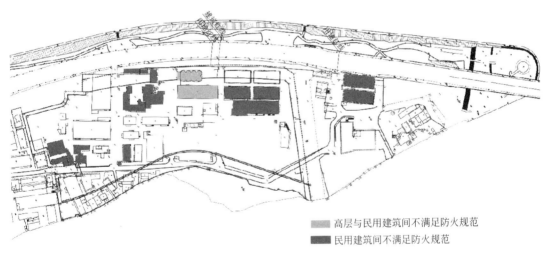

　高层与民用建筑间不满足防火规范
　民用建筑间不满足防火规范

图 3-39　改造前建筑防火间距情况图

本章参考文献

[1] 鳒鱼洲纪录片——《鳒鱼洲：一个城市的工业诗篇》［EB/OL］. https：//v. qq. com/x/page/x3045388kx8. html.

[2] 鳒鱼洲项目部，鳒鱼洲历史档案资料.

[3] 三江六岸至东莞记忆鳒鱼洲出发了［EB/OL］. http：//land. dg. gov. cn/zfxxgkml/qt/gzdt/content/post _ 2152266. html.

[4] 东莞市人民政府——自然地理［EB/OL］. http：//www. dg. gov. cn/zjdz/dzgk/zrdl/content/post _

2824920. html.

［5］东莞市人民政府——行政区划［EB/OL］. http：//www. dg. gov. cn/zjdz/dzgk/xzqh/content/post_2824924. html.

［6］韦晓华，陶涛. 旧城更新中的传统村落型社区功能提升策略——以东莞水乡计划龙湾滨江片区规划为例［C］. 城市时代，协同规划——2013中国城市规划年会.

［7］杨维菊. 建筑构造设计［M］. 北京：中国建筑工业出版社，2005.

［8］李必瑜，魏宏杨，覃琳. 建筑构造. 上册［M］. 北京：中国建筑工业出版社，2013.

［9］王凯，李克仁等. 鳒鱼洲文化创意产业园（1.5级开发项目）岩土工程勘察报告［Z］. 东莞：东莞市建青建筑设计有限公司，2018.

［10］李艳青，莫伯志，张雷杰等. 东莞市鳒鱼洲文化创意产业园房屋结构安全鉴定报告［Z］. 东莞：东莞市建青建筑设计有限公司，2019.

［11］民用建筑设计规范［M］. 北京：中国建筑工业出版社，1997.

［12］建筑设计防火规范［M］. 北京：中国计划出版社，2015.

第4章 鳡鱼洲园区更新改造策划

4.1 鳡鱼洲既有工业建筑更新改造依据

4.1.1 相关法律法规

《历史文化名城名镇名村保护条例》

《广东省城乡规划条例》

《东莞市历史建筑保护管理暂行办法》（东府〔2016〕29号）

《东莞市规划管理技术规定》

《民用建筑设计通则》

《建筑设计防火规范》GB 50016-2014（2018年版）

《汽车库、修车库、停车场设计防火规范》GB 50067-2014

《车库建筑设计规范》JGJ 100-2015

《商店建筑设计规范》JGJ 48-2014

《办公建筑设计规范》JGJ 67-2006

《无障碍设计规范》GB 50763-2012

《建筑工程建筑面积计算规范》GB/T 50353

《地下工程防水技术规范》GB 50108

《绿色建筑评价标准》GB/T 50378-2014

《屋面工程技术标准》GB/T 50345-2012

《公共建筑节能设计标准》广东省实施细则

《既有建筑绿色改造评价标准》GB/T 51141-2015

《既有工业建筑围护结构绿色改造评价标准》

《既有建筑混凝土结构改造设计规范》

《既有建筑改造技术管理规范》

《既有建筑物结构安全性检测鉴定技术标准》

4.1.2 相关城市规划

(1)《"三江六岸"整体城市设计》

"三江六岸"是指以东江南支流、汾溪河、东莞水道三条水系为依托的主城区城市滨水空间，主要涉及万江、莞城、东城、高埗、石碣五个镇街，东至广深铁路、西至环城西路、北至东南支流、南至东莞水道，总规划面积约2857公顷。

东莞市规划局表示，"三江六岸"地区是构成东莞水之翼的核心区域，是提升城市形象，完善城市功能，切实做好山水城市之"水"的关键地区。"三江六岸"地区地处主城区发展核心和水乡发展核心的交汇地带，是主城区中唯一的水乡，风土人情与水乡其他地区一脉相承，是面向水乡片，发挥主城区辐射带动水乡地区发展的桥头堡作用。

鲢鱼洲作为东莞历史文化主径的关键节点，具有重要的历史和人文价值，同时也作为四级莞香跑道的必经之处、滨水灯光工程的中心段落、都市水上游线的重要区段，是"三江"中的文化之河，也是"六岸"中的城市客厅（图 4-1～图 4-3）。

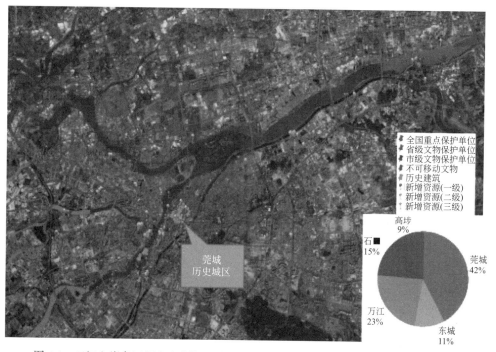

图 4-1　三江六岸各区历史文化资源分布情况——鲢鱼洲所在的莞城历史城区较密集

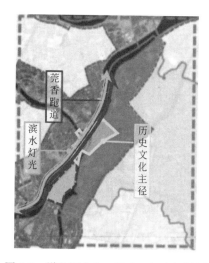

图 4-2　鲢鱼洲文化、运动、灯光规划图

图 4-3　鲢鱼洲水上游线规划图

（2）《东莞鲮鱼洲历史地段保护规划》（以下简称《规划》）

《规划》划定 23 万 m^2 的保护范围（图 4-4），在空间结构上，鲮鱼洲规划形成"U 形绿轴、十字形活动轴"的格局。其中，十字形活动轴的纵轴为广场和街道串联的步行区，从南至北贯穿特色旅游区、双创办公区、滨江体育公园；横轴为广场、空中廊道（桥）、地面街道串联的步行区，从西向东连接东江、鲮鱼洲、厚街水道，辐射三大功能片区。

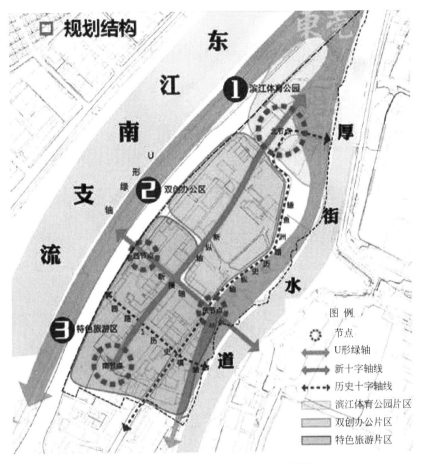

图 4-4　东莞鲮鱼洲历史地段保护规划

据了解，原有的滨江体育公园和厚街水道滨江绿地组成滨江体育公园，面向东莞市民开放；原工业区保留的旧仓库和政府储备用地组成双创办公区，主要面向创客，主要承担企业办公、产品展销等功能。

特色旅游区由原工业区中保留得比较有特色的建筑组成，主要面向游客，规划设立游客服务中心、东莞市改革开放博物馆、鲮鱼洲遗产展示中心、设计创意图书馆等，承担与旅游相关的主题展览、特色餐饮、创意酒店、婚庆摄影等功能。

《规划》提出，保护历史道路及沿线景观的前提下，优化整体道路网结构，构建"步行廊道＋自行车绿道＋水上巴士线路"为主的对外交通系统和"外紧、内松"的交通组织策略。其中，重点打造东江—洲头—厚街水道沿岸滨水绿带、中部步行街、广场开敞空间系统和二层连廊体系，集中展现鲮鱼洲的历史文化、生态资源和现代生活。

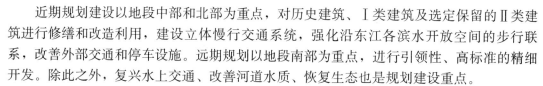

近期规划建设以地段中部和北部为重点，对历史建筑、Ⅰ类建筑及选定保留的Ⅱ类建筑进行修缮和改造利用，建设立体慢行交通系统，强化沿东江各滨水开放空间的步行联系，改善外部交通和停车设施。远期规划以地段南部为重点，进行引领性、高标准的精细开发。除此之外，复兴水上交通、改善河道水质、恢复生态也是规划建设重点。

（3）《东莞市土地 1.5 级开发操作指引》

如何更好地保护鳡鱼洲历史、传承鳡鱼洲精神、赋予鳡鱼洲新的时代内涵？去年 7 月，《东莞市土地 1.5 级开发操作指引》（以下简称《指引》），明确东莞市南城国际商务区、东莞市滨海湾新区、TOD 站点地区以及其他经市政府认定的区域内的政府储备用地，可适用 1.5 级开发（图 4-5）。

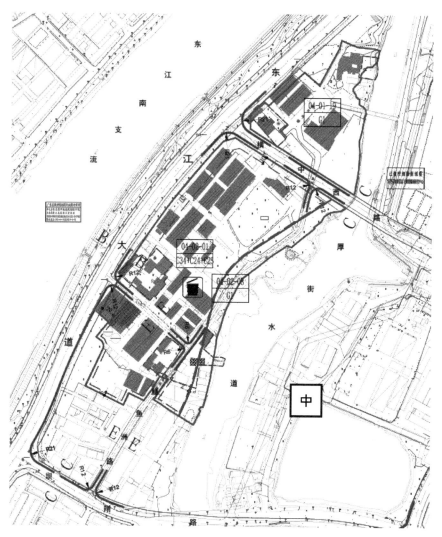

图 4-5　东莞市莞城区控规 04-01-19、04-02-02、04-02-08 地块 1.5 级开发图则

1.5 级开发的提出，为鳡鱼洲地块的保护性开发提供了新的实施路径，鳡鱼洲地块也成为东莞市首例实施 1.5 级开发的项目。1.5 级开发是指为盘活政府预控的储备土地，加

快战略地区的土地预热，解决远景规划与近期开发诉求的矛盾，政府将基础设施完备、土地出让较慢、潜在价值较高的地块，短期租赁给承租人进行过渡性开发利用，待片区预热、地价提升后，政府按约定收回土地，并按远景规划实施。

《指引》中提出，地块 04-02-01，容积率 1.0，以图书展览用途为主，服务业、旅游业为辅；地块 04-01-19 及 04-02-08，作公园绿地及配套设施用途。

4.2 项目策划定位

4.2.1 策划定位

（1）项目瞄准三大核心商业客户群体：

1）项目产业人群（商务配套、日常消费）

2）东莞市民（文体休闲、休闲消费）

3）国内外旅客（文旅配套、观光消费）

（2）项目打造三大功能板块（图 4-6）：

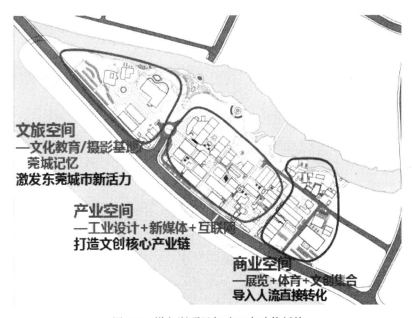

图 4-6 鳒鱼洲项目打造三大功能板块

4.2.2 业态规划

鳒鱼洲园区内的业态分为四部分：产业、商业、文化/摄影、展览/公益，其中产业占比 56%，商业占比 27%，文化及摄影占比 12%，展览及公益占比 5%。目前鳒鱼洲入驻的商户有腾讯大粤网、薪火相传、东莞市建筑设计院有限公司、乐淘等 25 家企业（图 4-7）。

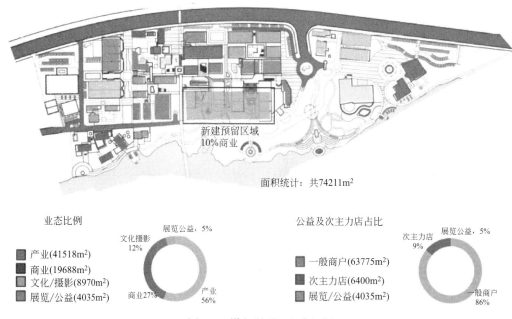

面积统计：共74211m²

业态比例

- 产业(41518m²)
- 商业(19688m²)
- 文化/摄影(8970m²)
- 展览/公益(4035m²)

文化摄影 12%

商业27%

展览公益, 5%

产业 56%

公益及次主力店占比

- 一般商户(63775m²)
- 次主力店(6400m²)
- 展览/公益(4035m²)

次主力店 9%

展览公益, 5%

一般商户 86%

图 4-7　鳒鱼洲项目业态规划

4.2.3　打造目标

2019 年 3 月，东实集团获得鳒鱼洲地块租赁权，以东莞市土地 1.5 级开发模式启动开发，实施工业遗存保护及活化利用，将鳒鱼洲打造成东莞文化新地标。

具有非凡意义的鳒鱼洲，占据莞邑文化走廊核心位置。鳒鱼洲总占地面积约 9.5 万 m²，总建筑面积约 7.4 万 m²，在原生工业遗存的基础上，融入东莞可园的建筑元素和现代建筑风格打造而成。经过市场调研，项目规划了产业、商业、文化、旅游四大业态，提供文艺创作办公空间、个性设计工作室、教育培训基地、潮流运动空间、新式消费体验，定期举办艺术展览、文化沙龙，打造成独具历史韵味的人文旅游胜地和全城网红打卡点。

鳒鱼洲独特优势，为产业加速赋能。园区计划提供 50～1500m² 的单层面积，部分高达 9m 层高的灵活空间，平层写字楼与独栋办公楼多样选择，适合文艺创作、影视传媒、艺术培训、工业与建筑设计等文化产业群集聚生长。同时配备会议展览场地，专业的企业产业服务，助力企业发展，赋能城市新生。

4.3　建筑分类规划及保护原则

4.3.1　历史建筑

我国 2005 年在《历史文化名城保护规划规范》中对历史建筑的定义为"有一定历史、科学、艺术价值的，反映城市历史风貌和地方特色的建（构）筑物"。在 2008 年《历史文化名城名镇名村保护条例》对历史建筑的定义为"经城市、县人民政府确定公布的具有一定保护价值，能够反映历史风貌和地方特色，未公布为文物保护单位，也未登记为不可移动文物的建筑物、构筑物"。

历史建筑是城市文化和历史的载体，是城市文化内涵的集中体现。本次鳒鱼洲园区范围内共有六处历史建筑，分别是东莞市面粉公司办公楼旧址 2-1～2-3、饲料厂原料立筒库 5-1、饲料厂烟囱及锅炉房 5-2～5-5、饲料厂实验室 5-6、海关办事机构旧址 1-5，以上历史建筑均为 2017 年公布的东莞市第二批历史建筑。

鳒鱼洲对历史建筑及Ⅰ类建筑的保护要求为：严格按照《历史文化名城名镇名村保护条例》《广东省城乡规划条例》《东莞市历史建筑保护管理暂行办法》（东府〔2016〕29号），对其进行保护和利用。

（1）《历史文化名城名镇名村保护条例》

1）历史建筑的所有权人应当按照保护规划的要求，负责历史建筑的维护和修缮。

2）建设工程选址，应当尽可能避开历史建筑；因特殊情况不能避开的，应当尽可能实施原址保护。

3）对历史建筑进行外部修缮装饰、添加设施以及改变历史建筑的结构或者使用性质的，应当经城市、县人民政府城乡规划主管部门会同同级文物主管部门批准，并依照有关法律、法规的规定办理相关手续。

（2）《广东省城乡规划条例》

1）历史建筑原有测绘资料不全或者缺失的，房产管理部门应当委托具有资质的测绘单位对历史建筑进行测绘，测绘资料纳入档案库统一管理。

2）纳入保护名录的历史建筑的所有权人、使用权人和管理人不具备维护、修缮能力的，城市、县人民政府应当给予资助。

3）不得擅自拆除纳入保护名录的历史建筑。因严重损坏难以修复或者因公共利益需要确需拆除的，应当经城市、县人民政府城乡规划主管部门会同文物主管部门组织专家论证、制定补救措施后，报省人民政府城乡规划主管部门会同同级文物主管部门批准。

4）对纳入保护名录的历史建筑，经有相应资质的鉴定单位鉴定为危房且需翻建的，应当按照原地、原高度、原外观的要求编制建设工程设计方案，由所有权人向城市、县人民政府城乡规划主管部门提出书面申请。

5）对纳入保护名录的历史建筑进行修缮装饰、添加设施的，所有权人应当将方案报城市、县人民政府城乡规划主管部门会同同级文物、房产管理部门审批后，依法办理相关手续。

（3）《东莞市历史建筑保护管理暂行办法》

1）历史建筑的保护，应当遵循统一规划、合理利用、科学保护的原则。

2）历史建筑原有测绘资料不全或者缺失的，房产管理部门应当委托具有资质的测绘单位对历史建筑进行测绘，测绘资料纳入档案库统一管理。

3）对历史建筑进行外部修缮装饰、添加设施或者改变使用性质的，应当编制修缮方案，报市规划局会同市文广新局、房管局审批后，依法办理相关手续。

4）对已公布的历史建筑，经有相应资质的鉴定单位鉴定为危房确需翻建的，应当按照原地、原高度、原外观、原材料、原工艺的要求编制建设工程设计方案，由所有权人向市规划局提出书面申请。

5）严格控制在历史建筑上设置户外广告、牌匾、空调、霓虹灯、泛光照明等外部设施。经批准设置的，应当与历史建筑的外立面相协调。

6）改建卫生、排水、电梯等内部设施的，应当符合该历史建筑的具体保护要求。

4.3.2 工业特征建筑

工业特征建筑分为Ⅱ-A类建筑及Ⅱ-B类建筑，其保护要求为：可选择性保留，部分进行改造，保留面积比例不低于60%，即在保留工业建筑基本特征的前提下，根据新功能的需要可进行空间重构和建筑形象重塑。保留部分应按照《历史文化名城名镇名村保护条例》《广东省城乡规划条例》等法律法规进行保护管理。

（1）损坏情况较小

鳞鱼洲内的建筑由于建造时间不长，大部分建筑结构保存完好，改造时仅需对其结构加固、外围护结构修复，并根据现有的使用需求对其进行改造，来达到现有的使用规范、标准。

（2）损坏情况较严重

对于部分损坏较严重的建筑，根据不同的损坏情况，有以下两种处理方式：

1）局部损坏严重

即原有建筑部分建筑构件损坏较严重，针对此种情况，应对保存较好的部分进行加固和修复；对于损坏较严重的部分采取复原、重建的方式，还原建筑原有风貌。复原、重建部分可以参考老旧图片和现场构件遗留情况进行复原。

案例：建筑8-5、8-6即局部损坏的实例，原有建筑为单层排架结构，其中8-6局部损毁，轴号1～轴号7建筑保留较完好，轴号7～轴号13建筑仅剩柱、梁结构，墙体和屋面缺失。针对此种局部损坏情况，对其进行复原。原有的柱、梁均保留，在其基础上复原屋面和墙体，并根据现有的使用功能对其进行改造（图4-8、图4-9）。

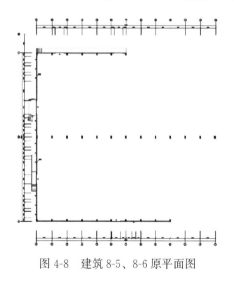

图4-8　建筑8-5、8-6原平面图

图4-9　建筑8-5、8-6航拍图

2）整体损坏严重

即原有建筑损坏范围大，结构加固难度大。对于上述情况，有两种解决方式：①推倒重建。此种方式适用于建筑价值不大、改造成本高的既有工业建筑，推倒重建，一定程度上会对园区的整体环境有所影响，需保证新建建筑与整体园区风格相协调；②作为构筑物原地保留。此种方式适用于工业特征明显、价值尚存的既有工业建筑。该改造方式可以完整保留原有建筑的同时，还能在新的场所唤醒人们的记忆，是较好的处理方式。

案例：建筑 4-1、4-4 间残存的构筑物，属于整体损坏较严重的案例。原有建筑为砖砌体结构加钢桁屋架。由于自然环境下的风化，现有砖柱、砖墙均存在不同程度的损坏，钢屋架也由于屋面的缺失而锈迹斑斑。大部分砖墙已缺失，仅留下断壁残垣。由于大面积的砖柱、砖墙破损，修复难度较大，且其极具工业特征，在园区中砖砌体结构加钢桁屋架结构的建筑较少，因此对其进行原地保留后作为整个园区的灰空间，便于游客拍照、休憩，也能从该残存构筑物中了解最原始的工业建筑原貌（图 4-10）。

图 4-10　建筑 4-1、4-4 间的构筑物

4.3.3　新建构筑物

旧工业园区在其前期规划过程中，为了满足现有的功能需求和空间效果，往往需要在园区内新建建筑。在旧工业园区中新建建筑需要遵循以下原则：

1）进行建设活动时，应保留街区空间格局、环境风貌和建筑的立面等；

2）新建高度应符合规划的高度控制要求；

3）新建控制高度应符合规划的高度控制要求；

4）新建道路和配套建设市政公用设施时，不得破坏街区历史风貌。

从以上原则中可看出，新建建筑应该考虑与园区整体环境相协调，需尊重原有工业建筑，在建筑高度、色彩、立面等方面进行考虑。保证在满足现有功能、空间的同时对园区影响最小。

案例 1．鳡鱼洲文化创意园

建筑 10-3 商业展览楼是在旧工业园区中新建建筑的典范，由于园区从工业生产功能转变为商业办公功能，停车及娱乐的需求增加。本次规划中通过对原有总平面中的鱼塘区域（图 4-11、图 4-12）进行利用，作为新建建筑 10-3 的建设场地。建筑 10-3 为钢结构建筑，首层为停车场，2～5 层为商业、历史物件展出、文化活动、休闲交流功能。

(a) 建筑10-3钢框架图

(b) 建筑10-3整体效果

图 4-11　建筑 10-3 现场图

图 4-12　建筑 10-3 鸟瞰图

4.4　规划分析

4.4.1　总平面设计

鳡鱼洲文化创意产业园充分发挥滨水景观优势，整体规划了"一环、两点、三轴、四廊"为核心的景观资源。"一环"即滨江风光带步行环道；"两点"即节庆广场和艺术休闲广场；"三轴"即水轴、绿轴、步行文化轴；"四廊"即景观交通廊、景观视线廊、景观观光廊、景观艺术廊（图 4-13、图 4-14）。

项目融合了楼、台、园、廊等元素，让新旧建筑相融相生。高低错落的布局，虚实空间的搭配，让观者流连忘返，回味无穷。

图 4-13　鳊鱼洲文创园总平面图

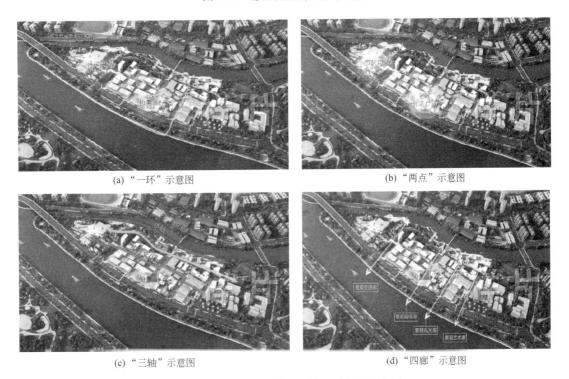

<table>
<tr><td>(a)"一环"示意图</td><td>(b)"两点"示意图</td></tr>
<tr><td>(c)"三轴"示意图</td><td>(d)"四廊"示意图</td></tr>
</table>

图 4-14　"一环、两点、三轴、四廊"示意图

4.4.2 游览路线设计

滨水风光,历史游径活力无限:项目西邻东江支流,东靠厚街水道,沿岸绿地丰茂,视觉开阔,与工农 8 号隔江相望。鳡鱼洲周边将打造两岸滨水灯光、四季莞香跑道,展现缤纷活力,体现魅力东莞(图 4-15)。

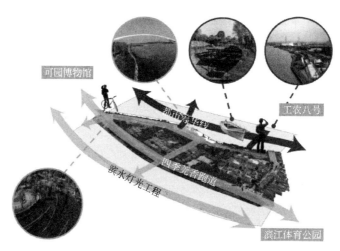

图 4-15　鳡鱼洲文创园游线设计图

4.4.3 景观系统分析

城市美景,目之所及皆是风景:新旧建筑相融相生,过去与未来在此对话。园区内绿树成荫,四季常青,让人们在探寻工业之旅中,畅享城市里的森林氧吧(图 4-16、图 4-17)。

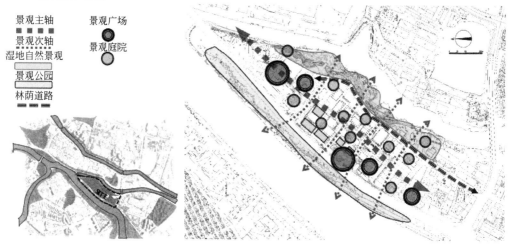

图 4-16　鳡鱼洲文创园景观系统分析图

图 4-17　绿色道路图

4.4.4　交通组织分析

鲮鱼洲地处粤港澳大湾区中轴东莞的文化核心区域，距东莞市政府约 1.8km。毗邻东江大道，可直达滨江体育公园、可园博物馆，接驳环城路、广深高速，内连市区各镇街，外达广深。项目距东莞地铁 1 号线滨江体育馆仅 1 公里，将与东莞地铁 2 号线、深圳地铁6 号线支线、广州地铁 5 号线接驳，畅行湾区（图 4-18）。

■ 交通组织分析图
　　——交通影响评估

影响范围及静态交通
高峰时段停车位总需求约为405个。
规划设计472个，可补充工农8号停车需求

交通组织
近期升级鲮鱼洲路，
近期预留空间，远期推进横中西路市政道路的建设。

近期推动坝翔路-建设路的连通和升级改造，远期谋划推动建设路-坝翔路-中心区东路跨江通道建设。

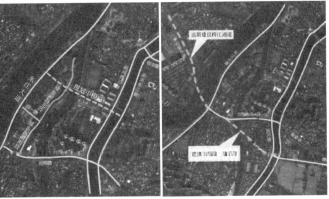

图 4-18　鲮鱼洲文创园交通影响评估图

整体车行道路系统呈环形布局，为了便于管理，尽量减少园区的入口数量。主要道路围绕基地外围环状布置，建筑车行入口沿组团外围进入，从而充分保证中央景观区域的步行完整性和安全性。项目设置了一些大型停车场，充分考虑办公区未来对停车场的巨大需求。新建综合楼结合地形坡道，采用半地下停车系统，在主要建筑空间下设置集中停车，不仅丰富了地形景观，也给停车带来了巨大的便捷（图 4-19）。

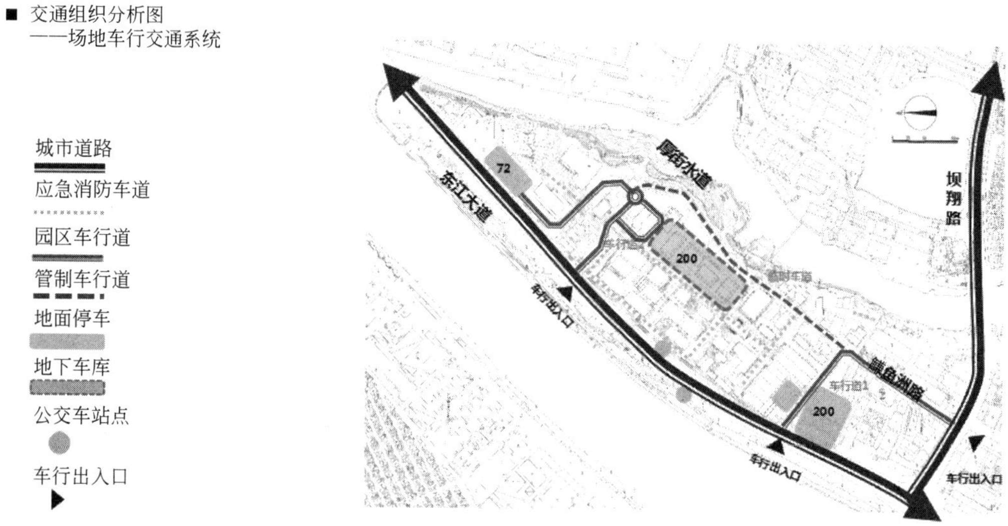
■ 交通组织分析图
——场地车行交通系统
城市道路
应急消防车道
园区车行道
管制车行道
地面停车
地下车库
公交车站点
车行出入口
东江大道
厚街水道
坝翔路
鳙鱼洲路
72
200
200
车行出入口
车行出入口
车行出入口

图 4-19　鳙鱼洲文创园场地车行交通系统图

路边人行道、行人专用道、广场、高架人行道、人行过街桥、林荫散步道等，组成了场地游人步行系统。在人流集中的地区形成步行区，以保证游人安全。步行区与公交车站、停车场相连，方便交通。主要步行系统设置在中心景观区域，让人身在其中，充分享受大自然，忘掉城市喧嚣（图 4-20）。

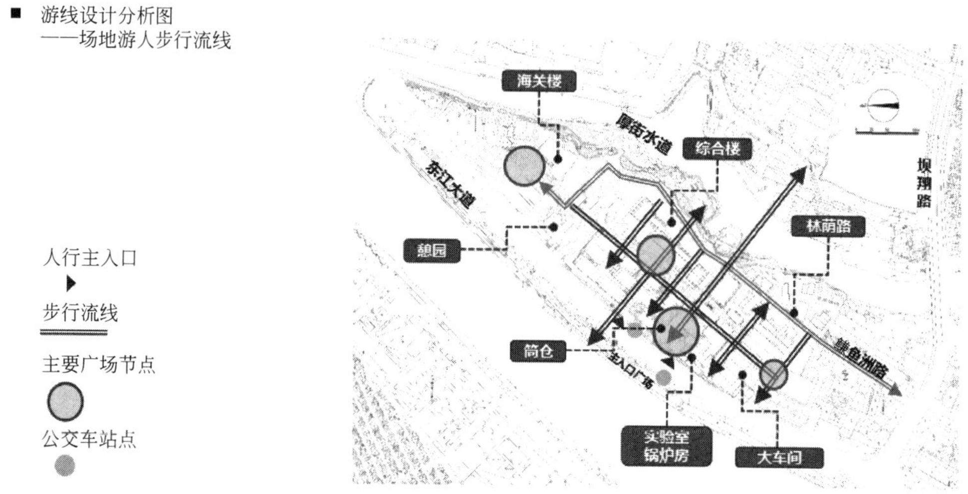
■ 游线设计分析图
——场地游人步行流线
人行主入口
步行流线
主要广场节点
公交车站点
海关楼
厚街水道
综合楼
东江大道
坝翔路
林荫路
憩园
筒仓
主入口广场
鳙鱼洲路
实验室
锅炉房
大车间

图 4-20　鳙鱼洲文创园场地场地游人步行流线图

4.5 城市设计

4.5.1 总体设计策略

项目以"世界工厂"和"岭南水乡"为设计理念，制定了"有机改造、城市造园，活力激发"的总体设计策略，将原有种类繁多、功能复杂的工业建筑群体，通过分层次、分类别地优化利用，延续了原工业区的风貌，突出了工业遗产的文化价值。

在旧建筑内部进行改造时，注意对保留建筑元素的利用。妥善处理新旧建筑功能、结构、形式的统一性与整体性。扩建和加层在设计意图上除新建筑本身的功能和使用外，还考虑了旧建筑功能的提升、新旧建筑的内部空间和外部形象的联系与过渡问题。具体的设计手法包括：城市界面的延续、建筑形体围合出积极的城市空间、底层架空引入城市元素、下沉庭院呼应城市景观等（图4-21）。

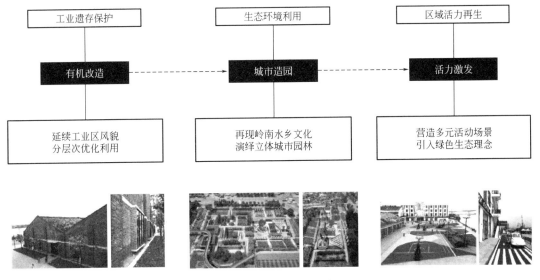

图4-21 总体设计策略示意图

4.5.2 有机改造策略

（1）标志性建筑，通过有机改造，延续工业区风貌（图4-22）。

场地现有饲料厂原料立筒仓和饲料厂烟囱两座标志性历史建筑。

现状保存完好，体量高耸，工业特征显著。

优化策略：对烟囱外观进行微改造，置入气象塔功能，使其成为厂区面向城市的标志物（图4-23）。

优化策略：筒仓结构加固，增设观景平台，最大程度发挥其高点观景优势。项目考虑了新旧建筑的融合，包括空间形式、建筑肌理、建筑功能等，也充分注意了新建筑对传统文化的传承（图4-24）。

图 4-22　饲料厂原料立筒仓和烟囱两座标志性历史建筑

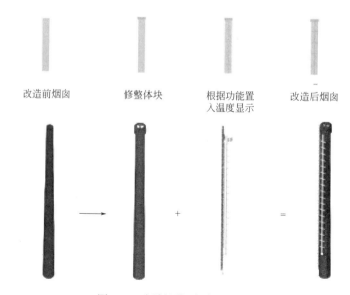

改造前烟囱　　　修整体块　　　根据功能置　　改造后烟囱
　　　　　　　　　　　　　　　入温度显示

图 4-23　饲料厂烟囱改造示意图

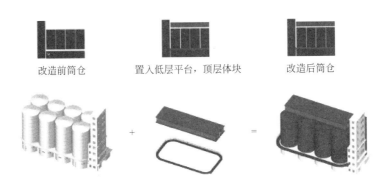

改造前筒仓　　　置入低层平台，顶层体块　　　改造后筒仓

图 4-24　饲料厂原料立筒仓改造示意图

　　场地内工业遗存数量大，厂房围合多处院落组团，建筑独特的工业气息与场地绿植的生态气息和谐共存，塑造出标志性的场所空间（图 4-25）。

图 4-25　场地内工业遗存示意图

　　优化策略：调整更新建筑附加体量和损毁严重的部分，打通狭窄的廊道空间，提供采光廊道和院落。转角处的建筑适当地退让，可以为人们提高必要的休息空间，同时也提高其可识别性。组团的设计既考虑每栋楼的专属庭院，又结合景观设计营造适合人的邻里交往尺度的多层次开放空间（图 4-26、图 4-27）。

　　（2）标志性路径：场地内鳙鱼洲路，毗邻厚街水道，滨水沿岸湿地植物丰茂，生物多样性良好，鳙鱼洲路两侧树木生长茂密，形成了标志性的景观路径（图 4-28）。

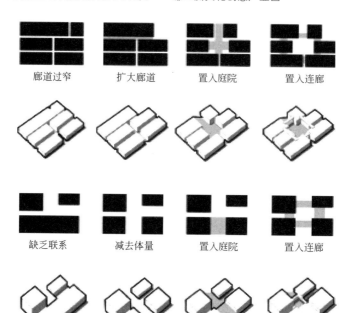

图 4-26　标志性场所优化策略示意图

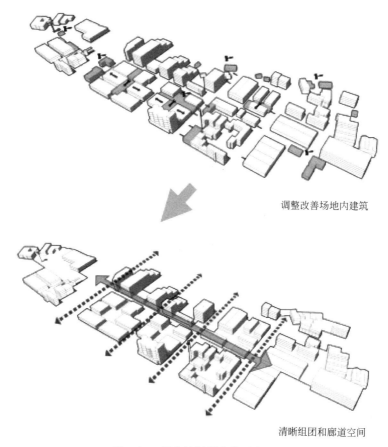

图 4-27　标志性场所优化示意图

图 4-28　标志性路径示意图

优化策略：保留鲮鱼洲路两侧的原生树木，通过新建平台草坡、设计沿岸景观，丰富林荫路径（图 4-29）。

图 4-29　标志性路径优化示意图

（3）标志性界面：场地内厂房与仓库布置规整，有特征的工业风格建筑立面，具有塑造彰显场地历史特征标志性界面的潜力（图 4-30）。

优化策略：沿东江大道的立面力图延续工业园区的风貌，主要以安全修缮为主，改建为辅（图 4-31）。

（4）通过建筑分级，实现分层次优化利用现有建筑。

历史建筑：慎重保护，有效利用。按需轻微改造，凸显历史风貌。

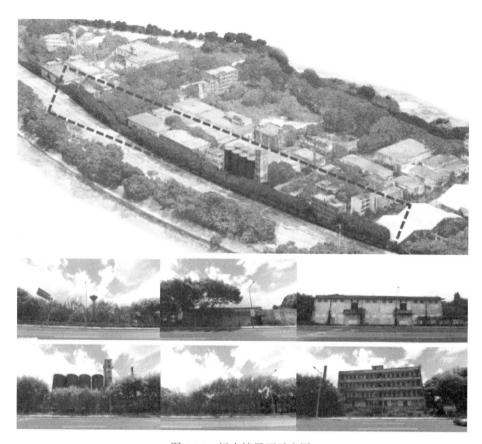

图 4-30 标志性界面示意图

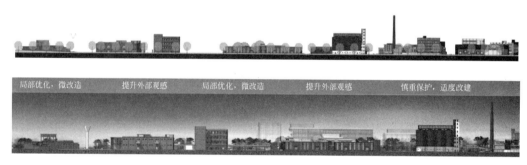

图 4-31 标志性界面优化示意图

工业特征建筑：按需适度改造，延续工业风貌。

一般特征建筑：按需灵活改造，突出旧园新生。

项目以城市文脉视角关注新旧建筑的融合，关注周边肌理的延续和城市空间的引入。对保留建筑的处理，注意了功能的提升、结构更新、旧建筑作为展品的三个层面。连接部分采用灰空间、玻璃体、连廊、天桥等虚体，实现新旧建筑之间的过渡。具体的设计的手法包括修旧如旧、符号提炼、以简衬繁、围合空间、体块冲突等（图 4-32）。

东莞·鲮鱼洲工业文化区规划设计 ■■■■

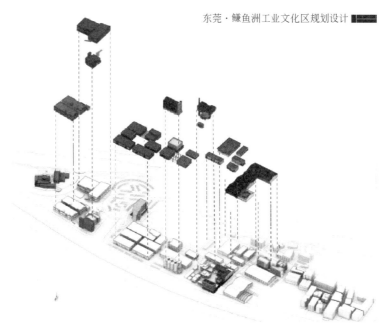

图 4-32　分层次优化示意图

4.5.3　城市造园策略

园林设计与东莞的历史文化和地方特色相得益彰，与本地的民居、民俗、地方技艺、地方物产、自然景色协调一致。从"山—城—水"的城市格局，到"水—岸—陆"的水乡文化，水乡文化与城市园林有机融合。

可观可赏可游的多层次活动是水乡文化的内涵所在，城市造园策略通过"观水、亲水、戏水"多层次理水策略进行回应（图 4-33～图 4-35）。

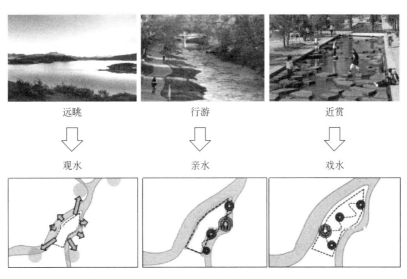

图 4-33　水乡文化与城市园林有机融合示意图

——再现岭南水乡文化：观水

结合立体造园策略，实现全方位，多角度观水，不仅可观赏场地内部园林，对外部水道、金鳌洲塔等形成景观互动通廊。

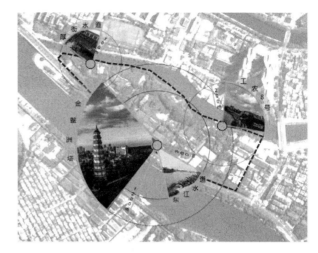

◯ 视野范围

图 4-34　再现岭南水乡文化：观水示意图

——再现岭南水乡文化：亲水·戏水

图 4-35　再现岭南水乡文化：亲水·戏水示意图

演绎立体城市园林：通过"点—线—面"对园区不同层次的"绿"进行组织，塑造"游观—坐赏—趋趣"的体验式城市园林。园林设计追寻崇尚自然、顺其自然的原则。亭台楼阁长廊水榭，总是能给城市平添不少的诗情画意，不同时节又带着不一样的韵味与感觉；水面荷花、湖旁垂柳诠释自然风情又不必过于刻意雕琢（图 4-36、图 4-37）。

园林设计顺应鳡鱼洲的地形地势条件、生态环境与气候条件，便于日后的生长与维护。园林植物的选择适合当地的气候条件和土壤条件，同时注重生物的多样性与对周围环境的影响（图 4-38、图 4-39）。

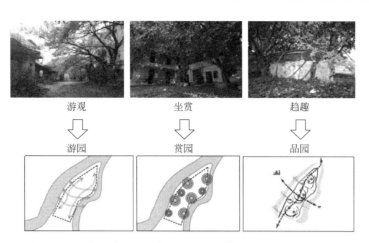

游观　　　　坐赏　　　　趣趣

↓　　　　　↓　　　　　↓

游园　　　　赏园　　　　品园

图 4-36　塑造"游观—坐赏—趣趣"的体验式城市园林示意图

——演绎立体城市园林：原生要素

　　鲮鱼洲场地内多样的原生环境要素是城市造园理念得以实现的基础，主要有：厚街水道驳岸，场地高差，保护院落，屋顶平台，鲮鱼洲路两侧树木及其他独立树木等。

厚街水道驳岸　　　场地高差　　　保护院落　　　屋顶平台　　　鲮鱼洲路

图 4-37　原生要素示意图

——演绎立体城市园林：承继传统

　　抽象提取东莞可园楼、台、园、廊的组合元素，运用到现有场地的形态塑造过程中。传承传统岭南园林的建造智慧，塑造具有节奏韵律的立体庭园。

楼　台　园　廊

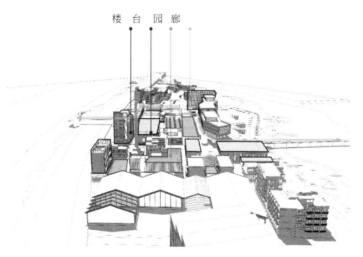

楼台园廊

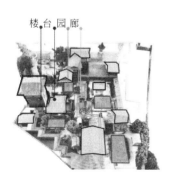

图 4-38　承继传统示意图

既有工业建筑园区更新改造研究与应用——鳊鱼洲文化创意产业园

——演绎立体城市园林：游观网络

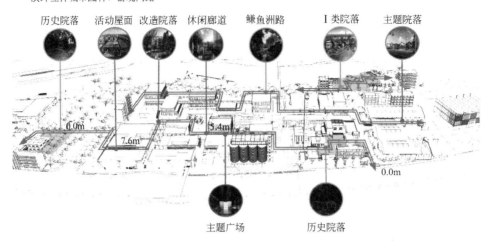

图 4-39　游观网络示意图

4.5.4　活力激发策略

（1）营造多元活动场景（图 4-40）

激活单一厂房空间：利用城市再生理念，项目在保持厂房原有结构、形态和风格的基础上加以改造和创新，既延续了人们心目中的城市记忆，又赋予了其新的功能和定位，使老建筑重新焕发出了新的生机与活力，逐步将"工业记忆"打造成"城市名片"。

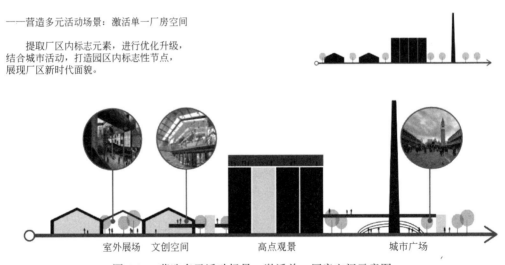

图 4-40　营造多元活动场景：激活单一厂房空间示意图

打造绿色办公空间：项目注重对生态环境和人为环境的营造，强调人与自然的和谐，建筑与景观的呼应，通过露台、玻璃幕墙等的设计，将室外的阳光、清新的空气等自然资源引入室内，通过公共空间、半私密空间的构建，提供企业与企业、人与人、人与自然之间的交流平台，提供休息、独处的空间（图 4-41）。

复合业态、多样空间：全新的规划理念借鉴了国外商务花园的设计理念，将中国庭院

——营造多元活动场景：打造绿色办公空间

　　创造园林式办公、弹性化办公和开放型办公等多种办公形式，提高园区吸引力，增加商业价值，提升招租率。

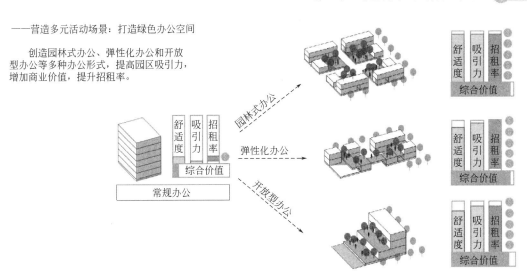

图 4-41　营造多元活动场景：打造绿色办公空间示意图

与西方开放式街区结合，复合业态、多样空间、平面灵活多变，从而打造了一片全新的城市功能区。相比于繁华地段的高层写字楼，这里有舒适的办公环境、便捷的交通、较为低廉的租金、良好的城市形象，满足了许多企业将生产与研发、销售相分离的需求，也有力地促进了城市的经济发展和城市功能的完善（图 4-42）。

——营造多元活动场景：复合业态，多样空间

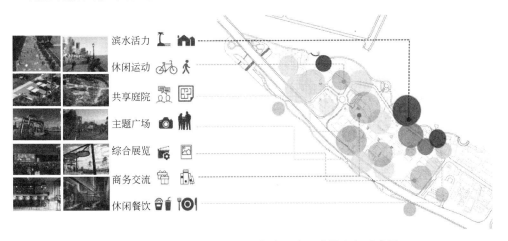

图 4-42　营造多元活动场景：复合业态，多样空间示意图

　　（2）引入绿色生态理念：鳡鱼洲文创园紧跟社会发展形势，抓住绿色、低碳的核心价值，以"低楼层、低密度、低容积率、低成本、高绿化率"为核心，通过对项目的分析、解读，探寻绿色生态建筑的设计技巧，推动社会可持续发展。

　　项目无论是在规划上，还是在建筑、景观、室内设计上都追求绿色、生态。充分利用周边自然资源和人文景观元素，以及新技术、新材料的应用，达到绿色节能、生态低碳的要求。引入生态型园区的规划理念，构建以环境为依托的绿色生态园区。利用特殊形象将建筑景观化形成低密度感，打造立体院落和多元化空间。营造现代办公室的商业中心与交

流中心，构建绿色生态办公、展览、商业等多元化空间（图4-43）。

——引入绿色生态理念：气候适应性设计

东莞位于中国华南地区，属亚热带季风气候，长夏无冬，日照充足，雨量充沛。为创造适宜的室外活动环境，需采取相应的设计措施和技术手段。

通过廊道灰空间等空间组织，提供全天候活动场所，并结合绿建手段改善建筑群通风散热，降低能耗。

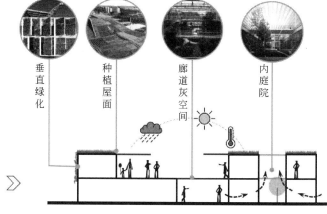

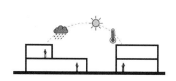

图4-43 引入绿色生态理念：气候适应性设计示意图

鲹鱼洲文创园将建筑融入自然，将自然引入建筑，促进生态建筑化，人工环境自然化。项目生态化设计主要表现为：墙面和地面的绿化种植为建筑提供了多彩的光影效果和富氧环境空间；中庭景观作为建筑的"绿肺"为公共活动提供了趣味性空间；空中花园的绿色植物带来了大量的新鲜空气。通过三位一体的多种绿化方式，天然采光、自然通风的设计，为建筑创造了健康宜人的温度、湿度，清洁的空气，舒适的光环境，安静的声环境。

鲹鱼洲文创园注重自然环境的保护和营造，其低容积率、高绿化率的特点有助于减少资源消耗、扩大可再生资源利用、提高资源使用率，体现了绿色、低碳的核心价值，符合社会发展的需要。

本章参考文献

[1] 郭小倩. 面向文化创意产业的历史建筑更新研究 [D]. 长沙：湖南大学，2017.

[2] 彭飞. 我国工业遗产再利用现状及发展研究 [D]. 天津：天津大学，2017.

[3] 林懿. 广州工业建筑遗产保护与利用的研究 [D]. 广州：广州大学，2010.

[4] 广东省住房和城乡建设厅——广东省历史建筑修缮与加固技术指引.

[5] 东莞市人民政府——东莞市历史建筑保护管理暂行办法 [EB/OL]. http：//www. dg. gov. cn/zwgk/zfxxgkml/txz/zcwj/gfxwj/content/post _ 896355. html.

[6] 中华人民共和国中央人民政府——历史文化名城名镇保护条例 [EB/OL]. http：//www. gov. cn/flfg/2008-04/29/content _ 957342. htm.

第5章 鲦鱼洲园区更新改造设计研究

5.1 建筑优化设计

根据鲦鱼洲文创园既有工业建筑现状，我们将建筑分为四大类，分别是：历史建筑、工业特征建筑、一般特征建筑和新建建筑。针对不同的建筑类型，我们因地制宜，采取了不同的设计思路。

5.1.1 历史建筑优化设计

历史建筑是城乡记忆的物质留存，是人民群众乡愁的见证，是城乡深厚历史底蕴和特色风貌的体现，具有不可再生的宝贵价值。本次鲦鱼洲园区范围内共有五处历史建筑，分别是东莞市面粉公司办公楼旧址 2-1～2-3、饲料厂原料立筒库 5-1、饲料厂烟囱及锅炉房 5-2～5-5、饲料厂实验室 5-6、海关办事机构旧址 1-5，以上历史建筑均为 2017 年公布的东莞市第二批历史建筑（图 5-1）。

设计原则：慎重保护，有效利用。按需轻微改造，凸显历史风貌。

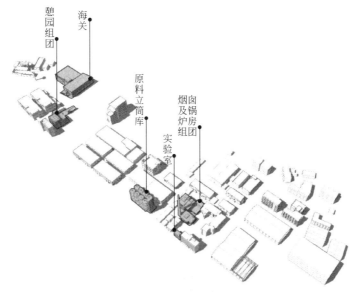

图 5-1 鲦鱼洲文创园历史建筑分布图

（1）原料立筒库 5-1 的优化研究（图 5-2）

改造前外部形象特点：沿东江大道标识性强（地标性建筑）价值提炼：①高点观景，优势突出，具标志性；②铁皮保护层，具有锈铁韵味，彰显历史印记（图 5-3）。

(a) 建筑5-1改造前立面图   (b) 建筑5-1改造前航拍图

图 5-2 原料立筒库 5-1 改造前的外部形象

图 5-3 原料立筒库 5-1 改造前的内部空间形象

改造前内部空间特点：①首层柱网密集，光线昏暗；②内部保留较多工业构筑物；③外表皮有独立结构支撑（图 5-3）。

价值提炼：①首层独具特色，可结合特色展览；②工业主题性突出，顶层可加建钢结构主题咖啡馆，使其观景价值最大化（图 5-4、图 5-5）。

图 5-4 原料立筒库 5-1 改造后的外观效果

图 5-5　原料立筒库 5-1 首层被改造为展览空间

（2）锅炉房 5-3 的优化研究

改造前的外部形象特点：①建筑立面保存完整；②门窗破损严重；③保留部分工业构件；④绿植掩映，景观性好（图 5-6）。

立面保存完整，窗户有破损　　　　　　主入口保留开关与电箱

图 5-6　锅炉房 5-3 改造前的外部形象

价值提炼：①锅炉房组团历史特征显著，形制较为统一；②充分利用院落景观性，补充灰空间设计；③部分工业构件可原位保留，强调其历史先进性（图 5-7、图 5-8）。

（3）实验室 5-6 的优化研究

改造前的外部空间形象特点：①与办公楼 5-10 有廊道联通；②建筑前两棵榕树景观

价值高（图 5-9）。

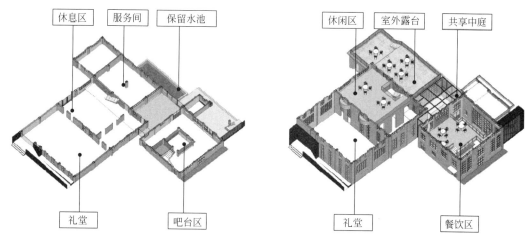

图 5-7　锅炉房 5-3 组团内部空间优化

图 5-8　锅炉房 5-3 组团外部空间优化后的效果

图 5-9　实验室 5-6 改造前的外部空间形象

价值提炼：①与办公楼、锅炉房形成围合院落空间，景观性良好；②与办公楼 5-10 联系紧密，便于实现组团运营。

改造前的内部空间形象特点：①室内面积较小，但砖混结构不利于改造；②首层仍保持原实验室布局，实验器具留存较多；二层历史信息少（图 5-10）。

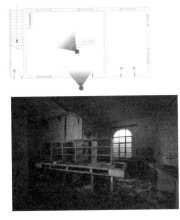

图 5-10　实验室 5-6 改造前的内部空间形象

价值提炼：①首层历史信息保存完好，可用作展览空间；②二层与办公楼 5-10 联系紧密，可作为包厢使用（图 5-11）。

图 5-11　实验室 5-6 改造后的内院空间形象

（4）海关楼 1-5 的优化研究

改造前的外部形象特点：①建筑立面保存较完整，遗留标语反映历史信息；②入口铁皮雨篷影响美观；③室外楼梯及门窗破损严重（图 5-12）。

价值提炼：①各立面可反映建筑不同年代信息；②室外楼梯可保留作为景观小品，以保存其历史信息完整度（图 5-13）。

5.1.2　工业特征建筑优化设计

工业特征建筑分为Ⅱ-A 类建筑及Ⅱ-B 类建筑，其保护要求为：可选择性保留，部分进行改造，保留面积比例不低于60%，即在保留工业建筑基本特征的前提下，根据新功能的需要可进行空间重构和建筑形象重塑（图5-14）。

室外楼梯破损严重　　　入口加建影响美观　　　各立面处理不同，反映不同年代信息

图5-12　海关楼1-5改造前的外部形象

图5-13　海关楼1-5改造后的外部形象

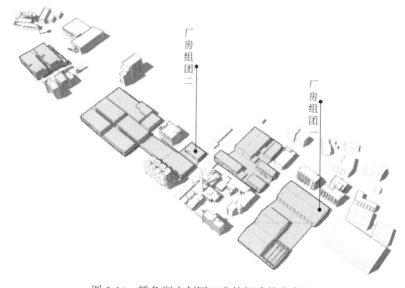

图5-14　鳡鱼洲文创园工业特征建筑分布图

设计原则：按需适度改造，延续工业风貌。

（1）建筑 8-4/8-5/8-6 的优化研究

现状特点：①建筑主体保存完整；②立面有历史感；③门窗玻璃存在老化破损现象（图 5-15）。

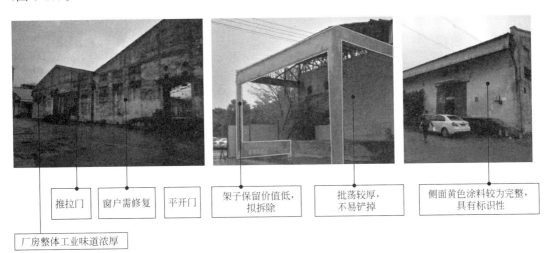

图 5-15　建筑 8-4/8-5/8-6 改造前的外部空间形象

价值提炼：场地内少有的坡屋顶大厂房，空间较完整，排架结构有特色，工业味道足（图 5-16～图 5-18）。

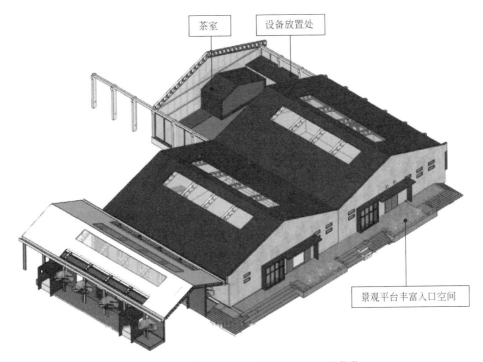

图 5-16　建筑 8-5/8-6 改造后的外部空间优化

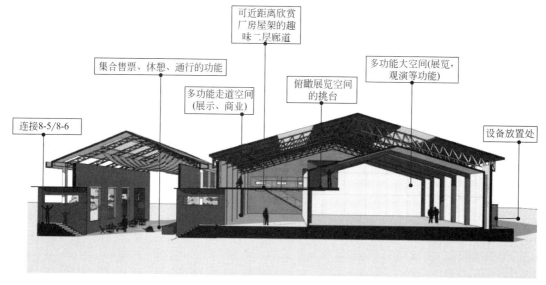

图 5-17　建筑 8-4 改造后的内部空间优化

图 5-18　厂房组团一改造后的建筑形象

（2）厂房组团二

优化策略：组团二层运用平台将各功能连接，增加趣味性。

在组团内，主要建筑设计成不同的空间类型，营造出各种各样、适合不同需求的建筑空间及功能平面。从而达到"可分可合"的灵活性布局，适应不同企业的不同空间需求，充分考虑市场的多变性，创造出具有高适应性的空间产品。不同的建筑组团都以中央景观轴为纽带，组团院落与中央景观核心相互沟通，相互渗透，形成不同层次、不同等级的建筑院落空间（图 5-19、图 5-20）。

5.1.3　一般特征建筑优化设计

设计原则：按需灵活改造，突出旧园新生。将"科技"、"人文"的理念引入其中，使园区更添一分人文气息、古朴典雅，又极具现代感。同时，在平面布置和立面设计中尽可能利用自然通风采光，从而减少空调年使用时间，最大化达到节能的目的（图 5-21）。

（1）滨水建筑组团的优化研究

改造前的建筑形象特点：①建筑保存情况相对完好；②保护院落，滨水码头保留相对完好（图 5-22）。

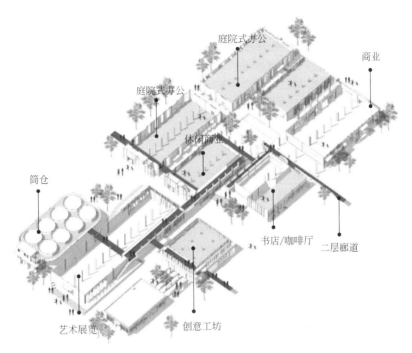

图 5-19　组团二改造后的整体外观形象

(a) 组团二改造后的鸟瞰图

(b) 改造后的廊架与水景

(c) 改造后的二层廊架

(d) 改造后仍保留工业特征的形象

图 5-20　组团建筑示意图

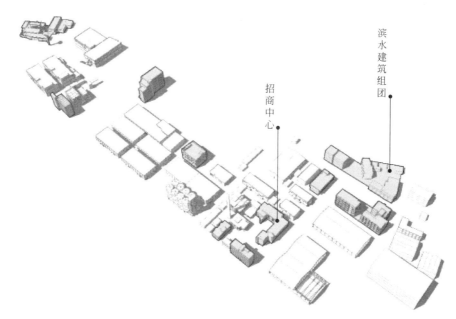

图 5-21　鳒鱼洲文创园一般特征建筑分布图

图 5-22　滨水建筑组团改造前的建筑形象

价值提炼：①建筑可结合庭院设计优化组团空间；②保留相对完好的建筑现状并进行修缮，营造活泼的滨水空间氛围；③合理优化滨水廊道系统（图5-23、图5-24）。

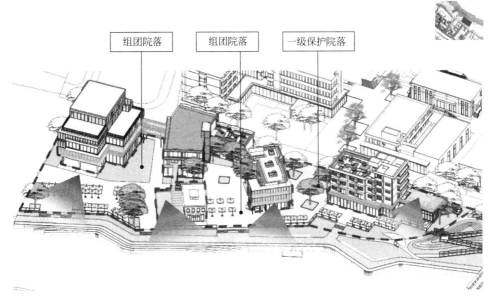

图5-23　滨水建筑组团群体空间关系

图5-24　滨水建筑组团鸟瞰图

价值提炼：①庭院空间的保留和修缮；②增设廊道系统以串联整个组团区域；③活化滨江区域的气氛（图5-25）。

（2）1-1建筑组团的优化研究

改造前的建筑形象特点：①建筑组团滨水，环境宜人；②院落内树木繁茂，园林特征显著；③保留多处工业特色构造（图5-26）。

价值提炼：①单体建筑整合串联，加强组团联系，局部做连廊、平台上人屋面，充分

(a) 滨水建筑组团透视图

(b) 滨水建筑组团透视图

图 5-25　滨水建筑组团

图 5-26　建筑 1-1 组团改造前建筑形象

利用滨水景观资源；②最大化保留院落中的园林要素，保留历史记忆；③对特色工业构造进行特色空间设计，打造亮点。

改造前的建筑形象特点：①建筑外部院落具有特色，榕树、假山等景观要素，且保存完好；②建筑主体保存完好，内部有中庭空间；③具有特色工业特征"双墙"构造（图 5-27）。

价值提炼：①滨水特色院落保留并修缮，重现生机；②建筑实体空间与庭园有机结合，丰富建筑功能流线和空间体验；③挖掘原特色工业构造，做特色空间设计（图 5-28、图 5-29）。

5.1.4　新建建筑设计

综合楼 10-3 设计分析：综合楼注重建筑和空间的层次感和纵深感。在场地中心设置三块中心绿地，其间布置 4 栋小型体量建筑，通过连廊将其连为一个整体。建筑沿场地有序排列，既有充足的阳光，又能向外展示自身的形象。建筑设计的内涵体现出企业特有的文化和价值观，项目利用高大植物和玻璃幕墙进行分割围合出三个庭院，使每座办公楼拥有良好的景观、开阔的视野，营造立体的院落和多元化的空间，创造自由的空中庭院，扩大场域的张力，在有限空间里创造最大化的空间体验（图 5-30）。

图 5-27　建筑 1-1 改造前建筑形象

(a) 建筑1-1组团改造后鸟瞰图

(b) 建筑1-1组团改造后鸟瞰图

(c) 建筑1-1组团改造后外观形象

(d) 建筑1-1组团改造后外部空间形象

图 5-28　建筑 1-1 组团效果图

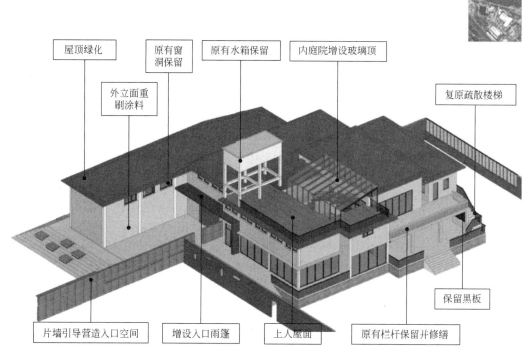

屋顶绿化

原有窗洞保留

原有水箱保留

内庭院增设玻璃顶

复原疏散楼梯

外立面重刷涂料

保留黑板

片墙引导营造入口空间

增设入口雨蓬

上人屋面

原有栏杆保留并修缮

图 5-29　建筑 1-1 外部空间优化措施

图 5-30　综合楼 10-3 场地现状

　　折转的空中景观文化廊与地面的文化中轴并行，构建出地上街市与天上街市的意境，空中景观文化廊可承载鳝鱼洲历史物件展出、文化活动、休闲交流功能，与筒仓顶层咖啡厅形成呼应，发挥场地两侧滨水的景观优势。

　　院落组合：新建综合楼与原有建筑组团相互错动，形成丰富的院落空间（图 5-31、图 5-32）。

图 5-31　院落组合

(a) 综合楼10-3鸟瞰图

(b) 综合楼10-3夜景鸟瞰图

(c) 综合楼10-3庭院透视图

(d) 综合楼10-3景观长廊透视图

图 5-32　综合楼 10-3 效果图

5.2　景观优化设计

景观设计始终贯彻"时光记忆"这一概念，在公共广场区、湿地公园区和企业办公交流区三大空间内，采用不同的设计手法，以不同的高差、铺装形式与色彩，以及植物的种类和搭配,在地面景观上形成与建筑实体一致的空间效果,满足人群交流、观赏、活动、休息等不同的功能需求。在空间布局上形成的三大区域,让企业员工、美食顾客、游人等各类人员在自然的绿化环境中自由地交流、轻松地工作、方便地得到服务。

利用植物和矮隔墙进行分割围合出庭院,使每个组团建筑都拥有属于自己的花园。外围绿化带景观设计利用坡地地形及灌木种植,在满足了外围市政道路的景观效果的同时,又为沿街的办公楼与市政道路之间进行了有效的空间隔离,在坡地的内部随坡地的起伏关系修建室外活动区域,与建筑院内的景观相结合,增加沿街建筑的公共活动区域。在材料铺装与植物种类的安排上,延续了"时光记忆"概念,通过不同材质的交织,地面高差的改变,植物花坛的设置来保持鲜明的设计特色。

(1) 保留与重现的设计理念(图 5-33)

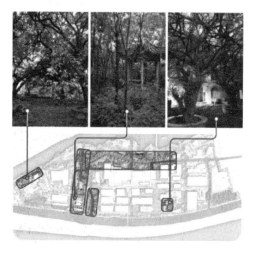

(a) 保留现场大树

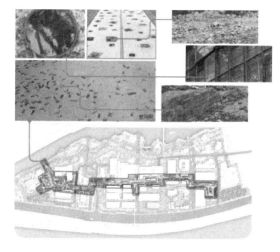

(b) 重用特色物料

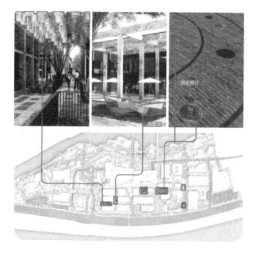

(c) 重现场地历史

(d) 突显场地主题

图 5-33　保留与重现的设计理念

（2）改造与提升的设计理念（图 5-34、图 5-35）

(a) 绿荫广场入口

(b) 艺术架构

(c) 镜面水景

(d) 时间廊

图 5-34 改造与提升的设计理念

（3）创新与唯美的设计理念

(a) 婚礼草坪与艺术架构

(b) 下沉剧场

(c) 滨河长廊

(d) 运动公园

图 5-35 创新与唯美的设计理念

5.3　既有工业建筑优化研究

5.3.1　功能置换

此类方式整体结构不发生改变，只是根据鉴定对原有结构进行加固，并对建筑破损部分进行修缮。改造的主要内容是门窗的开启、墙体的修缮、内外装修与设施的变更。

如仓库建筑2-4，建筑空间不变。仅对建筑的外立面进行变动，包括以下几点：①清除墙体抹灰，露出内部红砖墙体；②拆除部分红砖，加大窗户面积；③铝合金窗代替原有木窗；④柱身喷涂真石漆，美化立面；⑤屋面新增栏杆，满足上人屋面需求（图5-36）。

(a) 建筑2-4改造前　　　　　　　　　　　　(b) 建筑2-4改造后

图5-36　建筑2-4改造前后图

5.3.2　空间改造

（1）化整为零

通过对原有空间进行垂直分层或水平划分，将高大的空间转化为小空间。

案例1：建筑组群5-3、5-4、5-5，原有建筑功能为锅炉房，现改为展览、餐饮空间。原有的建筑为通高一层，并无夹层空间。为了适应新的使用需求，改造的主要内容有：①室内增设隔墙，增加储藏室来完成水平划分；②2.5m及3.6m处增设咖啡平台来实现垂直分层；③室内增加3部楼梯通往夹层。此种化零为整的方式有利于营造更为丰富的空间，激活空间的灵活性和多样性。

值得注意的是，新增的部分应尽量采用轻质高强材料以及轻型外围护墙和内部隔墙、装饰材料等，保证能尽量地减轻原有建筑物的荷载。此处新增外墙采用蒸压加气混凝土砌块，保证对原结构影响降至最低（图5-37）。

案例2：如建筑6-4、6-5，在已有的框架结构基础上，新增钢梁、钢楼板、钢楼梯来达到垂直分层的目的。钢梁通常采用H型钢，楼板采用钢衬板组合楼板，通过安装、浇筑后一体成型，来达到施工速度快、整体性高的效果（图5-38）。

（2）合零为整

通过加连廊以及建筑间封顶等方式，将独立的各栋建筑连接为更大的、相互之间可连

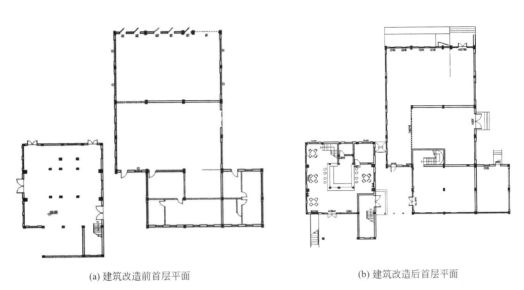

| (a) 建筑改造前首层平面 | (b) 建筑改造后首层平面 |

图 5-37　"化整为零"改造前后图

| (a) 建筑6-4/6-5室外 | (b) 新增钢楼板 | (c) 新增钢楼梯 |

图 5-38　"化整为零"改造前后图 2

通的连续空间。如 2-4、3-2、3-3、3-4、3-5、3-6 这 6 栋建筑，通过新建连廊、楼梯、夹层，将 6 栋建筑连为一个整体。此处的连廊通过用钢梁和钢衬板组合板来连接各建筑；楼梯采用外挂的形式，确保对建筑影响较小；夹层空间即在室内新增钢柱、钢梁、钢衬板组合楼板、栏杆等来实现分层，并使各个建筑连为整体。这种方式为岭南建筑常见手法，由于岭南气候温热多雨，连廊空间可以使游客在参展、游览的过程中便捷地到达各个建筑，能整体提升园区的舒适性。

6 栋建筑形成的组群，除了置入连廊、楼梯外，还通过对部分的建筑墙体进行内推、削减，来形成一个内部庭院，增加空间的趣味性，也改善了建筑在通风和采光（图 5-39）。

（3）局部增建

根据新的功能和空间需求，在建筑内外局部增建新的设施或空间，如电梯、楼梯、紧贴建筑外侧增加走廊、露天庭院以及中庭等。如建筑 5-7，原有建筑五层，建筑高度 16.4m，室内楼梯布于室内中央，两侧分别为两间房。为了增加建筑空间，并且提高建筑的舒适性，处理手法为在紧贴建筑外侧增加阳台，并在建筑内部分别增加一部电梯和一部

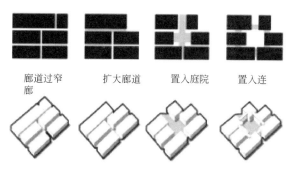

廊道过窄 扩大廊道 置入庭院 置入连
廊

(a) 建筑组群分析图

(b) 建筑组群内部置入庭院

(c) 仓库及车间组团鸟瞰图

图 5-39 "合零为整"改造效果图

楼梯（图 5-40）。

（4）局部拆减

1）拆减墙体：将非结构性内墙拆除，或将非结构性外墙拆除换装成玻璃窗或改为室外廊。

2）拆减楼板、梁、柱：将楼板、梁柱等局部拆除，形成中庭或通高门厅等高大开敞空间。

3）拆除体块：对原有建筑在整体上局部拆除，形成新的外观轮廓。如建筑 6-1，对左侧立面的飘板进行拆除后，再用红砖将门窗封堵，改变了侧立面的形态（图 5-41）。

（5）局部重建

部分既有工业建筑在使用过程中，由于自然和人为的因素，局部遭到损坏。针对此种现象，在原有结构基础上进行局部的重建。

案例 1：复原性重建和改建。建筑 8-5、8-6，现状中建筑的钢屋架、檩条、钢屋面板等钢构件均存在锈蚀，山墙面部分墙体缺失，8-6 建筑部分屋顶及外墙已受损倒塌，仅剩

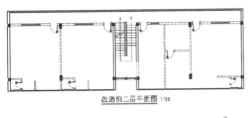
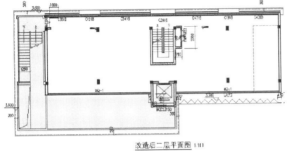

(a) 改造前二层平面图(上)改造后二层平面图(下)　　　　　(b) 新增阳台

(c) 建筑5-7改造前　　　　　　　　　　　　(d) 建筑5-7改造后

图 5-40　局部增建改造图

(a) 建筑6-1改造前　　　　　　　　　　　　(b) 建筑6-1改造后飘板拆除

图 5-41　"局部拆减"改造示意图

部分结构框架柱。为延续建筑 8-5、8-6 的工业风貌，现拟对结构及基础保留良好的建筑 8-6 进行复原性重建设计，并根据项目招商使用要求，在结构可行的基础上对建筑 8-5、

8-6 进行局部夹层活化设计，使用功能为服务型用房。8-5、8-6 建筑的总计容建筑面积由 1613.02m² 增至 3440m²（图 5-42）。

(a) 建筑8-5、8-6原状　　　　　　　　　　　(b) 建筑8-6部分复原、改建

图 5-42　"局部重建"改造示意图

案例 2：拆除性重建。建筑 1-4 首层局部损坏较为严重，主要体现在柱、梁、板存在钢筋外露、承载力不足的现象，改造中将其拆除后运用钢结构框架和钢衬板混凝土组合楼板进行重建，在贴紧墙体处增设单层钢框架空间，丰富了原有的建筑平面布局和空间结构（图 5-43）。

(a) 建筑1-4改造前　　　　　　　　　　　(b) 建筑1-4改造后

(c) 建筑1-4改造前　　　　　　　　　　　(d) 建筑1-4改造后

图 5-43　"局部重建"改造示意图 2

（6）垂直加建

即在原建筑顶部垂直扩建。通过增加新的结构，提升和扩充原有的建筑功能。此类改

造需要注意原有结构的承载能力，还需要考虑如何将已有的结构与新增的附加体进行衔接，并且这种模式会改变建筑的形体，所以需要从空间尺度、整体效果、可行性以及适用性等多种角度分析。

案例 1：建筑 5-1 筒仓，原有建筑空间在难以利用的情况下，利用其高度优势，在建筑顶部进行加建，满足使用要求的同时尽量将景观价值利用最大化。垂直加建过程中，应考虑原有建筑承载力，在保证结构安全的前提下对建筑进行垂直加建。5-1 筒仓通过对原有首层的框架柱进行加固，以及在筒仓内部置入新的格构柱，来保证结构的安全性。垂直加建应采用轻质、高强度的材料，保证对建筑的影响达到最小（图 5-44）。

(a) 建筑5-1垂直加建分析图　　(b) 建筑改造前　　(c) 建筑改造后

图 5-44　"垂直加建"改造示意图 1

案例 2：建筑 4-2，原有建筑为两层半，改造后建筑共三层，并将原有的走廊空间用幕墙进行遮挡，改造完成后建筑整体性提升（图 5-45）。

(a) 建筑4-2改造前　　　　　　　　(b) 建筑4-2改造后

图 5-45　"垂直加建"改造示意图 2

5.3.3　外围护改造

（1）拆除工程

1）由于拆除不可逆，拆除前必须明确拆除部分和保留部分的价值要素，按图或按指示拆除，遇到不明晰的先沟通后拆除。

2）注意拆除先后顺序，遇拆除建筑结构和主要构造时须做辅助支撑措施。

3）拆除时先拆与保留部分交接处，再拆与保留无关的部分，避免拆除时保留部分被牵连。

4）拆除时注意保护保留树木、有价值的机械设备或管道、建筑局部价值构件、特征文字等，特别是特色树木植被或者攀墙植物。

5）拆除时拆除的废弃部分不得损坏保留部分。

6）拆除建筑表面抹灰等微拆除需要做小面积试验方可大面积施工。

7）拆除出来的完好砌体留存备用。

8）建筑在改造前要进行评估，检验建筑是否存在安全隐患，是否适合改造，是否需要加固。

9）新旧墙体交界位置处理办法：至临界面时，即采取小锤轻敲的做法，最大程度保持原墙体的稳定性，同时拆除多超出临界面一皮砖，使得临界面保持马牙槎状，同时新旧交界面时设置钢筋混凝土构造柱浇筑。

（2）建筑表皮更新

1）修复表皮——红色清水砖墙、水刷石外墙

红色清水砖墙做法：①清洁：对于外墙滋生苔藓及污垢的建筑，对其表面用清水进行清理，用软毛刷将建筑表面的青苔和污渍轻轻清除；②对于表面被油漆等覆盖的清水砖墙，对其进行打磨至露出红砖本色；③对砖表面有局部破损、缺失及风化处，用红砖粉根据砖的风化程度对其进行局部修补或替换；④待表面干透后涂透明防水涂料二遍，如图 5-46（a）所示。

水刷石外墙做法：鳡鱼洲既有建筑外墙中水刷石的使用较多，大部分的水刷石墙面保护较好，对于滋生青苔、霉菌的，用清水冲刷即可；对于破损的水刷石墙面采取以下的改造方式，具体修复步骤为：铲除底层→辊涂防水渗透漆 1 遍→批水泥砂浆→辊涂防水纤维泥 2 遍→固定边框→按比例调制石米水泥胶水混合物批刮→刷涂水泥 1 遍→拍平加固→冲水刷涂水泥 2 遍→养护一天后拆除固定边框→养护 5～7 天后分封线条上玻璃胶，如图 5-46（b）所示。

分隔缝做法：由于外墙面面积较大，为防止因材料干缩和温度变化而引起面层开裂，可将抹灰面层做分格处理，即在外墙面层抹灰前，先按设计要求弹线分格，用素水泥浆将浸过水的小木条临时固定在分格线上，待面层抹灰完成时再取出，形成所需要的凹线，如图 5-46（c）所示。

(a) 红色清水砖墙

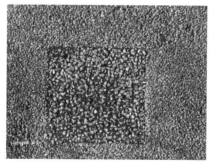
(b) 水刷石外墙

(c) 分格缝做法

图 5-46　红色清水砖墙、水刷石外墙示意图

2）更换表皮——抹灰墙体

针对抹灰墙体，有两种处理方式，一种为清除抹灰层后，露出内部红砖墙体，将红砖墙体作为新的建筑立面；另一种为清除原有抹灰层后再重新抹灰。

第一种处理方式步骤如下：清除原有淡黄色石灰抹灰层，对其表面清扫干净，露出原有红砖墙体。其余与清水砖墙修复做法中的②～④相同，此处省略。具体案例 3-4（图 5-47）。

(a) 建筑3-4外墙脱色，长满青苔

(b) 建筑3-4改造后

图 5-47　外墙改造后对比图

对于第二种处理方式，处理方式如下：

① 清除原有淡黄色石灰抹灰层，对其表面清扫干净，露出原有红砖墙体；

② 细砂水泥浆掺 108 胶甩毛后满挂镀锌钢丝网；

③ 刷素水泥浆一遍（内掺重 3％～5％白乳漆）；

④ 20mm 厚 WP M20（加 5％防水粉，内掺维尼龙聚合物为水泥用量的 8％），分两次抹灰；

⑤ 刮外墙腻子两道，打磨平整；

⑥ 外墙涂料（一底两面）。

具体案例有建筑 1-5 和建筑 7-2，建筑的整体结构、外观立面并未做大的变动，仅对表面进行重新抹灰，再在原建筑基础上增设空调机位等设施设备，提高建筑的舒适性（图 5-48）。

3）更换表皮——玻璃幕墙

即原有承重结构体系不变的基础上对外围护结构进行完全更换，此种改造方式适用于外围护结构与建筑承重结构相互独立的情况下实施，对原有建筑改动较大，工期较长。鳡鱼洲工业建筑群中，建筑结构类型大部分是钢筋混凝土框架结构，这为外立面替换式改造提供了可能性，为了增加建筑的采光量，大部分建筑将窗户面积加大，部分建筑将外立面填充墙均拆除后，改为落地窗。由于此种改造方式对建筑的破坏较大，为了保护建筑的传统风貌，减少对建筑的干预，鳡鱼洲的建筑立面没有达到完全的替换式改造的做法，仅增加了窗墙比（图 5-49）。

4）外置表皮——拉丝铝网

与前述两种表皮更新的方式不同的是，外置表皮强调的是附加性，即新的表皮系统被附加于原来的表皮系统之上，且其位于原来表皮的外部，与原建筑外墙有一定的间隔。

(a) 建筑1-5改造前 　　　　　　　　　　　　　　(b) 建筑1-5改造后

(c) 建筑7-2改造前 　　　　　　　　　　　　　　(d) 建筑7-2改造后

图 5-48 外墙处理对比图

图 5-49 立面替换式改造

对于一般的外置表皮来说，应用的表皮系统主要是轻表皮性质的，例如铝扣板、铝拉丝网等。由于外挂装饰板可以便捷安装和拆卸，重量较轻，不会对原有建筑结构和墙体带来损坏。此种方式既能保护原有的建筑立面，又能使园区的整体风貌得以统一，并在一定程度上使其视觉效果突破原建筑表皮的限制，呈现出更有层次感和现代感的效果。

　　如建筑 7-3，在原有的建筑墙面外侧，焊接幕墙龙骨，再在龙骨上外挂金色拉丝铝网，使建筑立面达到统一的效果。此处所用的拉丝铝网能起到更换表皮的作用，由于其表面孔洞较多，与玻璃幕墙或挡板相比更有利于建筑的通风散热和采光，因此在鲢鱼洲园区中被广泛应用（图 5-50）。

(a) 建筑7-3改造后

(b) 外挂装饰板与墙面连接节点

(c) 建筑5-8

(d) 建筑3-4、3-5

(e) 外挂装饰板与墙面连接节点

(f) 拉丝铝网

图 5-50　拉丝铝网效果图

（3）屋面层

根据鳊鱼洲既有建筑的鉴定报告，以及施工现场的实际情况，对这些既有建筑的屋面结构进行修复或改造。根据屋面结构的破损情况可分为：裂缝、钢筋锈蚀和钢构件严重锈蚀，对此分别采取相应措施，具体如下：

1）裂缝

根据屋面结构的位置、裂缝情况（图5-51），以及对保温隔热的要求进行分类，并采用相应的修复方式进行修复。具体有以下两种方式：

图5-51　楼板渗水图片

① 保温隔热板防水屋面-Ⅰ级防水

a. 原屋面拆除至钢筋混凝土屋面板，凿毛，表面清扫干净。

b. 刷专用界面剂两遍。

c. 随建筑分水线用C20细石混凝土找坡，最薄处25mm，原浆收光。

d. 2.0厚非固化焦油防水涂料。

e. 1.5厚PCM反应粘接型高分子复合防水卷材。

f. 50厚挤塑型聚苯乙烯保温隔热板。

g. 满铺0.4厚聚乙烯薄膜隔离层。

h. 40mm厚C20补偿收缩混凝土保护层随捣随平，表面压光，内配$\phi 4\times 150\times 150$双向钢筋网片，设间距≤3000mm的分格缝，缝宽10mm，缝内填聚氨酯密封胶，钢筋网在分格缝处需断开。

② 防水屋面-Ⅰ级防水

a. 现浇钢筋混凝土屋面板，表面清扫干净。

b. 随建筑分水线C20细石混凝土找坡，最薄处25mm，原浆收光。

c. 2.0厚非固化焦油防水涂料。

d. 1.5厚PCM反应粘接型高分子复合防水卷材。

e. 满铺0.4厚聚乙烯薄膜隔离层。

f. 40mm厚C20补偿收缩混凝土保护层随捣随平，表面压光，内配$\phi 4\times 150\times 150$双向钢筋网片，设间距≤3000mm的分格缝，缝宽10mm，缝内填聚氨酯密封胶，钢筋网在分格缝处需断开。

2）钢筋锈蚀

本项目的既有建筑物建成时间较长，且长期缺乏管理和维护，导致部分屋面结构的钢筋出现锈蚀（图 5-52）。根据钢筋的锈蚀情况，分别采用以下两种方式进行修复。

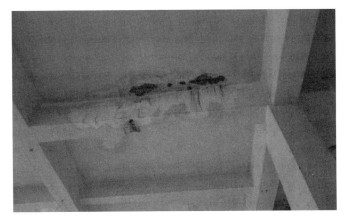

图 5-52　楼板钢筋锈蚀图片

① 钢筋直径损伤＜10％的楼板

a. 应先剔除疏散的混凝土，直至露出钢筋为止。

b. 清洗混凝土界面，用除锈机或钢丝刷对锈蚀钢筋进行全面除锈。

c. 采用中德新亚外涂型 H-502 钢筋阻锈剂（渗透型）钢筋阻锈剂刷一遍，再采用掺加一定比例西卡钢筋混凝土阻锈剂以及 HPMW 系列高性能复合高强度防腐砂浆修复，压抹每层 5～10mm，修复板截面且总厚度不低于 25mm。

d. 最后按二次改造设计要求修复装饰面层。

② 钢筋直径损伤≥10％的楼板

a. 松散的混凝土全部凿除，直到露出钢筋为止。

b. 清洗混凝土界面，采用中德新亚外涂型 H-502 钢筋阻锈剂（渗透型）钢筋阻锈剂刷一遍。

c. 对严重锈蚀的钢筋进行替换，新增钢筋与原钢筋焊接 $12d$，在锈蚀严重的钢筋的部位绑扎细钢筋网并固定，再掺加一定比例西卡钢筋混凝土阻锈剂以及 HPMW 系列高性能复合高强度防腐砂浆修复，压抹每层 5～10mm，修复板截面且总厚度不低于 25mm。

d. 最后按二次改造设计要求修复装饰面层。

3）钢构件严重锈蚀

本项目 7-8 号仓库 1 层，采用天然地基基础、砌体结构（部分钢屋盖）进行建造，因存在地基不均匀沉降，引起墙体开裂（图 5-53）。屋面为简易铁皮屋盖，自身结构体系不合理，构件与节点薄弱，且钢构件锈蚀严重。按原用途（不上人屋面 $0.7kN/m^2$）和现状前提荷载进行结构计算，个别构件的稳定性不满足国家规范的安全要求，所以，建议将钢屋盖部分拆除。

（4）门窗

鲣鱼洲既有工业建筑门窗材质多为木或铁，木材大都存在褪色、风化等现象，铁大都存在锈蚀、褪色等现象。除了材料本身的损坏外，在使用功能上原有既有工业建筑，特别是仓库、厂房车间这类建筑窗墙比较小，在功能转换后，不满足窗墙比要求。

建筑门窗的改造是根据现有建筑门窗样式和位置，以及对现有的使用要求进行改造。

图 5-53　建筑 7-8 仓库现状图片

由于以往的厂房、仓库建筑多用高窗，现改为民用建筑之后，对建筑的窗墙比要求提高，因此对原有墙体进行局部拆除，增加窗户面积来满足现有的功能需求。

　　1）旧窗处理：

　　①已破损的玻璃进行拆除，完整的玻璃清洗干净，保留的窗框除锈，人工进行打磨；②涂防锈漆；③保留原窗框的窗玻璃如需拆除的，拆除后统一更换。

　　2）外窗洞口拆除说明：

　　①拆除临近窗边三皮砖时，改用人工拆除，采用小锤轻敲方式，尽量减少对邻近墙的扰动；②拆除洞口尺寸比窗框多半皮砖；③收边红砖砌筑采用 MU10 水泥砂浆，再采用与现状砂浆颜色近似勾缝剂勾缝收口；④当相邻窗较近时，应跳开作业，尽量减少对现有窗间墙的扰动，同时应对窗间墙进行支撑；若窗间墙垛太小，无法保证围护安全时，可将窗间墙垛拆除，然后使用现场拆除完整红砖用 MU10 水泥砂浆，采用与现状砂浆颜色近似勾缝剂勾缝收口（图 5-54）。

　　3）旧门处理：

　　对铁门进行除锈后重新上漆，对木门进行打磨后重新上油，对缺失的门窗构件进行复原，对缺失的门窗参照原有样式重做。

　　（5）女儿墙

　　原有女儿墙如遇高度无法满足现有规范要求，均需进行改造增高，屋面女儿墙增高后，距屋面板顶 1500mm，阳台走道处距结构板面 1150mm。

　　由于新规原因致现状栏杆无法满足规范，对原有栏杆保存较好的栏杆进行翻新，没有翻新价值的栏杆进行拆除重做。

5.3.4　加装电梯、楼梯

　　既有工业建筑在功能转变之后，由于建筑性质的转变、建筑空间大小变化、人流量加大、适老化需求提高，对于原有建筑的疏散安全和舒适性有了更高的要求。因此部分既有工业建筑需要加装电梯、楼梯，来满足现有的使用要求。

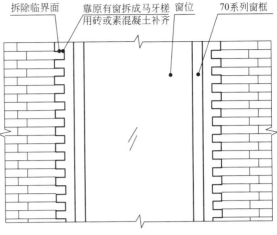

(a) 外窗洞口拆除后收口　　　　　　(b) 窗洞口拆除红砖做法

图 5-54　外窗处理图

　　既有工业建筑加装电梯、楼梯时，需要通过合理的改造设计来满足日照、消防、安全疏散、安装方便、美观等各方面的要求，保证安全运作的同时，对原有工业建筑影响最小，并且与原有的工业建筑外观风格协调。既有工业建筑加建电梯有以下几种方式：

　　（1）内部加建电梯、楼梯

　　内部加建电梯、楼梯，即在原有建筑空间内完成加建，这种做法的优点在于对建筑立面、建筑体量造成的改动较小，而且不用考虑新增加的电梯会影响室内的日照，游客可以最快最便捷地到达室内的每个地方。缺点在于这种改动需要拆除部分楼板，对原有建筑影响较大，施工复杂，在既有建筑改造中应用较少。

　　鳙鱼洲中 5-1 栋的筒仓建筑内部加建电梯，主要的加建步骤如下（图 5-55）：

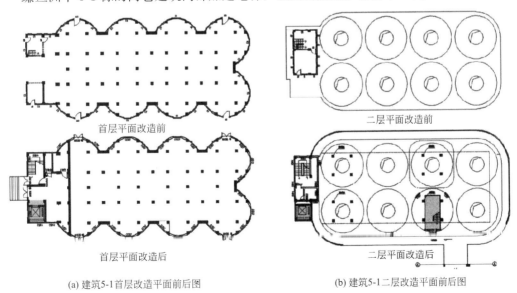

(a) 建筑5-1首层改造平面前后图　　　　　　(b) 建筑5-1二层改造平面前后图

图 5-55　建筑 5-1 首层改造前后图（一）

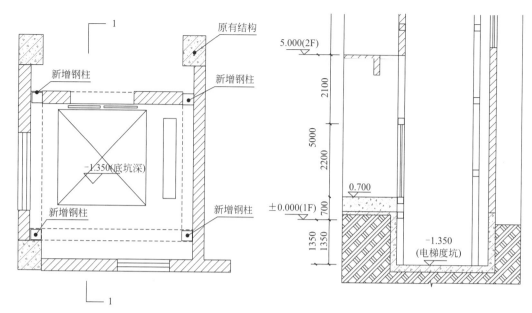

(c) 电梯节点大样图

(d) 电梯1-1剖面图

(e) 基坑混凝土底板浇筑

(f) 基坑完工准备拆除

(g) 电梯基坑钢结构吊装

(h) 电梯安装完成

图 5-55 建筑 5-1 首层改造前后图（二）

1）选取塔楼首层中单层部分进行改造，避免对建筑造成大的破坏，并尽量减少造价。将筒仓建筑需要增加电梯处楼板进行拆除。

2）在原有钢筋混凝土框架内部新加钢结构框架，使新建电梯对原有结构不造成大的影响，但须对基础进行加固。

3）原有塔楼凿除部分墙体作为电梯入口。

鳡鱼洲中 5-1 栋的筒仓建筑内部加建楼梯（图 5-56），主要的加建步骤如下：

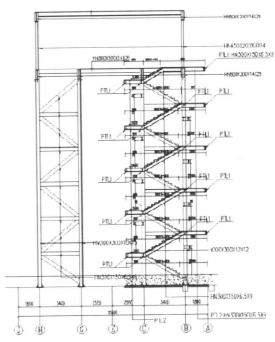

(a) 建筑5-1楼梯剖面图

(b) 钢楼梯

(c) 钢楼梯

图 5-56　建筑 5-1 楼梯示意图

1）对需要加建楼梯的筒仓下方对应的框架柱进行加固，并在柱子上方设置钢筋混凝土墩。

2）在筒仓内安装钢柱、交叉钢支撑、钢梁，并将钢楼梯与格构柱焊接。

（2）紧邻建筑外部加建电梯、楼梯（图 5-57）

此种加建方式优点是对建筑的改动最小，电梯此时作为一个独立的结构，与既有建筑通过钢梁和螺栓进行连接。此种加建方式在鳙鱼州中应用较多，鳙鱼洲 5-7 外部加建电梯情况：

1）电梯轿厢在井道中运行，上下都需要一定的空间供吊缆装置和检修需要。因此电梯在顶层停靠层设计了 4.8m 高，电梯地下挖 1.65m 深度的地坑，供电梯缓冲之用。地坑中轿厢和平衡锤下部均设有减振器。

2）电梯采用钢结构，在原有建筑两根混凝土柱的基础上，再在建筑外侧设置两根钢柱，用钢梁将原有钢筋混凝土结构与现有钢结构连接后，置入厢式电梯。

3）为了使新增的电梯与原有建筑进行协调，外部新增电梯之后，用米白色的铝网拉丝钢网进行立面围合，使立面更为平整，并且颜色上与电梯幕墙相协调。

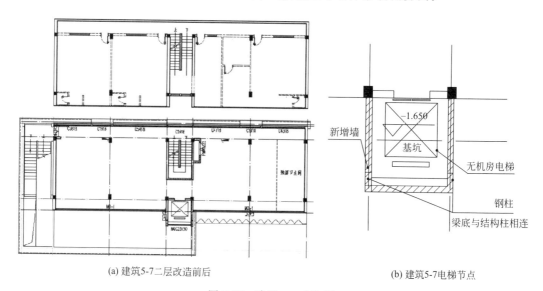

(a) 建筑5-7二层改造前后　　　　　　　(b) 建筑5-7电梯节点

图 5-57　建筑 5-7 改造图

鳙鱼洲 5-7 紧临建筑外部加建楼梯情况：建筑外新增钢楼梯，楼梯由钢柱、钢梁、梯段、栏板组合而成（图 5-58）。

（3）建筑外部加建电梯、楼梯

建筑外部加建电梯、楼梯一般用在连接多栋建筑中，优点是对原有建筑的损坏较小、加建电梯可以直接供几栋建筑共同使用，达到方便快捷的效果。外部加建电梯的方式在鳙鱼洲 8-1、8-2、8-3 栋建筑中有所体现，以下分析其外部加建电梯处理方法。

1）原有几栋建筑结构不动，新的电梯及楼板以相对独立的形式存在。

2）电梯为钢柱加钢梁的形式组合而成，并用轻质砖进行填充，电梯与原有建筑通过钢楼板连接，创造新的空间，对建筑内部空间加以利用的同时，增加建筑的整体性，同时在消防间距不满足的情况下，利用此种方式可以将几个建筑合并为一个建筑，来达到满足防火间距的要求（图 5-59、图 5-60）。

外部加建楼梯的方式在建筑中有所体现（图 5-61），直跑梯直接位于建筑外侧，梯段为钢结构，踏步面层用细石混凝土，连廊为压型钢板组合楼板及钢筋混凝土制成。

(a) 建筑5-7外部加建楼梯　　　　　　　　(b) 建筑4-3外部加建楼梯

图 5-58　建筑 5-7 外部加建楼梯图

原有建筑平面

改造后建筑平面
新增电梯及楼板

图 5-59　建筑组群 8-1、8-2、8-3 首层改造前后

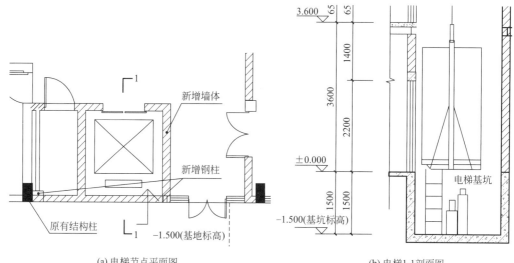

(a) 电梯节点平面图　　　　　　　　　　(b) 电梯1-1剖面图

图 5-60　加建电梯节点大样

(a) 建筑新增外部楼梯　　　　　　　　　　(b) 建筑新增外部连廊

图 5-61　建筑新增外部楼梯、连廊图

5.4　基础设施优化研究

5.4.1　无障碍及适老化设计

无障碍设计在既有建筑的改造中较为重要，是为了方便残疾人、老年人、病人等安全通行而进行的各类工程设计，其中包含无障碍车位、无障碍卫生间及电梯、坡道等。鳡鱼洲内建筑由厂房等工业建筑转换为商业建筑、展览建筑，需增加无障碍及适老化设备，提升园区的舒适性和便捷性。以下分别对几种无障碍设施进行描述。

（1）无障碍电梯

既有建筑的改造中，垂直交通的改造是重要部分，本工程改造类建筑 4-4、5-1、5-7、5-8、8-1、8-2、8-3 设有电梯，新建建筑 10-1、10-3 设电梯，其余部分建筑如厂房、车间为单层建筑，不需设置电梯，仅在出入口处设置无障碍通道。园区内的电梯均可作无障碍电梯使用。

（2）无障碍坡道

鲢鱼洲原有工业建筑缺乏无障碍坡道，大部分仓库采用台阶和陡坡解决室内外高差，由于原有的运货坡道不满足现有无障碍需求，因此，在原有建筑中，保留原有建筑形态的基础上，在紧邻建筑一侧新增无障碍坡道设施（图 5-62）。

(a) 建筑6-1　　　　　　　　(b) 残疾人坡道　　　　　　　(c) 残疾人坡道

图 5-62　无障碍设施

（3）其他

除了上述无障碍设施之外，建筑的公共通道、入口等处均做地面防滑处理，有小高差处均设缓坡过渡段；室外停车位、人行道、公共绿地、活动场所等均设相应无障碍设施；鲢鱼洲低、多层建筑中每层均设置了无障碍卫生间。

5.4.2　消防安全提升

鲢鱼洲既有工业建筑功能性改造，为改造后建筑满足当前消防相关规范要求，主要从合理设置消防设施方面对鲢鱼洲既有工业建筑消防安全进行提升改造，在新建给水排水系统基础上，项目消防安全提升包含 50 栋单层或多层公共建筑，1 栋二类高层公共建筑，1 栋消防水池，最大消防高度为 27.05m，最大层数为 7 层，体积≥2 万 m³。

（1）新建消防系统主要内容

1）本项目采用区域集中消防给水系统，消防泵房水池设于 10-4 消防水池，供应整个小区的室内消防用水。初期消防用水来自 5-1 仓筒展览楼屋面水箱，水池箱底标高为 31.0m。

2）室外消火栓给水系统：室外消火栓系统采用临时加压供水系统供给，在小区室外给水环形干管上设置室外消火栓，形成室外消防系统。消火栓间距不大于 120m。

3）室内消火栓给水系统：采用临时加压消火栓给水系统。

4）室内自动喷淋给水系统：采用临时加压自动喷淋给水系统。

5）室内消火栓系统；自动喷水灭火系统；建筑灭火器配置；低压房、柴油发电机房、高压房、储油间设气体灭火系统。

（2）常规消防给水工程设计

1）设计用水量：

① 室外消火栓给水系统用水量：40L/s（按整个项目考虑）；

② 室内消火栓给水系统用水量：15～25L/s；火灾延续时间：2h；

③ 闭式自动喷淋给水系统用水量：30L/s；火灾延续时间：1h；火灾危险等级：商业按中危险级（I级）；住宅按轻危险级；车库按中危险级（II级）；喷水强度：6L/min·m；作用面积 $160m^2$；喷头工作压力：0.10MPa。

2）管材与接口形式：

① 消火栓给水系统：DN≤50采用内外壁热浸镀锌钢管，螺纹丝扣连接；DN＞50采用内外壁热浸镀锌钢管，沟槽连接件（卡箍）连接、法兰连接。系统工作压力小于1.2MPa时，采用热浸镀锌钢管。系统工作压力大于1.2MPa小于等于1.6MPa时，采用热浸镀锌加厚钢管。系统工作压力大于1.6MPa时，采用热浸镀锌无缝钢管；

② 自动喷水灭火系统：采用内外壁热浸镀锌钢管，DN＞50采用沟槽连接件（卡箍）连接，DN≤50采用螺纹丝扣连接。系统工作压力小于1.2MPa时，采用热浸镀锌钢管。系统工作压力大于1.2MPa小于等于1.6MPa时，采用热浸镀锌加厚钢管。

3）消防管道试验压力：

① 消火栓给水系统：本项目消火栓系统试验压力为1.40MPa；

② 自动喷水灭火系统：本项目试验压力为1.40MPa。

4）消防箱：

① 单栓消防箱内的配备要求：

a. 室内消火栓一个，口径Φ65（薄型消防箱栓口采用旋转型单阀单出口室内消火栓）。

b. 直流水枪1支，规格为：Φ65×19。

c. 消防龙带：材质用衬胶。口径Φ65。长度及条数：25m长配一条。

d. 消防软管卷盘一套，栓口直径Φ25，胶管内径⊘19，水枪喷嘴直径Φ6，管长 $L=30m$。

e. 地下室消防箱采用薄型单栓带消防软管卷盘组合式消防柜。

② 消防箱内选型及安装

a. 室内单栓消火栓箱：箱体尺寸（高×宽×厚）为800mm×650mm×200mm，详见15S202-12，暗装时留洞尺寸：1050mm×700mm×200mm，洞底距地面730mm。

b. 带灭火器卷盘组合式单栓消火栓箱，箱体尺寸（高×宽×厚）1800mm×700mm×200mm。暗装时留洞尺寸：1830mm×730mm×200mm，洞底距地面85mm。

c. 带卷盘单栓消火栓箱，箱体尺寸（高×宽×厚）1000mm×700mm×200mm，暗装时留洞尺寸：1250mm×730mm×200mm，洞底距地面730mm。

d. 采用薄型消火栓箱时栓口采用SNZ65旋转型单阀单出口室内消火栓。

e. 暗装在防火墙上的消火栓箱，其预留洞口后剩余砖墙、混凝土墙厚不应小于100mm。

5）消防箱安装：①明装；②暗装；③埋墙半明装；④消防报警按钮。

6）消防水池储备消防水量不小于 $594m^3$，设于区内10-4消防水池。5-1仓筒展览楼设有消防水箱，有效容积均为 18m³，水箱底标高为 31.0m。屋面水池（箱）进水由水位继电器控制电动阀启闭。

7）消火栓栓口处压力超过 50M 水柱时，应在消火栓配水短管处设孔板减压。

8）闭式系统的喷头，其公称动作温度：厨房 $T=93℃$，吊顶内 $T=79℃$，其余处 $T=68℃$。

9）地上式水泵接合器：（接合器型号、数量、位置详见室外给水总平面图）按国标图集 99S203-11～13 施工。

10）自动喷洒管道水平安装时宜有 0.002 的坡度坡向泄水装置。

11）高层建筑消防给水系统采用防超压措施：

① 多台水泵并联运行。

② 选用流量-扬程曲线平的消防水泵。

③ 提高管道和附件承压能力。

④ 设置安全阀或其他减压装置。

⑤ 设置回流管泄压。

⑥ 减少竖向分区给水压力值。

⑦ 合理布置消防给水系统。

12）建筑灭火器配置：

灭火器配置场所的火灾种类：A 类；

火灾危险等级：中危险级。

灭火器的最低配置基准：2A.55B（中危险级）。

手提式灭火器最大保护距离：轻危险级：A 类：25m；B 类：15m；中危险级：A 类：20m；B 类：12m，严重危险级：A 类：15m。

灭火剂充装量：4.0kg（中危险级）。

灭火器的选择：采用手提式磷酸铵盐干粉灭火器。

13）室外消火栓设计：

室外消火栓给水系统设置环状管网。环状管网设置有 2 条室外消防加压泵出水管 DN200 接入该环管，室外消火栓的间距不超过 120m，水泵接合器 40m 范围内设置有室外消火栓。

14）所有消防产品均应为消防主管部门认可的合格产品。

15）消防水泵出水干管上设置的压力开关、高位消防水箱出水管上的流量开关，或报警阀压力开关等开关信号应能直接自动启动，或在水泵房就地手动启动，不宜由消火栓箱内按钮直接启动。消防水泵不应设置自动停泵的控制功能，停泵应由具有管理权限的工作人员根据火灾扑救情况确定。消防水泵应能手动启停和自动启动。

16）设备及管道的抗震设计要求：

① 本工程消防给水管道设计安装应与建筑物的抗震设防等级相匹配，满足抗震规范的要求。

② 室内管道支架及吊架安装做法见《室内管道支架及吊架》03S402，管卡应固定在楼板或承重结构上。各种管道安装时支架间距按相应施工及验收规范或规程执行。

③ 需要设防的消防管道管径大于或等于 DN65 的水平管道，当其采用吊架、支架或

托架固定时，应按《建筑机电工程抗震设计规范》GB 50981—2014 第 8 章的要求设置抗震支承。室内自动喷水灭火系统和气体灭火系统等消防系统还应按相关施工及验收规范的要求设置防晃支架；管段设置抗震支架与防晃支架重合处，可只设抗震支承。

17）有关地下室的管道，需要做防护密闭处理，相关要求如下（图 5-63～图 5-65）：

① 与防空地下室无关的管道不宜穿过围护结构；上部建筑的生活污水管，雨水管，燃气管不得进入防空地下室；

② 穿过防空地下室顶板，临空墙和门框墙的管道，其公称直径不宜大于 150mm；

③ 凡进入防空地下室的管道及其穿过的围护结构，均应采取防护密闭措施。

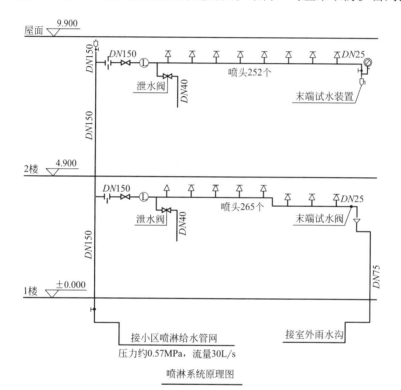

喷淋系统原理图

喷淋系统说明：1.本工程属于中危一级，喷淋用水量为30L/s，火灾延续时间为1h。
天雨消防水箱位于屋面，消防水箱容积不少于18m³。
2.喷淋加压泵：XBD9.4/40G—FLG　二台（一用一备）。
消防水源来自消防水池，消防贮水量594m³。
3.末端试水装置安装见04S206第76页。

图 5-63　典型喷淋系统布置及原理图

（3）HFC-227 自动灭火系统设计

1）设计内容

① 对本项目专高压房、专变低压房、发电机房、储油间进行 HFC-227ea 自动灭火系统工程设计。

② 设计采用七氟丙烷预制无管网灭火装置（图 5-67）。

2）设计条件

① 保护区的有关参数：见表 5-1。

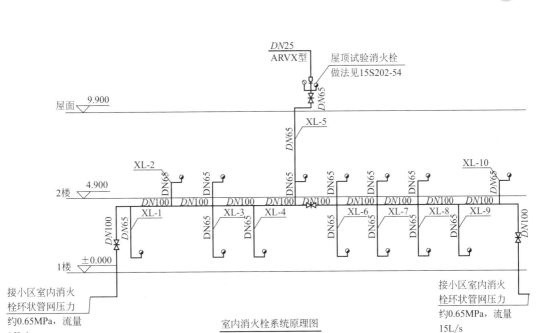

室内消火栓系统原理图

1. 消火栓的安装详见15S202，接单栓的支管均为DN65。
2. 各消防箱设置点应有永久性固定标识。
3. 消防管道上的阀门应保持常开，并应有明显的启闭标志。
4. 首层～二层消火栓采用减压稳压消火栓，减压后压力不超过0.35MPa。
5. 消火栓加压泵：XBD9.4/25G-FLG　二台(一用一备)。
　消防水源来自消防水池，消防贮水量594m³

图 5-64　典型室内消火栓系统布置及原理图

图 5-65　新布置消防设备实物图

保护区参数表   表 5-1

序号	防护区名称	高度 H(m)	面积 S(m²)	容积 V(m³)	修正系数 K	过热蒸汽比容 S(m³/kg)	设计浓度 (%)	设计用量 (kg)	泄压口面积 Fₓ(m²)	实际用量 (kg)	所需钢瓶数 (个)	单瓶充装量 (kg)	喷放时间 t(s)	浸渍时间 T(min)	储瓶型号	额外增压压力 (MPa)
1	2号高压配电房	5.9	34.49	203.49	1	0.137	9	146.89	≥0.04	160	1	90	≤10	≥10	90L	2.5
2	专变2低压房	5.9	136.67	306.35	1	0.137	9	582.10	≥0.14	630	6	120	≤10	≥10	120L	2.5
3	发电机房	5.9	41.58	245.32	1	0.137	9	177.09	≥0.08	186	2	120	≤10	≥10	120L	2.5
4	储油室	5.9	4.17	24.60	1	0.137	9	17.76	≥0.01	19	1	40	≤10	≥10	40L	2.5

② 各保护区采用全淹没无管网灭火系统保护。

③ 保护区为独立封闭空间。

④ 保护区平时环境温度与自然环境温度相同。

⑤ HFC-227灭火系统装置（图5-66）设置在对应保护区内。

3）灭火方式

① 本设计采用全淹没灭火系统设计的灭火方式，即在规定的时间内，喷射一定浓度的七氟丙烷灭火剂，并使其均匀地充满整个保护区，此时能将在其区域里任一部位发生的火灾扑灭。

② 灭火系统的控制方式为自动、手动二种。即在有人工作或值班时，应采用电气手动控制，在无人的情况下，应采用自动控制方式。自动、手动控制方式的转换可在灭火控制器上实现（在保护区的门外设置手动控制盒，手动控制盒内设有紧急停止与紧急启动按钮）自动喷放前沿时状态，30s后控制器启动喷放装置。自动状态下，保护区内温感与烟感都报警后，灭火控制器进入自动喷放前沿时状态，30s后控制器启动喷放装置。同一防护区内的预制灭火系统装置多于1台时，必须能同时启动，其动作响应时差不得大于2s。

4）保护区的要求：

① 保护区必须为独立区域。

② 保护区的耐火极限>0.5h，耐压强度>1200Pa。

③ 防护区应设置泄压口，七氟丙烷灭火系统的泄压口应位于防护区净高的2/3以上。

④ 保护区的通风系统在喷放七氟丙烷灭火剂前应关闭，并设置防火阀门。

⑤ 喷放七氟丙烷前，必须切断可燃、助燃气体的气源，并停止一切影响灭火效果的设备。

⑥ 保护区的门必须采用自动防火门，保证在任何情况下均能从保护区内打开，延时时间为30s。

5）在保护区外设置气体释放信号标志，保护区内设置声光报警器。

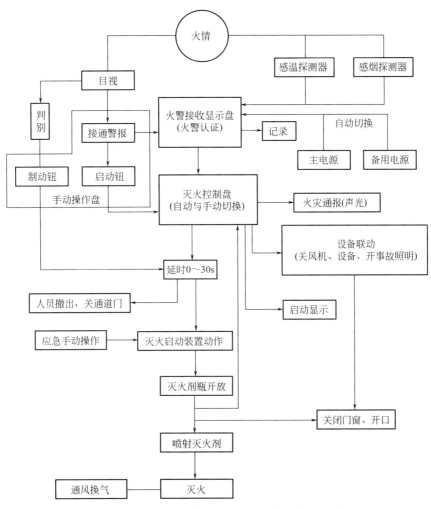

图 5-66　HFC-227 自动灭火系统工作程序方框图

6）为保证人员的安全撤离，在释放灭火剂前，应发出火灾报警。

7）为保证灭火的可靠性，在灭火系统释放灭火剂之前或同时，应保证必要的联动操作，即灭火系统在发出灭火指令时，由控制系统发出联动指令，切断电源，关闭或停止一切影响灭火效果的设备。

8）地下防护区及设固定窗的地上防护区应设机械排风装置，排风口宜设在防护区下部并应直通室外。释放灭火剂后，应将废气排尽后，人员方可进入进行检修。

9）本灭火系统瓶组，设置在独立的保护区房间内，耐火等级不低于 2 级，室温为 0～50℃，并保持干燥通风，灭火剂储瓶避免阳光照射。

10）灭火系统的使用环境温度为 0～50℃。

11）标志。在保护区附近，应设置警告牌，警告牌上包括以下内容："在报警时或释放七氟丙烷灭火剂时，应立即撤离该地区""在彻底通风前，请不要进入该地区"。

（4）改造区内消防通道设置

根据鳡鱼洲既有工业建筑改造项目的需要，设置可几乎涵盖整个区域的消防通道，消

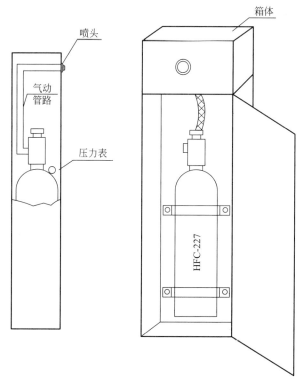

图 5-67　柜式七氟丙烷灭火装置示意图

防通道宽 4m，并设置消防回车场地和扑救场地，实现了在火灾出现时，专业消防队伍及时进入火灾现场进行灭火及救援，有效地保障园区的消防安全（图 5-68）。

（5）改造区内消防间距调整

鲢鱼洲现有建筑原为 1974～1998 年新建的工业建筑，现功能均为民用建筑，根据《建筑设计防火规范》GB 50016-2014 中对民用建筑的防火间距的规定，一、二级民用建筑之间的防火间距为 6m，由于原有厂房生产加工原料均为常温下使用或加工不燃烧物质的生产，因此定义为戊类厂房和仓库。以下为建筑防火间距的要求（表 5-2）。

防火间距要求 表 5-2

时间	标准规范《建筑设计防火规范》	防火间距要求					
		厂房间	仓库间	高层民用建筑与其他民用建筑（均为一、二级）	其他民用建筑间（均为一、二级）	民用与厂房或仓库间	消防车道
		（二级丁戊类间）					
2006.7	GB 50016-2006	8～10（戊类间为8）	8～10（戊类间为8）	9	6	6	环形消防车道
2014.8	GB 50016-2014	8～10（戊类间为8）	8～10（戊类间为8）	9	6	10	环形消防车道

图 5-68　消防通道平面布置图

从表 5-2 中可以看到，现有规范对民用建筑的防火间距有明确要求，鲫鱼洲原有建筑间的距离大都不满足现有规范，对此，主要采取以下的措施来满足防火规范要求：

1）对园区进行整体规划，拆除部分价值不大的建筑来增大建筑间的间距。

2）将原有不满足防火间距的几栋建筑连为一个整体，当作一个建筑来处理，能解决单体建筑间防火间距不够的问题。

3）对建筑自身的部分构件进行拆除。

4）对建筑的门窗进行封堵，形成新的防火墙，以减少建筑间距（图 5-69）。

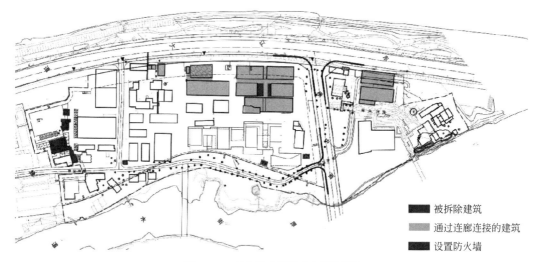

被拆除建筑
通过连廊连接的建筑
设置防火墙

图 5-69　改造后建筑防火间距情况

本章参考文献

[1] 王建国. 后工业时代产业建筑遗产保护更新 [M]. 北京：中国建筑工业出版社，2008.

[2] 李慧民. 旧工业建筑的保护与利用 [M]. 北京：中国建筑工业出版社，2015.

[3] 徐荣，何湘，周星等. 鲮鱼洲文化创意产业园施工图 [Z]. 东莞：广东华方工程设计有限公司，2019.

[4] 建筑设计防火规范 GB 50016—2014 [M]. 北京：中国计划出版社，2015.

[5] 关于《东莞鲮鱼洲历史地段保护规划》的批后公告 [EB/OL]. http：//121.10.6.230/dggsweb/DGGSASP/Article _ Show. asp？ArticleID＝5201.

[6]《东莞鲮鱼洲历史地段保护规划》公示：近期重点开发中部和北部 [EB/OL]. http：//news. sina. com. cn/c/2019-02-26/doc-ihsxncvf7815513. shtml.

第6章 既有工业建筑鉴定与评价分析

6.1 技术背景

伴随着国家大力推进旧城、老旧小区改造、既有工业建筑活化提升等工程，既有建筑的加固改造越来越受关注，其中很大部分结构涉及早期建设的混凝土结构或砖混结构。建筑在大修、改变用途、改造、加层或扩建前，为评定既有建筑结构的性能，应进行既有结构性能的检测，然而该部分结构受当时技术、材料及施工条件的制约，很大部分结构经过长时间的服役，均存在材料老化、结构受损等问题，无法满足结构安全性及可靠性要求，且受限于现有规范对既有老旧建筑相关鉴定检测的内容仍未完整，不具备良好操作性。如何为既有建筑的评定提供真实、可靠、有效的数据和检测结论，成为改造项目建造与运营的前置性问题。

常见的检测内容有结构的几何参数、材料的实际性能、构件的裂缝、变形、结构的力学特性、地基的稳定性等，考虑本研究对象应具体有针对性、研究成果的通用性、可借鉴性和研究案例结构样本量，本章仅从材料实际性能中的混凝土强度进行探讨研究。

6.2 鳒鱼洲既有工业建筑基本情况

本次的研究对象为鳒鱼洲保护范围内的共53座既有建筑物和构筑物，包括38栋旧工业建筑（6处历史建筑、5处Ⅰ类建筑、7处Ⅱ-A类建筑、21处Ⅱ-B类建筑），建筑投入使用时间多为20世纪80年代前后期。从建筑群所处气候环境特点来说，鳒鱼洲园区建筑位于东莞地域内，受热带、亚热带季风海洋性气候影响，具有"湿、热、风、雨"特征。从建筑功能来说，鳒鱼洲工业建筑园区建筑功能主要为从事工业生产活动的房屋，包括工业生产的厂房，以及用来保障生产正常进行的其他建筑物和构筑物，比如办公楼、宿舍楼、仓库、动力站、设备房、管理用房、生活用房、水塔等，因种种原因失去原有生产功能，现在处于废弃或闲置状态，即为大量存在的工业遗存。由于使用环境及使用功能的特殊性，旧工业建筑长期受到动荷载、高温、高腐蚀等恶劣因素的影响，其结构性能发生衰变甚至部分功能丧失。相关建筑基本情况，如表6-1所示。

鳑鱼洲既有工业建筑基本情况　　　　　　　　表 6-1

编号	单位名称	启用时间	房屋用途	结构类型	编号	单位名称	启用时间	房屋用途	结构类型
1-1	粮油进出口公司	1974 年	厂房和宿舍楼	钢筋混凝土	6-1	东莞市粮食制品厂	1994 年	仓库	钢筋混凝土
1-2			仓库	钢筋混凝土	6-2			仓库	钢筋混凝土
1-3			仓库	钢筋混凝土	6-3			厂房车间	钢筋混凝土
1-4			办公楼	钢筋混凝土	6-4			厂房车间	钢筋混凝土
1-5			宿舍	砌体	6-5			仓库	钢筋混凝土
1-6			办公楼	砖混	6-6			门卫室	砌体
1-7			厕所	砌体	7-1	东莞市花生食品厂	1988 年	厂房车间	钢筋混凝土
2-1	东莞面粉公司	1985 年	宿舍楼	钢筋混凝土	7-2			宿舍楼	钢筋混凝土
2-2			亭子	钢筋混凝土	7-3	东莞市粮食制品厂	1994 年	办公楼	钢筋混凝土
2-3			门楼	砌体	7-4			厂房车间	钢筋混凝土
2-4			仓库	钢筋混凝土	7-5			仓库	砖混
3-1	粤东米面制品厂	1988 年	宿舍楼	钢筋混凝土	7-6			厂房车间	钢筋混凝土
3-2			仓库	钢筋混凝土	7-7			仓库	砌体
3-3			宿舍楼	钢筋混凝土	7-8			仓库	砌体
3-4			仓库	钢筋混凝土	8-1	广东浓缩预混饲料厂	1988 年	办公楼	钢筋混凝土
3-5			仓库	钢筋混凝土	8-2			宿舍楼	钢筋混凝土
3-6			厂房车间	钢筋混凝土	8-3			宿舍楼	钢筋混凝土
4-1	东莞市双八食品厂	1993 年	厂房车间	钢筋混凝土	8-4			厂房车间	钢筋混凝土
4-2			办公楼和宿舍	钢筋混凝土	8-5			厂房车间	钢筋混凝土
4-3			仓库	钢筋混凝土	8-6			厂房车间	钢筋混凝土
4-4			厂房车间	钢筋混凝土	5-5	东泰饲料厂	1986 年	锅炉房	钢筋混凝土
5-1	东泰饲料厂	1986 年	仓库(筒仓)	钢筋混凝土	5-6			实验室	砖混
5-2			烟囱	砌体	5-7			宿舍楼	钢筋混凝土
5-3			锅炉房	钢筋混凝土	5-8			宿舍楼(宾馆)	钢筋混凝土
5-4			锅炉房	钢筋混凝土	5-9			办公楼	钢筋混凝土

6.3　混凝土强度检测数据统计分析

对旧工业建筑进行结构安全鉴定是其改造利用的基础，为投资决策者提供了技术依据。不同于民用建筑的结构安全鉴定，旧工业厂房由于自身结构特点如开间大、跨度大、结构构件形式单一、荷载传递线路明确、部分具有历史文化价值等因素的影响，对其进行结构安全性检测鉴定要选用适当的统计方法，对检测结果选定要充分考虑其能否改造再利用的影响。

考虑鳑鱼洲工业建筑园区建筑投入使用时间为 20 世纪 80 年代前后期，为同一时期建造的群体建筑，其当时建造质量要求、施工工艺、结构类型等基本相同，因此可把该园区内相同用途的建筑作为检验批。本次检测采用钻芯法检测混凝土材料强度，取样位置选取为受力有代表性的梁柱结构构件进行随机布置，检测建筑为 42 栋（钢筋混凝土和砖混），样本中所包含的个体有效数据达 341 个。根据《钻芯法检测混凝土强度技术规程》CECS 03：2007 和《建筑结构检测技术标准》GB/T 50344—2004 对检测结果分析，相关建筑统计按所属单位（混凝土龄期、施工水平相同）和建筑用途（质量要求、环境相同、荷载情况）分类，如表 6-2 和表 6-3 所示。

按所属单位实测混凝土强度统计分析（MPa）　　　　　　　　表 6-2

编号	平均值	标准差	柱				梁			
			均值	标准差	最大值	最小值	均值	标准差	最大值	最小值
1	27.53	7.32	26.54	5.85	36.85	16.3	28.77	8.87	41.1	9.6
2	27.06	6.57	28.24	7.71	34.7	20	24.70	2.88	27.1	20.6
3	25.02	5.48	25.02	5.18	34.3	17.2	25.02	6.00	36.9	14.5
4	22.47	7.35	21.68	7.15	37.7	12.3	23.57	7.72	35.8	6.9
5	24.60	8.91	22.86	8.18	48.4	14	26.83	9.45	45.8	9.5
6	21.49	6.02	19.12	4.55	26.6	9.2	25.44	6.23	40.2	17.5
7	23.58	7.97	20.39	4.81	29.4	14.9	27.27	9.30	46.6	14
8	25.63	7.37	23.28	5.90	36.1	15	30.03	7.93	47.8	16.8

按建筑用途实测混凝土强度（MPa）　　　　　　　　表 6-3

房屋用途	平均值	标准差	柱		梁	
			均值	标准差	均值	标准差
厂房车间	23.50	6.96	23.10	6.75	24.34	7.48
仓库	24.59	6.55	22.96	5.21	27.23	7.67
办公楼	26.72	8.24	23.01	5.40	31.08	8.91
宿舍楼	24.21	7.19	22.89	6.60	25.82	7.59

按数理统计方法考虑，参考检测批的平均值大小及个值分布，检测结果表明梁、柱构件的混凝土强度质量尚可，考虑到抗压强度推定值偏低对检测结果是偏于安全的，整体复核验算时该园区建筑物的混凝土强度等级可取值为 C20，且认为按所属单位不同楼栋和相同建筑用途不同楼栋的建筑实测混凝土强度测强的影响很小，即相同混凝土龄期和施工水平相同的建筑群的混凝土强度等级是可取同一等级值，同样质量要求、环境相同、荷载情况和用途的建筑群的混凝土强度等级也是可取同一等级值的。同时，我们发现所测承压结构构件的混凝土强度大部分比拉弯构件的混凝土强度要高（图 6-1）。

将图 6-1 中的频率分布直方图与概率论中的典型分布密度曲线进行比较，可以看出近似服从正态分布，经过计算厂房车间的实测强度在区间 [14.1，32.1] 的概率为 95%，仓库的实测强度在区间 [15.7，31.9] 的概率为 95%，办公楼的实测强度在区间 [17.5，33.9] 的概率为 95%，宿舍楼的实测强度在区间 [16.4，34.6] 的概率为 95%。

由于抽样检测必然存在着抽样不确定性，所取混凝土强度等级必然与检验批混凝土强度值的真实值存在偏差，因此给出一个推定区间和确定的推定值更为合理。推定区间是对

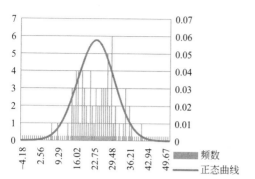

(a) 厂房车间实测强度与频率分布曲线 　　(b) 仓库实测强度与频率分布曲线

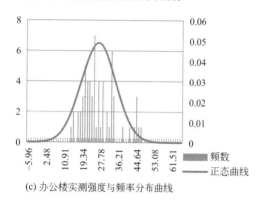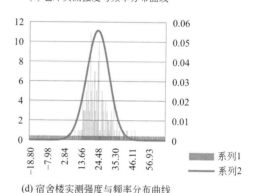

(c) 办公楼实测强度与频率分布曲线 　　(d) 宿舍楼实测强度与频率分布曲线

图 6-1　强度与频率分布曲线

检验批混凝土强度真实值的估计区间，按《建筑工程施工质量验收统一标准》GB 50300 的相关规定，检验批的混凝土强度推定值应计算推定区间，推定区间的上限值和下限值按下列公式计算：

$$上限值：f_{cu,e1} = f_{cu,cor,m} - k_1 S_{cor} \tag{6-1}$$
$$下限值：f_{cu,e2} = f_{cu,cor,m} - k_2 S_{cor} \tag{6-2}$$

式中：$f_{cu,cor,m}$——芯样的混凝土抗压强度平均值；

$\quad\quad f_{cu,e1}$——混凝土抗压强度上限值；

$\quad\quad f_{cu,e2}$——混凝土抗压强度下限值；

$\quad\quad k_1$，k_2——推定区间上限值系数和下限值系数，按规范 CECS 03：2007 附录 B 查得；

$\quad\quad S_{cor}$——芯样试件强度样本的标准差。

推定区间与推定值（MPa）　　　　　　　　　表 6-4

		柱		梁	
		推定区间	推定值	推定区间	推定值
房屋用途	厂房车间	[13.68,9.16]	13.68	[14.62,7.07]	14.62
	仓库	[15.80,11.96]	15.80	[17.25,9.51]	17.25
	办公楼	[15.72,11.25]	15.72	[19.26,11.20]	19.26
	宿舍楼	[13.29,10.06]	13.29	[14.96,10.71]	14.96

续表

		柱		梁	
		推定区间	推定值	推定区间	推定值
所属单位	1	[19.10,12.51]	19.10	[17.35,10.80]	17.35
	2	[18.12,13.51]	18.12	[13.69,5.26]	13.69
	3	[12.53,4.73]	12.53	[13.29,10.06]	13.29
	4	[11.89,4.89]	11.89	[14.15,6.06]	14.15
	5	[13.33,8.20]	13.33	[17.52,10.51]	17.52
	6	[13.40,5.35]	13.40	[15.24,4.37]	15.24
	7	[15.09,11.00]	15.09	[19.67,11.85]	19.67

推定区间与推定值的计算结果如表 6-4 所示，$f_{cu,e1}$，$f_{cu,e2}$ 所构成推定区间的置信度为 0.85，依据《建筑工程施工质量验收统一标准》GB 50300，以 $f_{cu,e1}$ 作为检验批混凝土强度的推定值，其错判概率小于 0.05，漏判概率小于 0.10。由于芯样试件抗压强度值一般不会高出结构混凝土的实际强度，一般略低于实际强度，因此所计算的推定值偏低对于检测结果是偏于安全的。

6.4　回弹法推定混凝土抗压强度研究

目前，混凝土的检测技术主要分为无损检测和损伤检测两种，同时考虑到部分旧工业厂房具有一定的历史文化价值，对建筑的改造再利用要有一定的美观性要求，因此，对旧工业厂房的混凝土结构检测常采用无损检测。

旧工业建筑结构形式大多为混凝土结构，检测的侧重点主要在于保证结构整体的安全性，抗压强度作为反映其安全性能的主要指标，在工程实践中一般采用回弹仪进行数据的测定，而回弹仪对混凝土抗压强度检测时精确度较低，且测区的选定及样本点数的确定依赖民用建筑规范。回弹仪检测得出的混凝土抗压强度仅为表层的混凝土性能，只适用于龄期 14～1000d 自然养护的普通混凝土，因此，回弹法不能用来准确反映旧工业厂房的混凝土抗压强度的检测。

其他检测方法，如局部破损检测方法中钻芯法、拔出法等，虽可修复，但会对结构既有性能有局部和暂时的影响，尤其对于具有历史文化价值，修复难度高，局部破损可能对造成结构性损伤，且单独使用时，所分析的数据离散程度大、不易形成检测报告。采用钻芯法检测并不是最优选择，对旧工业园区承重部位造成损坏，因此也不适用于旧工业园区混凝土结构抗压强度检测。

针对以上不同检测方法优劣，本节以鲱鱼洲项目为依托，对既有工业建筑采用回弹法检测和钻芯法检测进行结构安全性检测，为了能在工程设计时明确给出回弹值与真实值的关系，就需要对回弹法与钻芯法检测的结果建立回归对应关系，以所测数据参数建立模型并进行公式的推导和修正，以利于其他相似项目直接采用回弹法准确地推算混凝土强度值，进而充分考虑其能否改造再利用。

6.4.1 回弹法简介

回弹法是利用回弹仪检测普通混凝土结构构件抗压强度的方法。回弹仪是一种直射锤击式仪器。回弹值的大小反映了与冲击能量有关的回弹能量，而回弹能量显示了混凝土表层硬度与混凝土抗压强度之间的函数关系，反过来说，混凝土强度是以回弹值 R 为变量的函数。在用回弹仪进行测定时，根据重锤打击混凝土表面后的回弹数值来确定混凝土的强度。回弹值与混凝土表面的硬度存在一定的函数关系，而混凝土表面的硬度又因混凝土强度的高低而有不同。混凝土的抗压强度与回弹值、混凝土表面碳化深度有关。回弹法反映混凝土表层的厚度约为 3cm，对测定结果起决定作用的厚度是 1.5cm。因此这种方法不能反映混凝土内部的质量，在使用中有一定局限性，目前仅作为粗略测定短龄期混凝土构件强度的一种简便快速的方法。

6.4.2 混凝土碳化简介

碳化是混凝土中性化的一种形式，是指大气中的 CO_2 不断向混凝土内部扩散，并与其中的碱性物质（主要是 $Ca(OH)_2$）反应的过程。碳化使得混凝土碱性降低，当碳化到达钢筋表面并使钢筋表面的 pH 值降到 10 以下时，钢筋的钝化保护膜开始被溶解；当有水和氧存在时，钢筋开始锈蚀，钢筋锈蚀减小了钢筋的截面积，同时也会影响钢筋与混凝土的粘结力，从而使结构构件的抗力降低。混凝土的碳化深度取决于自然环境中二氧化碳的含量、温度、湿度、混凝土的渗透性、施工养护等条件。因此混凝土本身的抗碳化能力是反映它对钢筋保护能力的指标之一（图 6-2、图 6-3）。

图 6-2 梁局部位置混凝土碳化

图 6-3 混凝土碳化检测

混凝土碳化及钢筋锈蚀现象在既有工业建筑中比较普遍，也比较严重。当碳化深度接近或超过混凝土保护层厚度时，混凝土内的钢筋已锈蚀。混凝土保护层碳化或氯离子侵蚀引发的钢筋锈蚀被称为钢筋混凝土结构的"癌症"，潜伏期长，病发初期没有任何征兆，及至发现混凝土保护层崩落等病害特征时，钢筋锈蚀已处于加速期或破坏期，承载力降低，从而降低结构的安全度，引发结构损害事故的发生。

6.4.3 混凝土碳化深度检测

混凝土碳化使钢筋表面钝化是导致钢筋锈蚀的原因之一，因此碳化深度是大气环境下对混凝土结构锈裂损伤评估的重要参数，也是回弹法检测混凝土强度时必不可少的参数。混凝土碳化深度检测应按《回弹法检测混凝土抗压强度技术规程》JGJ/T 23—2001 的有关规定：以 1g 酚酞溶解 50ml 酒精中，加水稀释到 100ml 作为指示液，滴在孔洞内壁边缘处。当已碳化与未碳化界线清楚时，用深度测量工具（游标卡尺或钢卷尺）测量已碳化与未碳化混凝土交界面（不变色边缘）到混凝土表面的垂直距离多次，取其平均值，该距离即为该测孔混凝土碳化深度值。

6.4.4 回弹法推定混凝土抗压强度换算模型的建立

虽国家现行有关标准对回弹值和混凝土强度间的关系有规定，但是都是针对龄期较短的混凝土结构，而既有工业建筑会由于国家标准、施工水平等客观因素及混凝土表面的碳化程度，间接测试的回弹法方法已经超出了适用范围，间接测试方法测试结果的系统不确定性可采用直接测试方法测试结果对间接测试方法的测试结果进行验证或修正。综合系数只对间接方法测得的混凝土强度进行修正，不修正标准差。因此，可能更适合于既有工业建筑检测回弹法的特点。

将所测的回弹值 R、碳化深度 d 和抗压强度值 f 组成数据组（R，d，f），假设回归估算表达式如式（6-3）所示，利用最小二乘法原理对试验数据组进行回归计算，采用函数形式作为回弹测强回归模型及回归方程。

$$f_{cu, i}^{c} = AR_i - Bd_i + C \tag{6-3}$$

检测完成后，分别对回弹值 R 和抗压强度值 f 中的可疑数值进行剔除，保留试验数据共 354 组。从表 6-5 的组成数据回归分析参数情况可以发现，将所测的回弹值 R、碳化深度 d 和抗压强度值 f 组成数据的回归方程 $f = f(R，d)$，见式（6-4）。

组成数据回归分析参数情况　　　　　　　　　　　表 6-5

参数类型	参数值	参数说明	本研究相关情况
相关系数	0.97	衡量自变量 x 与 y 之间的相关程度的大小	表明它们之间的关系为高度正相关
复测定系数	0.96	说明自变量解释因变量 y 变差的程度	表明用自变量可解释因变量变差的 96%
标准误差	0.43	衡量拟合程度的大小,也用于计算与回归相关的其他统计量	此值越小,说明拟合程度越好
显著性	2.2e4	衡量说该回归方程回归效果显著	显著
常数项 A	1.008	8.74461E-9	远小于显著性水平 0.05,因此该两项的自变量与 f 相关
常数项 B	0.677	8.74461E-12	远小于显著性水平 0.05,因此该两项的自变量与 f 相关
常数项 C	0.2653	0.39	这些项的自变量与因变量不存在相关性,因此该项的回归系数不显著

$$f_{cu, i}^{c} = R_i - \frac{2d_i}{3} \tag{6-4}$$

式中：$f_{cu,i}^{c}$——测区第 i 个测点混凝土强度换算值；

R_i——测区第 i 个测点的回弹值；

d_i——测区第 i 个测点的碳化深度。

6.4.5 计算模型检验

限于篇幅，仅列出东莞市粮食制品厂编号 7-3 办公楼的检验结果，见表 6-6。由表中检验结果可以看出，该既有工业建筑测区的回弹测试值 R，与从构件中钻芯取出的芯样测试值相比有所提高，混凝土抗压强度随碳化深度增加而提高，且碳化的或未碳化的混凝土试件的抗压强度均随着碳化龄期的增长而提高。原因是随着混凝土碳化过程的进行，混凝土中的氢氧化钙逐渐转化为不易溶于水的碳酸钙，使混凝土的空隙率减小，密实度增加，从而使试件的抗压强度增加。从这一点来说，混凝土的碳化对强度是有利的。

东莞市粮食制品厂编号 7-3 办公楼的混凝强度换算检验结果　　表 6-6

编号	回弹值 R （MPa）	碳化厚度 （mm）	钻芯值 $f_{cu,cor}$ （MPa）	换算值 f_{cu}^c （MPa）	$\dfrac{f_{cu,cor}-f_{cu}^c}{f_{cu,cor}}$ 相对误差
1	23.48	4.5	20.5	20.48	0.000976
2	22.78	4.1	19.7	20.05	−0.01777
3	21.88	3.6	19.1	19.48	−0.0199
4	20.35	4.3	17.5	17.48	0.001143
5	24.45	4.5	21.2	21.45	−0.01179
6	24.15	3.6	21.5	21.71	−0.00977
7	20.88	3.3	17.6	18.68	−0.06136
8	17.68	4.4	14.7	14.75	−0.0034

通过换算值与回弹值的比较，可以发现回弹修正采用综合系数的方法，计算既有建筑回弹测试值和芯样测试值之间的相对误差较小，体现出较好的相关关系，因此所建立的一定区域环境下混凝土真实值随无损检测的混凝土回弹值、微损检测碳化深度变化的计算模型具有良好的拟合性。可为构建既有工业建筑质量安全评价指标体系提供依据，同时也为既有建筑鉴定与改造的安全控制和管理提供理论依据。

6.5 既有工业建筑鉴定与评价案例

6.5.1 房屋（5-6）结构安全鉴定

（1）工程概况

东莞市鳒鱼洲文化创意产业园 5-6 的曾用名为"鳒鱼洲工业区活化利用 1.5 级开发项目 5-6"，该房屋建于 20 世纪 80 年代，原设计用途是实验、办公，现状为空置的砖混结构。

目前业主计划对该建筑物进行修缮加固，由于原鉴定的深度不能满足修缮加固设计的要求。于 2019 年 03 月对该房屋进行检测鉴定，主要工作内容为：结构布置测绘以及构件截面测量、构件配筋调查、结构缺陷全面检查及详细测绘、砂浆及砖砌块回弹检测、结构复核计算等工作（图 6-4）。

图 6-4　东莞市鰦鱼洲文化创意产业园 5-6 现状外貌

（2）检查检测

1）结构测绘及构件截面、配筋调查：

对该房屋的结构布置进行详细测绘，选取受力有代表性的结构构件进行局部开凿检查和钢筋扫描检查（图 6-7、图 6-8），房屋结构测绘图和构件截面参数详见图 6-5 和图 6-6。

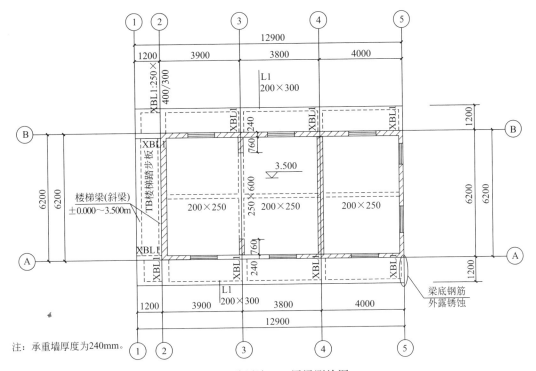

图 6-5　首层墙、二层梁测绘图

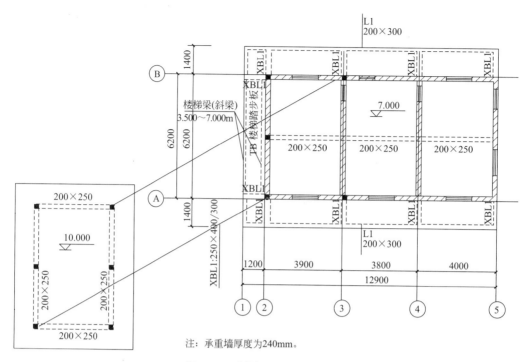

注：承重墙厚度为240mm。

图 6-6 二层墙、屋面梁测绘图

图 6-7 梁钢筋开凿检查

图 6-8 楼板钢筋开凿检查

2）砖砌体的强度检测结果：

砖的抗压强度检测（回弹法）结果   表 6-7

构件编号	检测构件名称	检测部位	检测单元砖抗压强度平均值	标准差	变异系数	抗压强度标准值（MPa）	砖强度等级
1	首层	4×A～B	6.8	1.51	0.22	4.1	＜MU7.5

检测结论：

检测结果表明，砖块的抗压强度质量一般。按非数理统计方法考虑，复核验算时本工程承重墙体的砖块强度取值按检测结果"最低值"考虑。具体如下：

砖：4.1MPa

砂浆的抗压强度检测（回弹法）结果　　　　　　　　　　　　表 6-8

构件编号	检测构件名称	检测部位	测区砂浆强度平均值(mm)	强度推定值(MPa)
1	首层墙	4×A~B	<0.4	—

检测结论：

检测结果表明，砂浆的抗压强度质量一般。按非数理统计方法考虑，复核验算时本工程承重墙体的砖块强度取值按检测结果"最低值"考虑。具体如下：

砂浆：0.3MPa

3）结构缺陷及裂缝调查：

通过对整栋房屋进行全面详细检查，发现如下：

① 部分梁体和楼板存在不同程度钢筋锈蚀、混凝土保护层胀裂。

② 业主擅自在二层④~⑤×Ⓑ轴外侧阳台加建卫生间；分别在二层及屋面的⑤×Ⓐ轴外侧挑梁上加建钢筋混凝土板与 5-9 栋的二层及屋面连通，作为连接通道及雨篷。

③ 阳台栏板、楼梯栏板（局部有损坏）及屋面女儿墙的净高为 0.4~0.8m，低于国家规范的最低安全要求（净高 1.05m）。

④ 多处窗玻璃碎裂或松脱，钢窗的窗框普遍锈蚀，部分门被拆除。以上结构缺陷的测绘图详见图 6-9 和图 6-10。代表性的结构缺陷照片如图 6-11 所示。

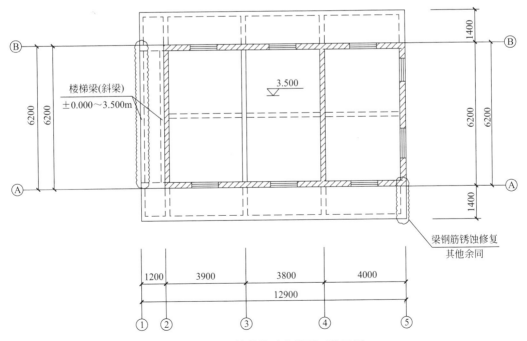

图 6-9　二层结构缺陷修缮平面位置图

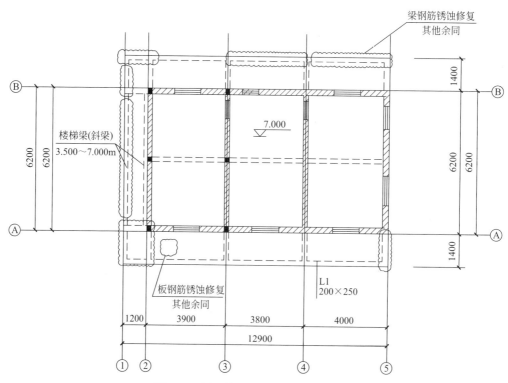

图 6-10　屋面结构缺陷修缮平面位置图

(a) 板钢筋锈蚀外露

(b) 梁体钢筋锈蚀外露

(c) 梁体钢筋锈蚀外露

(d) 与5-9栋之间加建的连廊及雨篷

图 6-11　建筑 5-6 现场图（一）

(e) 阳台加建的卫生间

(f) 高度不足的阳台护栏

(g) 高度不足且局部损坏的楼梯栏板

(h) 高度不足且局部损坏的楼梯栏板

图 6-11　建筑 5-6 现场图（二）

4）房屋整体倾斜测量：

委托具备专业资质的测量单位对现有房屋进行倾斜测量，房屋整体倾斜观测结果如表 6-9 所示。

房屋整体倾斜观测结果　　　　　　　　表 6-9

检测部位	测点高差(m)	最大倾斜量(mm)	最大倾斜率	倾斜方向	测量方式
建筑物的 3 角竖轴和 6 个平面	6.6	37.1	5.62‰		全站仪观测
结论：房屋目前的最大倾斜值为 5.62‰，符合国家规范的倾斜限值要求					

（3）结构计算（图 6-12～图 6-14）

结构计算参数简况　　　　　　　　表 6-10

上部结构类别	砖混结构		基础形式	桩基础
建筑用途	原为实验室、办公室，现状空置			
结构内力计算的参数取值	楼面荷载（标准值）	恒载	3.5kN/m²（含 100 板厚自重）	
		活载	2.5kN/m²	
	屋面荷载（标准值）	恒载	4.0kN/m²（含 100 板厚自重）	
		活载	2.0kN/m²（普通上人屋面）	
	墙体荷载（标准值）		填充墙荷载按现状的墙体分布进行录入	
	基本风压		0.55kN/m²	
	地震信息	设防烈度	6 度	
		抗震等级	四级	

续表

上部结构类别	砖混结构		基础形式	桩基础
构件承载力验算的参数取值	砖块强度等级	首层~二层墙	4.1MPa	
	砂浆强度等级	首层~二层墙	0.3MPa	
	混凝土强度等级	各层梁板	C20	
	钢筋强度 f_y	Ⅰ级	$210N/mm^2$	
		Ⅱ级	$310N/mm^2$	
结构计算分析软件			PKPM-QITI、SATWE	
执行规范			国家 89 系列结构规范	
按原用途荷载和现状填充墙荷载进行结构计算的结果			部分构件的承载力不满足结构安全使用要求,具体详见"四、鉴定结论"的第 5 点	

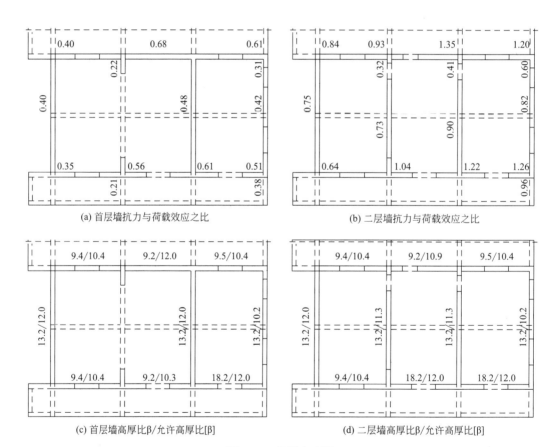

图 6-12 高厚比验算

(4) 鉴定结论

根据调查鉴定结果,可得以下结论:

1) 本房屋为 2 层砖混结构,结构布置、构件截面和钢筋配置基本合理。

2) 砖砌体强度回弹检测结果显示,砖:4.1MPa,砂浆:0.3MPa,砂浆实测强度较差。

3) 倾斜观测:房屋目前的最大倾斜值为 5.62‰,符合国家规范的倾斜限值要求。

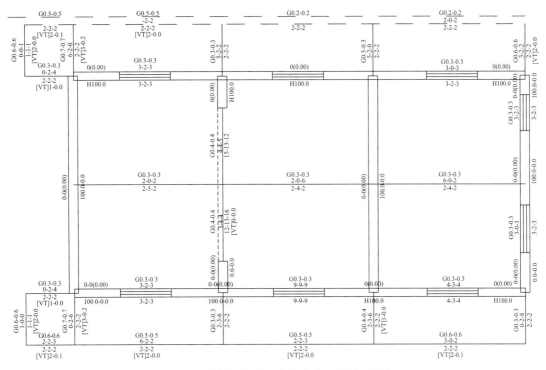

图 6-13　首层混凝土构件配筋及钢构件应力比简图（单位：cm×cm）

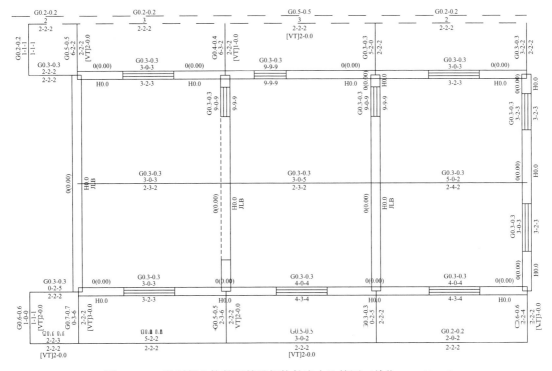

图 6-14　二层混凝土构件配筋及钢构件应力比简图（单位：cm×cm）

4）经全面检查，本房屋存在不同程度的构件钢筋锈蚀外露和其他结构缺陷，具体如下：

① 部分梁体和楼板钢筋锈蚀、外露，应采取处理措施。建议先剔除疏松的混凝土，并对锈蚀钢筋除锈防锈处理（如钢筋截面削弱超过20％时，则需要对钢筋截面进行补偿），然后采用高强环氧树脂砂浆修补截面处理。

② 业主擅自在二层④～⑤×Ⓑ轴外侧阳台加建卫生间，加重阳台悬臂构件的负荷，存在安全隐患，应拆除该处加建的卫生间墙体及楼面垫高层以恢复原阳台功能。

③ 二层及屋面的⑤×Ⓐ轴外侧挑梁上加建钢筋混凝土板与5-9栋的二层及屋面连通，作为连接通道及雨篷，加重悬臂构件的负荷，存在安全隐患，应拆除加建物；若确实需要设置连接通道，可采取轻钢结构。

④ 多处窗玻璃碎裂或松脱，钢窗的窗框普遍锈蚀，部分门被拆除，可按美观性和正常使用性的要求采取修复措施。

⑤ 阳台栏板、楼梯栏板（局部有损坏）及屋面女儿墙的净高约为0.4～0.8m，低于国家规范的最低安全要求（净高1.05m），应采取措施，建议采用铁艺栏杆加高处理。

5）按现状用途荷载和现状填充墙荷载进行结构计算，部分构件的承载力不满足国家规范的安全要求，本栋房屋的结构安全性综合评定为C_{su}级，存在结构安全隐患，应对承载力不足的构件采取加固处理措施，具体如下：

① 对承载力不满足结构安全使用要求的承重砖墙进行加固处理，建议对墙体采取双面挂钢筋网批水泥砂浆进行加固处理。

② 对承载力不满足结构安全使用要求③×Ⓐ～Ⓑ轴二层转换梁进行加固处理，建议采用加大截面加固法进行加固处理。

6.5.2 构筑物（5-2）结构安全鉴定

（1）工程概况

东莞市鳒鱼洲文化创意产业园5-2的曾用名为"鳒鱼洲工业区活化利用1.5级开发项目5-2"，该构筑物建于20世纪80年代，原设计用途是饲料厂烟囱，为高耸砖砌体结构的构筑物，现状已空置多年（图6-15）。

目前业主计划对该构筑物进行修缮加固，2019年3月对该构筑物进行补充检测鉴定，主要补充工作内容为：结构布置测绘以及构件截面测量、结构缺陷全面检查及详细测绘、砂浆及砖砌块回弹检测、结构复核计算等工作。

（2）检查检测

1）结构测绘及构件截面调查：

对该构筑物的结构布置进行详细测绘（图6-17、图6-18），采用全站仪测量烟囱的高度、顶部直径、底部直径，构筑物结构测绘图和构件截面参数详见图6-16。

图6-15 东莞市鳒鱼洲文化创意
产业园5-2现状外貌图

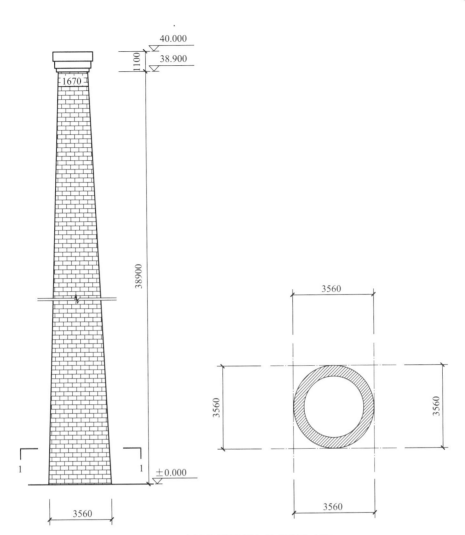

图 6-16　全站仪测量烟囱的高度和直径

图 6-17　全站仪测量烟囱的高度和直径

图 6-18　烟囱壁厚检查

2）砖砌体的强度检测结果（表 6-11）：

砖的抗压强度检测（回弹法）结果 　　　　　　　　　　　　　　表 6-11

构件编号	检测构件名称	检测部位	检测单元砖抗压强度平均值	标准差	变异系数	抗压强度标准值（MPa）	砖强度等级
1	1#	标高 1.0m 处	19.8	4.58	0.23	11.6	MU15
2	2#	标高 1.2m 处	19.5	2.37	0.12	15.2	MU20
3	3#	标高 1.5m 处	18.3	2.43	0.13	14.0	MU20

检测结论：

检测结果表明，砖块的抗压强度质量良好。按非数理统计方法考虑，复核验算时本工程承重墙体的砖块强度取值按检测结果"最低值"考虑，具体如表 6-12 所示。

砖：MU15

砂浆的抗压强度检测（回弹法）结果 　　　　　　　　　　　　　　表 6-12

构件编号	检测构件名称	检测部位	测区砂浆强度平均值（mm）	强度推定值（MPa）
1	1#	标高 1.0m 处	21.3	MU15
2	2#	标高 1.2m 处	22.6	MU15
3	3#	标高 1.5m 处	26.8	MU15

检测结论：

检测结果表明，砂浆的抗压强度质量良好。按非数理统计方法考虑，复核验算时本工程承重墙体的砖块强度取值按检测结果"最低值"考虑。具体如下：

砂浆：M15

3）结构缺陷及裂缝调查：

对该构筑物进行全面详细检查，发现如下：①烟囱顶部杯口位置部分砖砌块存在松动或脱落；②个别砖砌块部分存在表面粉化、损伤；③烟道爬梯存在表面锈蚀、变形松动或脱落；④邻近树木枝条紧贴烟囱生长。（代表性的结构缺陷照片如图 6-19、图 6-20 所示）

图 6-19　顶部杯口位置砖砌块松动脱落　　　　　　图 6-20　爬梯、砌块部分损伤

4）房屋整体倾斜测量：

委托专业资质测量单位对现状构筑物进行倾斜测量（图 6-21），构筑物整体倾斜观测结果如表 6-13 所示。

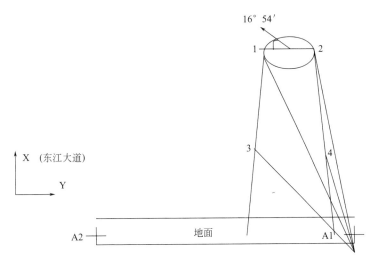

图 6-21 观测点位置示意图

烟囱整体倾斜观测结果 表 6-13

检测部位	角度	测点高差（m）	偏移量（mm）	倾斜率	测量方式
A1	0°00′00″	22.2	24	1.08‰	全站仪观察
A2	90°00′00″	22.2	79	3.56‰	全站仪观察

结论：根据《烟囱工程施工及验收规范》BG 50078-2008 的 5.3.2 条，40m 筒高的烟囱中心线垂直度的允许偏差小于 5‰，本烟囱倾斜观测的竖轴倾斜值为 3.56‰，表明该建筑物竖向垂直度良好。

（3）参照国家现行规范检查检测

参照国家现行规范检查结果 表 6-14

上部结构类别	砖砌体结构	基础形式	/
建筑用途	原设计用途是饲料厂烟囱		
国家建筑标准设计图集 04G211《砖烟囱》	烟囱筒身选型编号符合 40/1.2-0.55-250 型号	筒高	40m
		顶部出口内直径	1.2m
		基本风压	0.55
		烟气温度	250℃
		筒身顶部外半径	840mm
		筒身底部外半径	1840mm
		底部标高 10m 以下壁厚	490mm
《烟囱设计规范》GB 50051-2013	4.1.1 条、4.1.2 条对材料的要求	砖烟囱筒壁宜采用烧结普通黏土砖，且强度等级不应低于 MU10，砂浆强度等级不应低于 M5	本烟囱砖砌体的强度检测结果：砖：MU15，砂浆：M15
《烟囱工程施工及验收规范》BG 50078-2008	5.3.2 条	40m 筒高的烟囱中心线垂直度的允许偏差小于 5‰	本烟囱倾斜观测的竖轴倾斜值小于 5‰，表明该建筑物竖向垂直度良好
参照国家现行规范检查结果	本烟囱基本符合国家现行规范和国家建筑标准设计图集 04G211《砖烟囱》要求，现状基本安全可靠		

（4）鉴定结论

根据原鉴定报告和补充调查鉴定，结论如下：

1）经检测，现状烟囱的高度，截面大小与国家建筑标准图集《砖烟囱图集》04G211 的 40/1.2-0.55-250 型号基本相符。

2）砖砌体的强度回弹检测结果显示，砖：MU15，砂浆：M15，实测强度良好。其砌体结构实测强度可满足国家建筑标准图集第 4.1 条的要求（采用烧结普通黏土砖强度等级 MU10，砂浆强度等级 M5）。

3）倾斜观测：目前本烟囱的最大倾斜值为 3.56‰，现状构筑物整体垂直度良好，符合国家规范安全限值要求。

4）经全面检查，本构筑物存在不同程度的缺陷或安全隐患，具体如下：

① 烟囱顶部杯口位置部分砖砌块存在松动脱落，应对松动砖砌块进行清理，再按原截面尺寸重新砌筑，修复截面；②个别砌块存在表面粉化及损伤，应对砖砌块表面进行耐久性修复，建议对烟囱整体外表面采用聚合物防腐涂料涂刷表面处理；③对紧贴烟囱生长的树木枝条进行适当修剪，以防树干及枝条对烟囱增加推力造成安全隐患；④烟道爬梯存在锈蚀、变形松动或脱落，应采取处理措施。建议参照《砖烟囱图集》04G211 中做法采取处理措施，同时对其他附属设施如避雷装置、航空标志等进行设置。

5）综上所述，本砖砌烟囱的承载力基本满足国家规范的安全要求，本栋构筑物的结构安全性综合评定为 B_{su} 级，基本满足结构安全使用要求，但应按 4）中要求对构筑物现状缺陷进行修缮处理。

6）由于目前该烟囱已废弃使用，根据该构筑物现状，建议今后不再恢复烟囱的实际使用功能，仅作为遗留历史建筑保留。

6.6 小结

通过对东莞市鳒鱼洲保护范围内 20 世纪 80 年代前后共五十多座既有建筑物和构筑物混凝土强度进行试验研究，揭示了岭南湿热环境下，工业建筑的混凝土结构强度的检测修正方法情况。可得出以下结论：

（1）按所属单位不同楼栋和相同建筑用途不同楼栋的建筑实测混凝土强度影响很小，即相同混凝土龄期和施工水平相同的建筑群的混凝土强度等级是可取同一等级值，同样相同质量要求、环境相同、荷载情况和用途的建筑群的混凝土强度等级也是可取同一等级值的。所测承压结构构件的混凝土强度大部分是要比拉弯构件的混凝土强度是要高的。

（2）利用数理统计方法可知，混凝土检测结果是近似服从正态分布，经过计算厂房车间的实测强度在区间 [14.1，32.1] 的概率为 95%，仓库的实测强度在区间 [15.7，31.9] 的概率为 95%，办公楼的实测强度在区间 [17.5，33.9] 的概率为 95%，宿舍楼的实测强度在区间 [16.4，34.6] 的概率为 95%。

（3）既有工业建筑测区的回弹测试值与钻芯芯样测试值相比有所提高，混凝土抗压强度随碳化深度增加而提高，且已碳化的或未碳化的混凝土试件的抗压强度均随着碳化龄期的增长而提高。

（4）既有结构混凝土强度检测可利用回弹法无损检测将材料强度的检测结果用于结构

性能的评定。回弹修正采用综合系数的方法，计算既有建筑回弹测试值和芯样测试值之间相对误差较小和体现出较好的相关关系，因此所建立的一定区域环境下混凝土真实值随无损检测的混凝土回弹值、微损检测的碳化深度变化的计算模型具有良好的拟合性。

本章参考文献

［1］东莞市大业建筑技术咨询有限公司．东莞市鰊鱼洲文化创意产业园房屋结构安全补充鉴定报告．2019.

［2］东莞市大业建筑技术咨询有限公司．东莞市鰊鱼洲文化创意产业园构筑物结构安全补充鉴定报告．2019.

［3］广东省机电建筑设计研究院．鰊鱼洲工业区活化利用1.5级开发项目安全鉴定报告书．2018.

［4］王健．秦皇岛港103♯泊位损坏结构安全性评估及加固的研究［D］．燕山大学，2017.

［5］武乾，何旭东，贾春艳．旧工业厂房结构安全鉴定方法探讨——以西安某旧工业厂房为例［J］．工业安全与环保，2017，43（04）：14-17.

［6］毛延宾．回弹法推定砌体中普通混凝土实心砖抗压强度研究［D］．长沙：湖南大学，2014.

［7］徐咏．回弹法检测非烧结砖砌体工程中砂浆强度的研究［D］．成都：西华大学，2013.

［8］史青芬．高桩码头结构安全性评估［D］．重庆：重庆交通大学，2010.

［9］张璐．在役钢筋混凝土结构的耐久性评估与剩余寿命分析［D］．厦门：华侨大学，2006.

［10］焦莉，张海，刘明．回弹法检测砌体中烧结普通砖抗压强度［J］．沈阳：沈阳建筑大学学报（自然科学版），2004（04）：284-286.

［11］薛丽敏，王景岩，宋晓辉．钻取芯样法检测砖砌体抗压强度的研究［J］．建筑技术，2002（05）：347-348.

［12］建筑结构检测技术标准 GB/T 50344-2019．北京：中国建筑工业出版社，2020.

［13］工业建筑可靠性鉴定标准 GB 50144-2008．北京：中国建筑工业出版社，2009.

［14］混凝土强度检验评定标准 GB 50107-2010．北京：中国建筑工业出版社，2010.

［15］钻芯法检测混凝土强度技术规程 JGJ/T 384-2016．北京：中国建筑工业出版社，2006.

［16］回弹法检测混凝土抗压强度技术规程 JGJ/T 23-2011．北京：中国建筑工业出版社，2011.

第 7 章　鳙鱼洲既有工业建筑结构修复及改建

7.1　修复及改建思路

随着鳙鱼洲的更新改造项目的启动，建筑结构修复与加建成为既有工业建筑更新改造中的重要环节。1974 年至今，不同建成年代与不同结构类型的建筑共存于鳙鱼洲中，这给建筑结构修复与改建带来一定难度，选择合适的修复和改建方法，需要根据建筑物的特性采取针对性的修复与改建措施（图 7-1、图 7-2）。

图 7-1　建筑 3-3 栋修复加固前图

图 7-2　建筑 5-1 栋（历史建筑）修复加固前图

根据现有的鲮鱼洲改造方案，项目定位于文化创意产业园，区域划分为三大功能区：展览区、创意区、文化区。地块内共 6 处建筑被纳入东莞市历史建筑名录，此外还有 33 栋建筑属于Ⅰ、Ⅱ类保护建筑。原有工业建筑群与其他建筑群相比，其高大宽敞的空间特点使鲮鱼洲具有很强的改造升级潜力，但由于年久失修，大部分建筑结构构件存在不同程度的破损，对后续的升级与改造带来一定的困难，亟需对既有工业建筑结构进行针对性的修复与改建，保证更新项目的顺利进行。根据《民用建筑可靠性鉴定标准》GB 50292—2015，本项目主要对各个鉴定单元进行安全性的鉴定分析，划分安全性等级，并提出相应处理对策，划分如表 7-1 所示。

鉴定单元安全性的分级及相应措施　　　　　　　　　　　　　表 7-1

鉴定对象	等级	分级标准	处理决策
鉴定单元	A_{su}	安全性符合本标准对 A_{su} 级的规定,不影响整体承载	可能有极少数一般构件应采取措施
	B_{su}	安全性略低于本标准对 A_{su} 级的规定,尚不显著影响整体承载	可能有极少数构件应采取措施
	C_{su}	安全性不符合本标准对 A_{su} 级的规定,显著影响整体承载	应采取措施,且可能有极少数构件必须及时采取措施
	D_{su}	安全性严重不符合本标准对 A_{su} 级的规定,严重影响整体承载	必须立即采取措施

根据鲮鱼洲的鉴定报告，大部分建筑结构的安全性级别为 B_{su}，相应处理为可能有极少数构件处理；少部分建筑结构的安全性级别为 C_{su}，相应处理为采取措施且可能有极少数构件必须及时采取措施。

考虑上述情况，鲮鱼洲项目的修复与改建过程中，根据鉴定单元的安全性级别以及建筑特点采取合适的修复及改建方法，遵循以下原则：①技术可靠；②安全适用；③经济合理；④确保质量。本项目修复与改建思路如下：

（1）对不影响承载力或损坏程度较轻的构件采用原位修复的方式，尽可能保持原有结构的不变。承载力不满足要求或损坏程度较大的构件采用加固的方式，提高构件的承载力。

（2）改建构件主要采用钢结构体系，钢结构体系具有轻质高强、建设速度快、施工精度高、减少搭设模板及脚手架工程量等特点，能够缩短既有工业建筑改造的工期，施工环保。

（3）根据建筑的改造方案采取针对性措施，对原承载力不足且须加建的部分，采取相应的加建方案，将加建与加固相结合，减少加固工程量，实现加固加建双目的。

7.2　屋面与楼板的修复

鲮鱼洲更新改造项目的屋面与楼板的修复与改建主要分为两大模块，一类是对混凝土屋面及楼面的修复，第二类是对钢结构屋面的修复。本项目中由于栋数较多，为避免施工工艺繁冗，除个别建筑，其余建筑的修复须采取统一标准的修复工艺，对屋面及楼面的修复采取如下措施，如表 7-2 所示。

构件安全性的分级及相应措施 表 7-2

鉴定对象	等级	分级标准	混凝土屋面、楼板	钢结构屋面、楼板
单个构件	a_u	安全性符合本标准对 a_u 级的规定，不影响整体承载	对构件的裂缝、渗水、生锈进行修复	对构件进行除锈、喷漆
	b_u	安全性略低于本标准对 a_u 级的规定，尚不显著影响整体承载	进行碳纤维布加固、增设受力构件进行支撑	进行补焊处理、增设支撑构件保证整体安全
	c_u	安全性不符合本标准对 a_u 级的规定，显著影响整体承载		
	d_u	安全性严重不符合本标准对 a_u 级的规定，严重影响整体承载	拆除或重建	拆除或重建

本项目既有工业建筑的混凝土屋面及楼面总体情况相对良好，大部分楼板受力构件达到承载力的要求，其修复工作的重心为楼板的裂缝、渗水处理、楼板的钢筋防锈蚀处理等，局部承载力不足的楼板构件须进行相应加固及加设受力构件。钢结构修复加固情况，其修复工作的重心为钢结构的锈蚀处理等，同时对轻钢屋架的支撑体系进行相应的修复，增加支撑构件（图 7-3、图 7-4）。

图 7-3 楼板渗水示意图

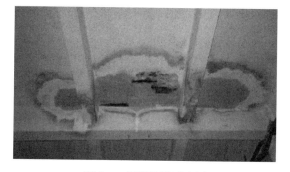

图 7-4 钢筋外露示意图

7.2.1 钢筋混凝土的屋面与楼板的修复

（1）裂缝处理

裂缝的处理可根据裂缝宽度的大小进行确定。当裂缝宽度＜0.3mm 时，采用裂缝封闭处理的施工工艺；当裂缝宽度≥0.3mm 时，采用裂缝化学灌浆施工工艺。

1）封闭处理（裂缝＜0.3mm）的施工工艺如下（图 7-5）：

① 铲除裂缝施工部位楼板表面装饰面层、批荡，将裂缝两侧清理干净。

② 用钢丝刷清除表面松散的混凝土，用压力水清洗裂缝，自然风干后再用脱脂棉蘸丙酮清洗裂缝。

③ 用纯环氧基液涂刷裂缝表面；配制环氧树脂胶泥，涂刷两遍环氧树脂胶泥进行表面封闭。

④ 胶泥经 2～3 天后固化，裂缝封闭结束。

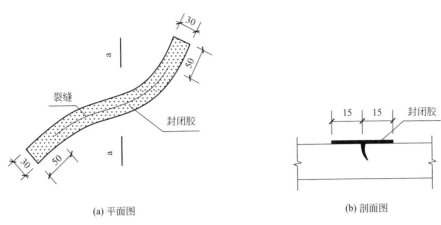

(a) 平面图　　　　　　　　　　　　(b) 剖面图

图 7-5　裂缝表面封闭施工示意图

2) 裂缝化学灌浆施工工艺如下（图 7-6）：

① 将裂缝两侧表面的浮灰、粉尘及污染物彻底清理干净，再用清水刷洗。

② 设置灌浆嘴：在板面裂缝一侧沿裂缝每隔 30～40cm 设置一个灌浆嘴，灌浆嘴底盘周边均匀刮抹改性环氧树脂胶泥裂缝封闭层。

③ 封闭裂缝：在裂缝表面均匀涂抹一层改性环氧树脂浆液作为结合层，然后再刮抹一层约 3mm 厚 5cm 宽的改性环氧树脂胶泥裂缝封闭层。

④ 压力灌浆：待封缝胶泥达到一定强度后（约 3 天），可对裂缝进行压力灌浆：用压力灌浆机对裂缝上预设的灌浆嘴灌注改性环氧树脂浆液，当灌到相邻的灌浆嘴溢浆时即可封闭该灌浆嘴后换灌浆嘴，灌浆压力一般为 0.2～0.5MPa。

⑤ 铲除灌浆嘴：当环氧浆液固化后（约 3 天），将外露的灌浆嘴除去。

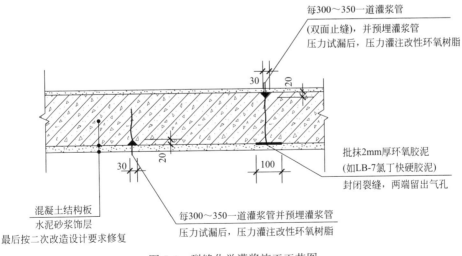

图 7-6　裂缝化学灌浆施工工艺图

（2）渗水处理

楼板渗水化学灌浆：灌浆嘴梅花形布置，竖向和水平间距为 500mm，灌浆修复后再用防水砂浆或防水涂料作表面封闭（图 7-7、图 7-8）。

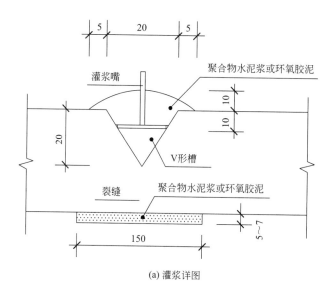

(a) 灌浆详图

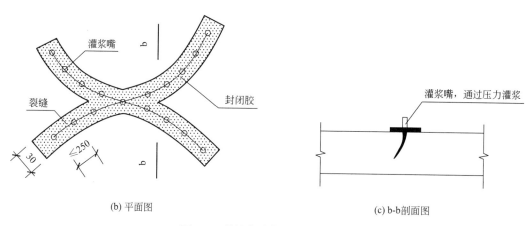

(b) 平面图

(c) b-b剖面图

图 7-7　裂缝化学灌浆施工示意图

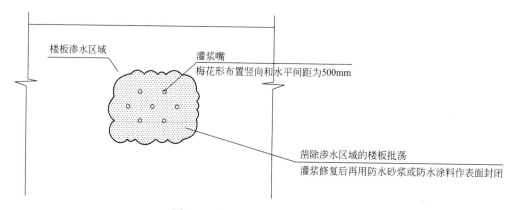

图 7-8　楼板渗水施工工艺示意图

（3）钢筋锈蚀处理

钢筋的锈蚀主要通过增加阻锈剂进行处理，当锈蚀直径大于 10%，需要对钢筋进行附加，采用焊接或搭接的方式增加附加钢筋。

1）增加阻锈剂法（图 7-9）

① 凿除混凝土保护层，直到露出钢筋为止。

② 清洗混凝土界面，用除锈机清除钢筋表面的腐蚀层，采用中德新亚外涂型钢筋阻锈剂（渗透型）刷一遍。

③ 采用掺加一定比例钢筋混凝土阻锈剂以及高性能复合砂浆的高强度防腐砂浆，压抹每层 5～10mm，修复截面，且总厚度不低于 25mm。

④ 加强养护。

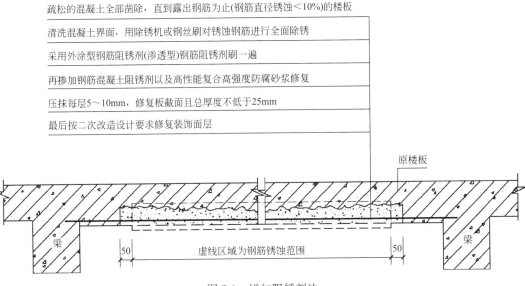

图 7-9　增加阻锈剂法

2）钢筋附加法（图 7-10）

① 凿除混凝土保护层，直到露出钢筋为止。

② 清洗混凝土界面，用除锈机清除钢筋表面的腐蚀层，采用中德新亚外涂型钢筋阻锈剂（渗透型）刷一遍。

③ 对钢筋直径锈蚀≥10% 的钢筋进行附加，增加的钢筋可用焊接或搭接的方法与原钢筋连接，焊接时为 10～12 倍钢筋直径，搭接时为 40～50 倍钢筋直径（需要时也可以通过植筋的方式增加附筋，为施工方便，可以将钢筋分成两段，就位后再焊接）。

④ 在腐蚀严重的钢筋部位绑扎细钢筋网并固定。

⑤ 采用掺加一定比例钢筋混凝土阻锈剂以及高性能复合砂浆的高强度防腐砂浆，压抹每层 5～10mm，修复截面，且总厚度不低于 25mm。

⑥ 加强养护。

3）楼板碳纤维布加固

本项目中部分楼板存在长条纵向裂缝，经鉴定，这些裂缝为非结构性裂缝，暂不影响

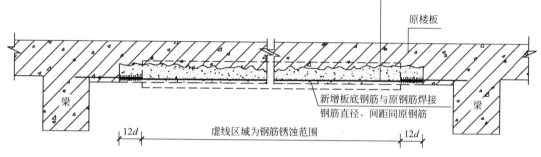

疏松的混凝土全部凿除，直到露出钢筋为止(钢筋直径锈蚀≥10%的楼板)

清洗混凝土界面，采用钢筋阻锈剂(渗透型)钢筋阻锈剂刷一遍

对严重锈蚀的钢筋进行替换：新增钢筋与原钢筋焊接12d，在锈蚀严重的钢筋的部位绑扎细钢筋网并固定

再掺加一定比例阻锈剂以及高性能复合高强度防腐砂浆修复

压抹每层5～10mm，修复板截面且总厚度不低于25mm

最后按二次改造设计要求修复装饰面层

原楼板

新增板底钢筋与原钢筋焊接
钢筋直径、间距同原钢筋

梁

梁

12d

12d

虚线区域为钢筋锈蚀范围

图 7-10　楼板附加钢筋法

结构承载力，但影响结构耐久性和正常使用性，应予以修补处理。对于该类型的裂缝，稳妥起见，本项目对存在该类型纵向裂缝的楼板采用碳纤维布进行加固。

施工步骤：混凝土表面处理→底层树脂配制并涂刷→找平材料配制并对不平整处修复处理→浸渍树脂或粘贴树脂的配制并涂刷→粘贴碳纤维片材→表面防护。

① 表面处理

a. 消除被加固构件表面的剥落、疏松、蜂窝、腐蚀等劣化混凝土，露出混凝土结构层，并用修复材料将表面修复平整。

b. 如有裂缝，对裂缝进行灌缝或封闭处理。

c. 被粘贴混凝土表面应打磨平整，除去表层浮浆、油污等杂质，直至完全露出结构新面。转角粘贴处要进行倒角处理并打磨成圆弧状，圆弧半径不应小于 20mm。

d. 用钢丝刷打毛混凝土基层使其在表面形成许多细微的孔洞，再将混凝土表面清理干净并保持干燥。

e. 用脱脂棉沾丙酮擦拭表面。

② 涂刷底层树脂

a. 按一定比例将主剂与固化剂先后置于容器中，用搅拌器搅拌均匀，根据气温决定用量，并严格控制使用时间。

b. 用滚筒或毛刷将底层树脂均匀涂抹于混凝土表面，厚度不超过 0.4mm，并不得有漏刷或有流淌、气泡，待树脂表面指触干燥后（一般不小于 2 小时）方可进行。

③ 用整平胶料找平

a. 配制整平胶料。

b. 混凝土表面凹陷部位用整平胶料填补平整，模板接头出现高度差的部位应填平，尽量减少高差，且不应有棱角。

c. 转角处应用找平材料修复为光滑的圆弧，半径不小于 20mm。

d. 待找平材料表面指触干燥时即进行下一步工序施工。

④ 粘贴碳纤维片材

a. 按设计要求的尺寸裁剪碳纤维布。

b. 配制浸渍树脂并均匀涂抹于所要粘贴的部位。

c. 用特制的滚筒沿纤维同一方向反复多次滚压，挤除气泡，并使浸渍树脂充分浸透碳纤维布，滚压时不应损伤碳纤维布。

d. 多层粘贴时应重复上述步骤，并宜在纤维表面的浸渍树脂指触干燥后尽快进行下一层粘贴。

e. 应在最后一层碳纤维布的表面均匀涂抹浸渍树脂。

⑤ 表面防护：表面防护要求采用 20mm 厚 1：2.5 的掺改性聚丙烯纤维水泥砂浆保护层（添加比例为 $1.0kg/m^3$）。

4）悬挑楼板的加建

由于悬挑构件与普通构件相比，承载力富余度较低，对于承载能力不足的悬挑板构件，需要进行针对性的加强措施。以建筑 7-3 栋加固方案为例，根据原有房屋的梁板结构布局，增设的梁从室内的梁向室外伸出，从而托住承载力不足的混凝土悬挑板，同时设置短筋插入悬挑板内与悬挑板形成整体，加强其受弯承载力，保证悬挑楼板的承载力（图 7-11～图 7-14）。

图 7-11　悬挑楼板阳台加固前示意图

新增的梁与原有框架梁的连接方式采用植筋的方式连接，如图 7-14 所示，底筋与面筋部分植入梁内，连接长度需满足锚固要求，从而实现新增梁与既有梁的连接，箍筋的设置与悬臂梁箍筋的设置相同，采用全长加密的形式进行加强，保证其抗剪承载力。

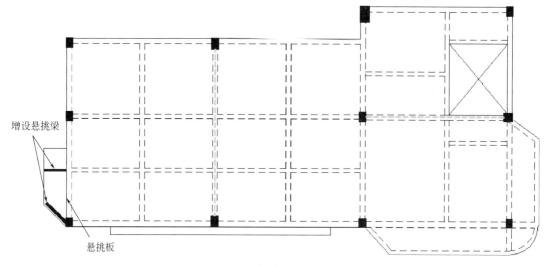

图 7-12 悬挑楼板加固平面图

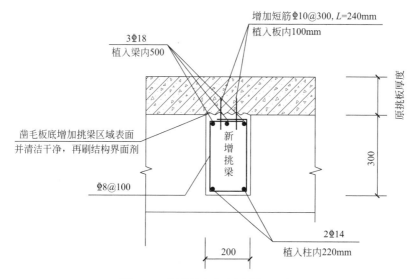

图 7-13 悬挑楼板加固大样立面图

为保证新增梁与被加固楼板能有效地共同工作，采用"凿毛＋短钢筋"的处理形式，主要有以下两个处理方式：混凝土表面处理以及短筋的插筋处理。①混凝土表面处理：所有新旧混凝土交接面处凿毛，凿毛深度约为 10mm，保证凿毛面积占比 90％以上，用清水及钢丝刷将混凝土表面清理干净，用结构界面剂或素混凝土界面剂涂刷于混凝土基面上。②短筋的插筋：用冲击钻钻植筋孔，先用毛刷清孔，再用空压机清理孔内灰尘，按照使用说明配制植筋胶，用植筋枪将胶注入孔内，胶从内向外注射，保证排除孔内空气，使胶灌注饱满，将钢筋插入已注胶的孔并固定，确保植入深度，孔内胶量以插入钢筋后溢出少许为宜。通过上述方式保持新增梁与被加固楼板实现共同受力。

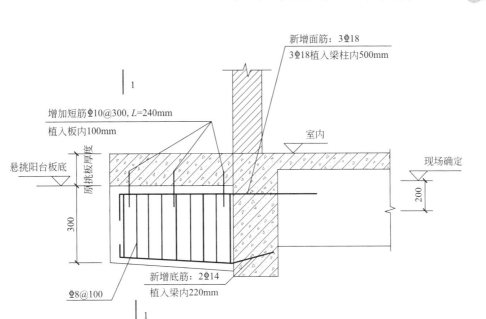

图 7-14　悬挑楼板加固大样侧面图

7.2.2　钢结构的屋面与楼板的修复

由于本项目中的钢结构为轻钢屋架结构，在长期失修的环境下，钢结构屋面存在如下问题：①现状钢屋架、檩条、钢屋面板等钢构件均存在锈蚀；②现状轻钢屋盖的支撑系统不完善，缺少纵向刚性支撑（图 7-15、图 7-16）。

图 7-15　钢屋架锈蚀（一）

图 7-16　钢屋架锈蚀（二）

根据上述钢结构屋面情况，本项目采取以下修复策略：①对出现锈蚀情况的钢构件、支座进行除锈防锈处理；②全面更换屋面板材；③增加支撑系统（水平支撑与刚性支撑）。

1）锈蚀处理（图 7-17）

由于锈蚀部分不影响承载力，故对其进行除锈处理即可。

①除锈：除镀锌构件外，制作前应对钢构件表面进行彻底的除锈、去尘、去污处理，然后手工除锈，除锈质量等级不低于 St3 级，表面粗糙度 $R_z=30\sim75$。

②涂漆：钢材经除锈处理后应立即用刷子或无油无水压缩空气清除灰尘和锈垢喷涂车间保养底漆。钢构件涂以二道醇酸底漆十一道中灰色面漆。防腐底漆采用环氧铁红底涂料两遍，每遍厚度 30；中间漆采用环氧云铁封闭涂料两遍，每遍厚度 35。面漆采用丙烯酸聚氨酯面漆两遍，每遍厚度 35，防腐涂层总厚度为 200。

图 7-17　除锈喷漆后完成图

③ 对在施工中损伤的部位应按上述要求修补，安装螺栓如拆除，孔的四周及孔壁也应按上述要求涂层。

④ 钢结构在使用过程中应定期进行油漆维护。

2）全面更换屋面板材

一般的屋面板材寿命在 8～12 年，本项目中的屋面板材存在严重的老化现象，屋面板材原位的修复存在施工难度大，施工造价成本高，施工周期较长的缺点，故对屋面板材采取更换措施。

① 拆除全部原有屋面板，采用 0.5mm 厚压型彩钢板底板单层屋面彩钢板进行更换。

② 对屋面每个钉孔和板与板接缝处进行补胶防漏处理。如果现场更换屋面板时对檩条造成较大扭曲、损坏时，应对受损檩条按原截面替换（图 7-18）。

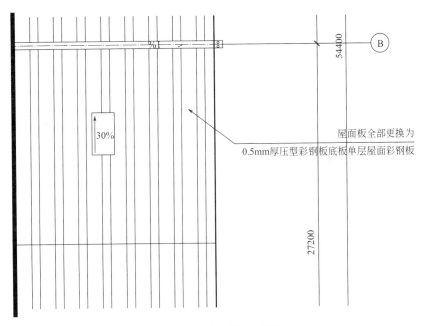

屋面板全部更换为
0.5mm厚压型彩钢板底板单层屋面彩钢板

图 7-18　面板更换示意图

3）增加支撑系统（水平支撑与刚性支撑）

本项目的轻钢屋盖的支撑系统不完善，缺乏纵向支撑，不符合现有钢结构的构造要求，需要对其增加纵向支撑构件，使其保证屋面能形成整体，增强屋面的受力整体性（图 7-19）。

根据上述情况，本项目决定对钢结构的上弦与下弦增加纵向支撑以保证其屋架的整体性，刚性支撑为桁架的形式，材料为：上弦为∟63×5.0，下弦为∟63×5.0，腹杆为∟50×4.0，平面布置图与大样图见图 7-20、图 7-21。

刚性支撑的布置形式，为中间两道纵向通长的桁架支撑，保证其屋架的整体稳定性，同时在钢屋架的纵向两侧端部增设不通长的钢支撑，增强屋架端部的刚度，从而满足轻钢屋面结构的布置要求。

刚性支撑的施工顺序与除锈及更换屋面板顺序相互协调，先进行除锈及拆除屋面面板工作→安装刚性支撑及补焊处理→涂漆修复→安装屋面板。在安装刚性支撑过程中，相关过程预制构件厂预制并进行预拼装，运输至现场吊装，相关工序如下：

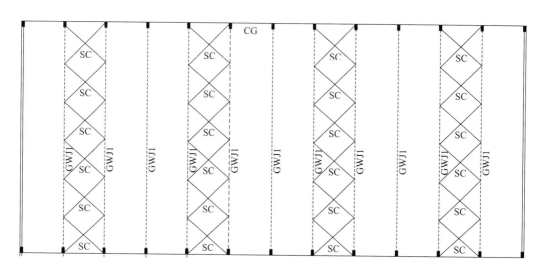

图 7-19　建筑 8-4 改造前结构图

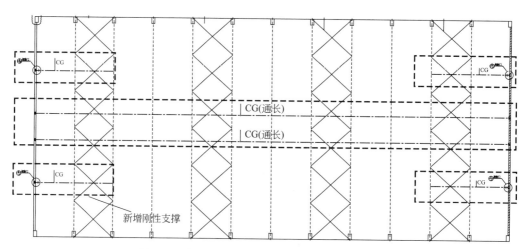

图 7-20　钢屋面 8-4 改造平面图（增加刚性支撑）

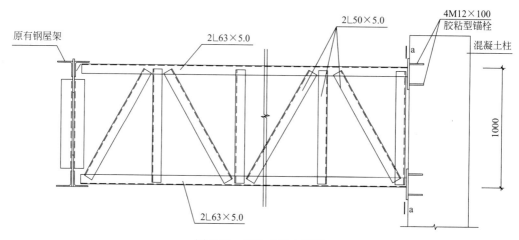

图 7-21　刚性支撑大样图

① 预制构件厂预制并进行预拼装，相关构件运输至指定堆放位置。

② 吊装相关构件至屋架指定位置，安排工人进行焊接处理，高空作业时候必须做好安全保护措施。焊接过程中遵循以下原则：尽量采用对称焊法，使焊接变形和收缩量最小；收缩量大的部分先焊，收缩量小的部分后焊；应使焊接过程加热量平衡；焊接过程应注意清渣，彻底清除焊根缺陷。

③ 完成焊接安装后，对钢结构其他位置进行全面的补焊，施工完成，效果图如图 7-22 所示。

图 7-22　轻钢增加纵向支撑后效果图

7.3　竖向及水平承重构件的修复

7.3.1　钢筋混凝土梁柱的修复

鳒鱼洲更新改造项目的钢筋混凝土梁柱构件的问题主要表现为梁板的裂缝、钢筋锈蚀、框架柱竖向承载力不足、混凝土梁受剪承载力不足等。针对上述情况，除个别建筑，其余建筑的修复采取统一标准的修复工艺，对钢筋混凝土梁柱的修复采取如下策略，如表 7-3 所示。

本项目中钢筋混凝土梁柱情况相对良好，大部分楼板受力构件达到承载力的要求，其修复工作的重心为楼板的裂缝、楼板的钢筋防锈蚀处理等，局部承载力不足的梁柱构件须进行相应加固及加设受力构件。以下将对各个工艺进行描述（图 7-23～图 7-25）。

（1）裂缝处理

梁柱裂缝的处理与楼板的裂缝处理相同，可根据裂缝宽度的大小进行确定。当裂缝宽度＜0.3mm 时，采用裂缝封闭处理的施工工艺；当裂缝宽度≥0.3mm 时，采用裂缝化学灌浆施工工艺。详细工艺情况可见屋面与楼板裂缝处理工艺。

构件安全性的分级及相应处理策略   表 7-3

鉴定对象	等级	分级标准	梁	柱
单个构件	a_u	安全性符合本标准对 a_u 级的规定,不影响整体承载	对构件的裂缝、生锈进行修复	对构件的裂缝、生锈进行修复
	b_u	安全性略低于本标准对 a_u 级的规定,尚不显著影响整体承载	外贴钢板法	增大截面法或外贴钢板法
	c_u	安全性不符合本标准对 a_u 级的规定,显著影响整体承载		
	d_u	安全性严重不符合本标准对 a_u 级的规定,严重影响整体承载	拆除或重建	拆除或重建

图 7-23 柱钢筋外露锈蚀示意图

图 7-24 钢筋外露锈蚀示意图

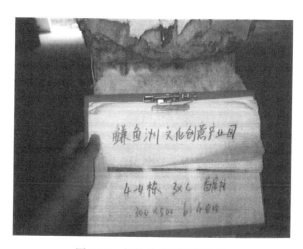

图 7-25 框架柱的鉴定记录图

（2）钢筋锈蚀处理

梁柱钢筋锈蚀的处理与楼板钢筋锈蚀处理相同，钢筋的锈蚀主要通过增加阻锈剂进行处理，当锈蚀直径大于10%，需要采用焊接或搭接的方式增加附加钢筋。详细工艺情况可见屋面与楼板裂缝处理工艺。

（3）梁柱承载力不足处理

梁柱承载力不足的处理方法主要为外粘钢板法以及增大截面法，以下对梁、柱的加固处理方法进行介绍。

1）梁外粘钢板法（图 7-26、图 7-27）

梁承载力不足的情况主要分为两种，一种是受弯承载力不足，另外一种是受剪承载力不足。采用外粘钢加固的钢筋混凝土梁（图 7-26），其受弯截面承载力不足的梁构件，可在受拉面沿构件轴向连续粘贴的加固钢板或角钢延长至支座边缘，设置钢箍板（对梁）或横向钢压条（对板）进行锚固。对于受剪承载力不足的梁构件，其受剪承载力加强可采用粘贴箍板进行加固。其施工流程如下：

① 清除板的表面层至密实的混凝土结构面，对有油污的构件结合面，用洗涤剂和硬毛刷刷干净并用压缩空气吹除粉粒以保证粘贴面的平整度和垂直度。

② 按照设计要求进行钢板下料，并用台钻按照设计要求在钢板上钻孔。

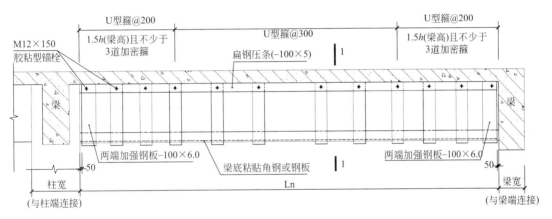

图 7-26　梁外粘钢板法图

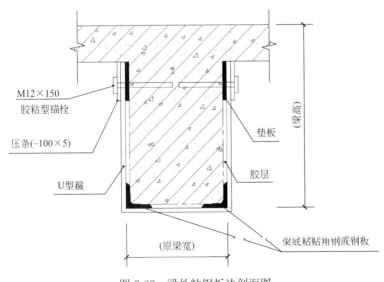

图 7-27　梁外粘钢板法剖面图

③ 采用角磨机将钢板表面钻孔口突起的钢渣磨掉并进行除锈，打磨至出现金属光泽；用角磨机在钢板表面作粗糙处理，打磨纹路与钢板受力方向垂直。

④ 预留植螺栓孔：在梁的正确位置用冲击钻钻孔，用空压机清除因钻孔而残留的灰尘。

⑤ 涂胶粘剂并粘贴钢板：按比例将胶粘剂配好后用抹刀涂在已处理好的混凝土表面和钢板表面上，厚度为 1～3mm，中间厚，边缘薄；将涂好胶粘剂的钢板贴于预定位置，确保粘贴密实厚用膨胀螺栓临时固定并收紧，以使胶液刚从钢板边缝挤出为度。

⑥ 植螺栓：按照植筋要求植梁侧螺栓，植筋胶固化后，拧紧螺栓。

⑦ 型钢表面（包括混凝土表面）应抹厚度不小于 25mm 的 M10 高强度等级水泥砂浆（应加钢丝网防裂）作保护层。

2）柱外粘钢板法

柱承载力不足的情况主要分为两种，一种是轴向或受弯承载力不足，另外一种是抗剪承载力不足。可采用外粘钢加固的钢筋混凝土柱，其原理类似在钢筋混凝土柱子外增设一个格构柱，混凝土柱与外加的格构柱共同受力（图 7-28、图 7-29），其轴向或受弯截面承载力加强方式，可在柱子角处沿构件轴向连续粘贴的加固或角钢延长至柱上下端。对于受剪承载力不足的柱构件，其受剪承载力的加强可采用缀板进行加固。其施工流程如下：

① 清除柱表面的装饰面层及批荡，清除加固构件表面剥落、疏松等劣化混凝土，将混凝土表面打磨平整，四角磨出小圆角，半径不少于 7mm；调整构件四角垂直度，用钢丝刷刷干净，再用压缩空气吹干净。

② 将角钢用钢丝刷除锈，并打磨出金属光泽，预留注浆口。

③ 采用三面围焊分段焊接角板，检查各接点焊接质量，保证无一漏焊，并满足有关规范要求。

④ 在竖向型钢间隙中灌改性环氧树脂胶粘剂，型钢与混凝土构件之间的总有效粘结面积不应小于 90%。

⑤ 型钢表面（包括混凝土表面）应抹厚度不小于 25mm 的 M10 高强度等级水泥砂浆（应加钢丝网防裂）作保护层。

3）柱增大截面法

柱增大截面法与柱外贴钢板类似（图 7-30、图 7-31），其轴向或受弯截面承载力加强方式，可在柱子周边沿构件轴向设置钢筋混凝土的并延长至柱上下端。对于受剪承载力不足的柱构件，其受剪承载力的加强可采用外加箍筋进行加强。其施工流程如下：

① 混凝土表面处理：所有新旧混凝土交接面处，凿除原有混凝土保护层至露出钢筋；用清水及钢丝刷将混凝土表面清理干净，用素水泥浆作为界面处理剂甩涂于混凝土基面上。

② 弹线定位纵筋及箍筋位置。

③ 植筋及箍筋绑扎成形。

④ 装模。

⑤ 浇混凝土、拆模、养护：浇混凝土前，淋水养护凿毛面不少于 12h；浇筑混凝土时注意混凝土的自由高度不宜超过 2m，拆模时注意不要损伤构件角部混凝土，并浇水养护至少一个星期。

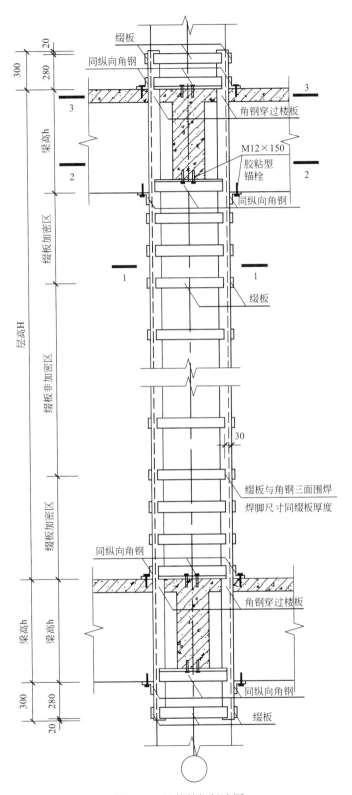

图 7-28　柱外粘钢板法图

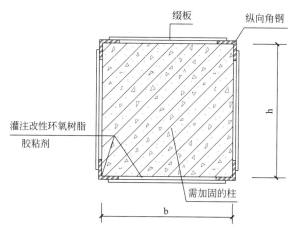

图 7-29　柱外粘钢板剖面图

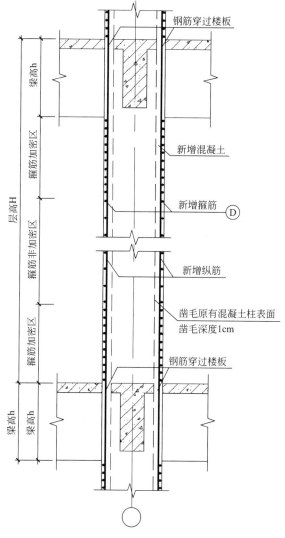

图 7-30　柱增大截面法图

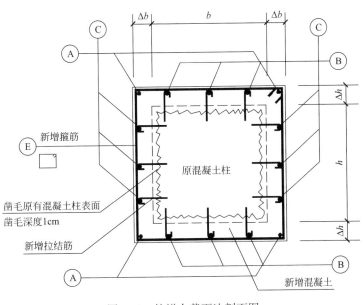

图 7-31　柱增大截面法剖面图

7.3.2　砌体承重构件的修复

鳈鱼洲更新改造项目的砌体承重的问题存在墙体强度不足、转换梁所在位置、梁板框架构件连接不强等问题。针对上述情况，除个别建筑，其余建筑的修复采取统一标准的修复工艺，对砌体墙柱的修复采取如下处理策略（表 7-4）。

构件安全性的分级及相应措施　　　　　　　　　　　表 7-4

鉴定对象	等级	分级标准	砌体承重墙的处理策略
单个构件	a_u	安全性符合本标准对 a_u 级的规定，不影响整体承载	对需要的砌体进行常规外墙抹灰保护
	b_u	安全性略低于本标准对 a_u 级的规定，尚不显著影响整体承载	增大截面法 增设构造柱法 增加扶壁柱法
	c_u	安全性不符合本标准对 a_u 级的规定，显著影响整体承载	
	d_u	安全性严重不符合本标准对 a_u 级的规定，严重影响整体承载	拆除或重建

本项目中部分砌体建筑建成时间较长，部分承重构件存在人为开洞、砌体强度不足等问题，其修复工作的重心主要为砌体本身的加强，可采用增大截面法；转换梁、砌体墙与混凝土梁板框架构件连接薄弱处或构造需要加强的砌体承重构件采用增设构造柱法。以下将对各个工艺进行描述。

（1）增大截面法（图 7-32、图 7-33）

砌体承重构件的增大截面法主要针对砌体的墙体材料强度不足的情况，加固原理是在砌体承重构件上增设钢筋水泥浆面层或钢筋混凝土面层加大砌体截面，面层中设置竖向分

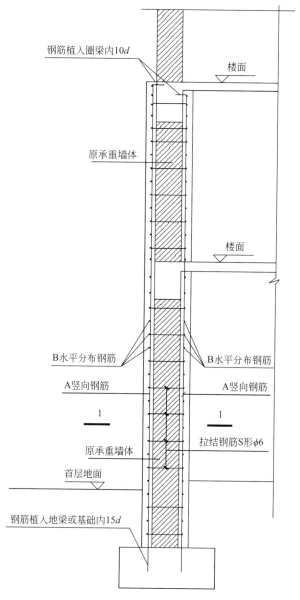

钢筋植入圈梁内10d

楼面

原承重墙体

楼面

B水平分布钢筋   B水平分布钢筋

A竖向钢筋   A竖向钢筋

1   1

原承重墙体   拉结钢筋S形$\phi6$

首层地面

钢筋植入地梁或基础内15d

图 7-32　砌体截面加大法图

布筋、水平分布筋及穿砌体墙的拉筋，以保证钢筋水泥浆面层/钢筋混凝土面层与砌体形成一个稳定的整体。其施工流程如下：

① 对建筑物进行卸荷以及设置临时支撑。

② 凿除加固范围的墙面抹灰，清理墙面。

③ 钻孔拉筋穿过砌体，穿墙孔的直径比拉筋大约 2mm，本项目中的孔深为穿墙深度，拉筋位置处可用水泥基灌浆料、水泥砂浆或胶粘剂作为锚固材料填充，根据不同锚固材料的特性确定其相应的固化时间，在固化时间内不得对墙体内的墙体进行扰动。

④ 拉筋在墙内固化后，安装钢筋并保持钢筋距砌体表面距离不应小于 5mm。

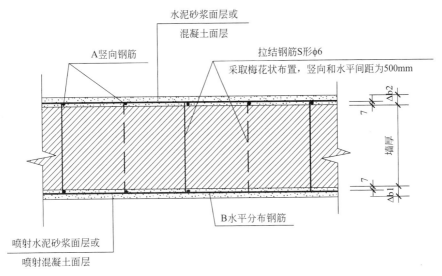

图 7-33　砌体截面加大法剖面图

⑤ 浇水湿润墙体。

⑥ 采用高压喷射施工成型，并进行养护，完成施工。

（2）增加构造柱法

本项目中针对转换梁所在位置、砌体墙与混凝土梁板构件连接薄弱处或构造需要加强的位置采取增加构造柱的方法，通过增加构造柱的方式，通过局部加大原有砌体的截面来提高砌体的强度及稳定性，提高墙体在较大局部荷载处或连接薄弱处的承载力（图 7-34、图 7-35），保证砌体结构的安全。

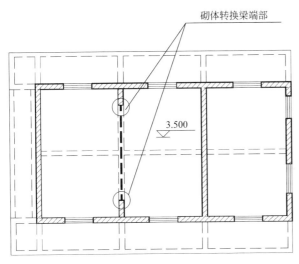

图 7-34　砌体转换梁平面图

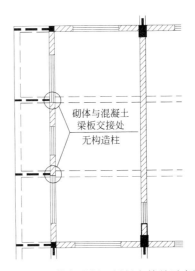

图 7-35　砌体与混凝土梁板交接处示意图

本项目中增加构造柱法主要用于砌体转换梁的支座处以及砌体与混凝土梁板交接处。在砌体转换梁的支座处增设构造柱法（图 7-36），能够有效地将转换梁上的集中荷载转移在钢筋混凝土构造柱上，大大降低砌体材料的局部压力，从而提高砌体的承载力。在砌体与混凝土梁板交接处设置构造柱（图 7-37），在提高砌体的承载力的同时，加强砌体与混凝土楼板的有效连接，保证砌体结构的整体稳定性。其施工流程如下：

① 对建筑物进行卸荷以及设置临时支撑。

② 凿除加固范围的墙面抹灰，清理墙面。

③ 钻孔箍筋穿过砌体，穿墙孔的直径比拉筋大约 2mm，本项目中的孔深为穿墙深度，箍筋位置处可用水泥基灌浆料、水泥砂浆或胶粘剂作为锚固材料填充，根据不同锚固材料的特性确定其相应的固化时间，在固化时间内不得对墙体内的墙体进行挠动，同时绑扎竖向钢筋。

④ 拉筋在墙内固化后，安装钢筋并保持钢筋距砌体表面距离不应小于 5mm。

⑤ 浇水湿润墙体。

⑥ 架设支模，浇筑混凝土，对构造柱进行养护处理。

⑦ 构造柱达到拆模龄期，拆除模板，施工完成。

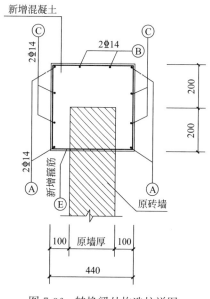

图 7-36　转换梁处构造柱详图

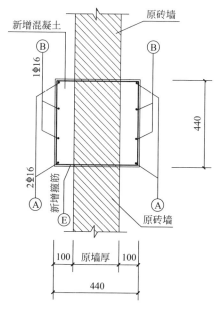

图 7-37　墙梁板交接处构造柱详图

（3）既有山墙加大截面法（图 7-38）

钢结构屋面对应的山墙在钢结构屋面修复后，原有山墙需额外承受新增侧向支撑传递的集中力，同时山墙抗风柱截面偏小，结构牢固度不足，亟需进行加固，本项目通过对山墙增设工字钢加固方法，加强原有抗风柱、避免承受新增侧向支撑增加的荷载，增加山墙的面外刚度。

既有山墙用增设的工字钢紧贴原有的抗风柱并用锚栓每隔几米连接，新增工字钢与原有抗风柱的缝隙采用凿毛混凝土并用环氧树脂胶泥灌浆。原有抗风柱的基础进行加大截面处理，保持荷载的中心尽量与新增后的基础截面中心接近，采用锚栓的方式实现钢结构与基础的连接，在地面以下部位采用混凝土包裹处理，增加工字钢的耐久性，如图 7-39～图 7-41 所示。

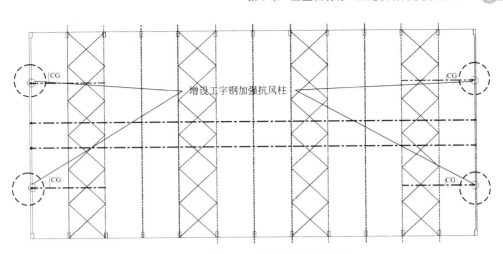

图 7-38　建筑 8-4 两侧山墙加固示意图

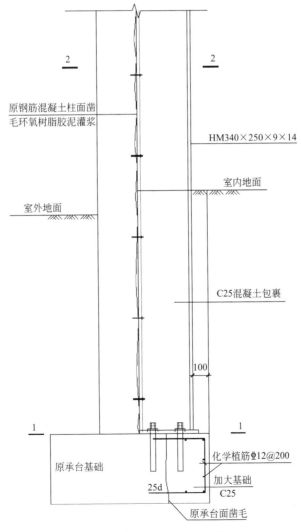

图 7-39　增设工字钢加固示意图

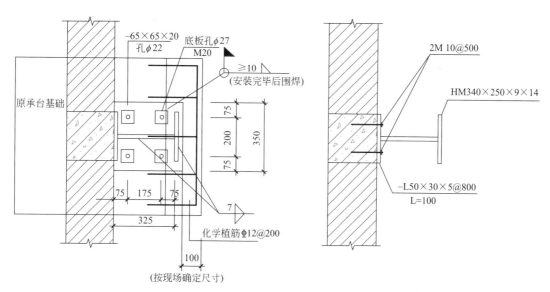

图 7-40　增设工字钢加固基础连接图　　　　图 7-41　增设工字钢与抗风柱连接图

其施工流程如下：

① 对山墙进行卸荷以及设置临时支撑。

② 开挖土方至原有基础底部，增加基础部分进行凿毛原有基础、植筋及浇筑混凝土处理，并预埋锚栓。

③ 对抗风柱进行钻孔处理。

④ 吊运工字钢至指定位置，与基础以及抗风柱进行锚栓连接，设置混凝土包裹待满足强度要求后，回填土体。

⑤ 凿毛既有抗风柱混凝土，浇水湿润墙体后，用环氧树脂胶泥灌浆。

⑥ 进行养护，完成施工，拆卸临时支撑。

7.4　既有工业建筑结构的改建

鳒鱼洲更新改造项目内的建筑主要由工业厂房组成，工业厂房具有空间大、柱距宽、楼层高等特点，其改造可塑性极强。由于原有工业建筑的建筑使用功能不满足更新改造后的建筑使用需求，建筑使用功能及布局需要后续更新，在既有工业建筑结构方面，不仅要对原有建筑结构进行加固，而且还根据更新后建筑布局或使用功能进行相应的改建。本项目的改建主要重点在建筑内部与外部的加建，根据工业建筑方案要求对建筑物进行内部加层、增设楼梯及电梯、增加雨篷、外部连廊及平台等。

本项目中存在改造栋数较多，建筑类型复杂，施工工期紧张，建设周期短等问题，针对上述情况，本项目采用具有装配式属性的钢结构体系进行加建，钢结构具有强度高、施工速度快、施工精度高、预制程度高等优点。钢结构加建方案具有减少现场湿作业工作量、减少湿作业带来的建筑材料储存堆放、降低工人劳动强度、减少工地粉尘排放量、降低作业噪声等优势。本节主要对既有建筑的钢结构加建、地基基础的增设，及幕墙围护结构的加建进行分析。

7.4.1　既有工业建筑的结构加建

本项目中，既有建筑的结构加建适用于工业建筑，为提高效率，加建结构大部分采用钢结构方案，主体结构的构件规格及连接方式作统一的处理，竖向构件统一采用箱型钢（200×200×8、250×250×12 等）及 HW（HW200×200×8×12、HW250×250×9×14 等）型钢几种尺寸，水平受弯构件采用（HM175×175×7×11、HM294×200×8×12、HM400×150×8×13 等），连接方式采用焊接法或螺栓连接法，楼板采用压型楼承板，通过上述构件及连接做法的统一，极大提高构件生产效率及施工效率。

（1）既有工业建筑内部平台及走廊的加建

既有工业建筑的内部加层主要有使用平台及内部走廊，以建筑 4-3 为例（图 7-42、图 7-43），加建的平台及走廊设置在红色框区域，可利用既有建筑的原结构连接在一起，减少构件的数目及增强建筑物的整体性，新增的承重结构与既有的承重结构共同承受新增荷载。

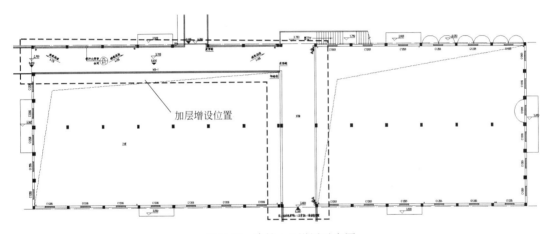

图 7-42　建筑 4-3 增层示意图

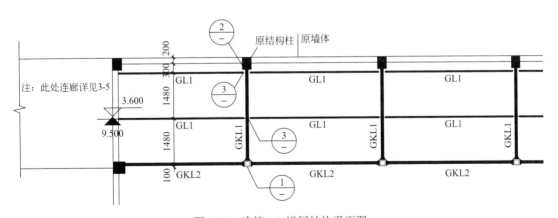

图 7-43　建筑 4-3 增层结构平面图

钢结构采用钢框架的受力体系，钢框梁与钢柱采用刚接连接（图 7-44），钢次梁采用交接方式（图 7-45）。为避免不必要的弯矩传递至原结构柱，钢框梁与原结构柱的连接采用铰接的方式（图7-46），只传递剪力及轴力，避免原结构柱受力变得复杂，原结构柱的钢板通过植筋的方式进行固定，从而加强支座处的可靠性。

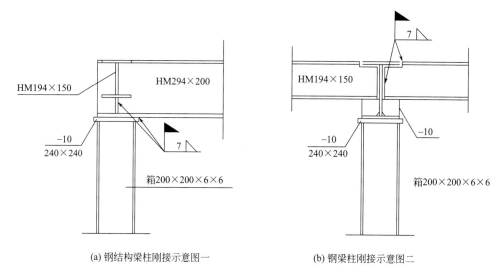

(a) 钢结构梁柱刚接示意图一　　　　　　　　(b) 钢梁柱刚接示意图二

图 7-44　钢结构梁柱刚接示意图

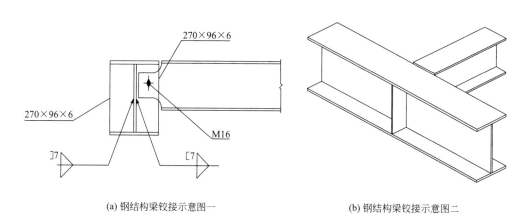

(a) 钢结构梁铰接示意图一　　　　　　　　(b) 钢结构梁铰接示意图二

图 7-45　钢结构梁梁铰接示意图

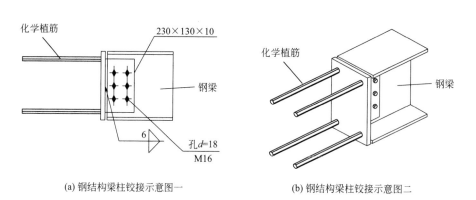

(a) 钢结构梁柱铰接示意图一　　　　　　　　(b) 钢结构梁柱铰接示意图二

图 7-46　钢结构梁柱铰接示意图

楼板体系采用钢筋桁架模板及组合模板两种类型（图 7-47～图 7-50），以上这两种模板能够很好地适应钢结构快速施工的节奏，施工时楼承板自有的刚度能够满足施工变形要求，避免另外支模，同时钢板和钢筋与混凝土形成整体性强的楼板，可靠性高。楼板与支座的连接采用焊接连接，增加钢框架的结构整体性。

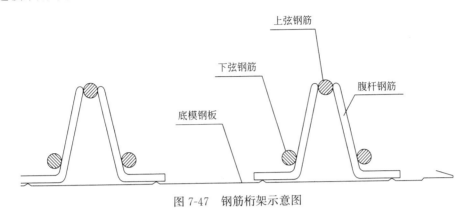

图 7-47　钢筋桁架示意图

图 7-48　钢筋桁架中部节点示意图

加建施工流程如下：

① 施工准备，钢结构基础、原结构柱预埋螺栓的复核定位，保证定位准确，将构件运输至建筑内指定堆放位置，采用小型吊车通过建筑预先预留好的门洞进入建筑内部，做好检查钢构件出厂合格证等工作，准备工作完成。

② 钢柱的安装，利用小型吊车将钢构件起吊，吊装时注意防护措施，当钢柱离基础螺栓约 0.3m 进行扶正，柱脚安装孔对准螺栓，缓慢下吊并做临时支撑，当位置误差范围在允许值时进行拧紧，施工完成可进行脱钩。

③ 钢梁的安装，钢梁吊装采用两点对称起吊，当钢梁位置与安装位置距 100mm 时开始缓慢就位，就位过程中随时采用经纬仪进行校正，先安装钢框梁部分，钢框梁定位后对

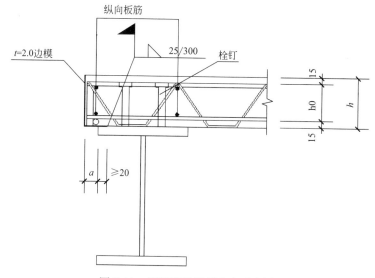

图 7-49　钢筋桁架端部节点示意图

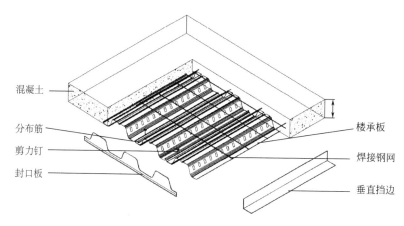

图 7-50　组合结构模板示意图

钢柱支座进行焊接处理，在原结构处采取螺栓连接处理。钢次梁与钢框梁吊装相同，连接方式采用螺栓连接，钢框架完成后可拆除临时支撑。

④ 楼板的安装，将钢筋桁架模板或组合模板吊至指定位置，对支座钢筋及栓钉进行焊接，施工边模板，现场绑扎附加钢筋，浇筑混凝土，对其进行养护，施工完毕。

（2）既有工业建筑外部的加建

既有工业建筑的外部加层主要有使用平台、电梯、楼梯及雨篷，与既有工业建筑内部的改造方案类似，采用钢框架或钢桁架的形式，采取植筋锚入及吊装方式进行安装，在改造过程中需要注意外部加建部分与原建筑的有效连接，在设计施工时遵循以下策略：

① 根据建筑的改造方案采取针对性措施，对原承载力不足且须加建的部分，采取相应的加建方案，减少加固工程量，实现加固加建双目的。

② 加建部分尽量与原有结构实现有效连接，增强建筑的总体稳定性。

1）既有工业建筑室外平台的加建

室外平台的加建根据建筑的改造方案采取针对性措施，对原承载力不足且须加建的部分，采取相应的加建方案，减少加固工程量，实现加固加建双目的。

以建筑 5-7 为例，根据建筑改造方案，该建筑将在红色框区域增设观景平台及楼梯，原建筑外面原有的悬挑梁区域存在承载力不足情况，需要进行相应的加固或拆除，加建过程中根据悬挑梁的布局采取针对性的措施，将平台支座伸入原结构柱中，避免平台支座作用于悬挑梁中，从而减少悬挑梁的加固量；平台钢梁采用弯折并紧贴悬挑梁与原结构柱连接，从而提供悬挑梁的支座反力，加大悬挑梁区域的承载力，避免悬挑梁拆除造成的浪费，实现加固加建的目的（图 7-51、图 7-52）。

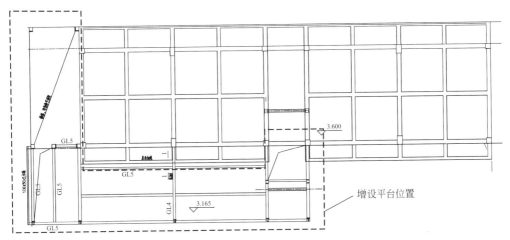

图 7-51　建筑 5-7 加建平台示意图

图 7-52　加建平台与悬挑梁衔接示意图

2）既有工业建筑室外电梯的加建

加建部分尽量与原有结构实现有效连接，增强建筑的总体稳定性。以电梯加建为例（图 7-53、图 7-54），电梯的承重结构可采用全钢结构或利用原有结构柱的钢结构方案，当采取全钢结构方案时，钢柱与原结构柱采用化学螺栓与钢板连接，使得原结构与钢柱形成整体，提高结构的整体性；当采用利用原有结构柱的钢结构方案，利用钢梁直接与原钢结构连接，实现钢结构与原结构的结合，节省相应的材料及提高新建结构的整体性。

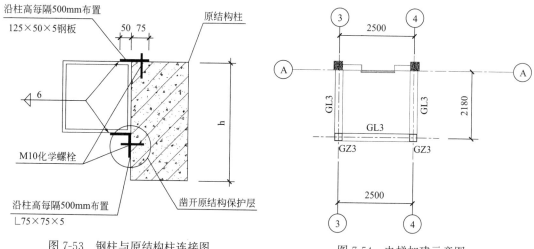

图 7-53　钢柱与原结构柱连接图　　　　　　图 7-54　电梯加建示意图

3）既有工业建筑室外楼梯的加建

既有工业建筑室外楼梯的加建与室内平台加建的思路一致，采用钢结构施工，对于贴近既有建筑的新建楼梯，在满足承载力的情况下尽量利用原有基础及结构梁柱，减少新建构筑物的受力构件数。

以建筑 7-1 的新建楼梯为例（图 7-55、图 7-56），楼梯尽量利用既有的梁柱，同时为了减少新建基础的工程量，楼梯采用梁式楼梯形式，减少平台中间 4 个梯柱及对应独立基础的工程量，提高施工的效率及节约造价。

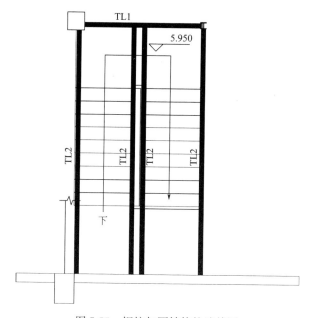

图 7-55　钢柱与原结构柱连接图

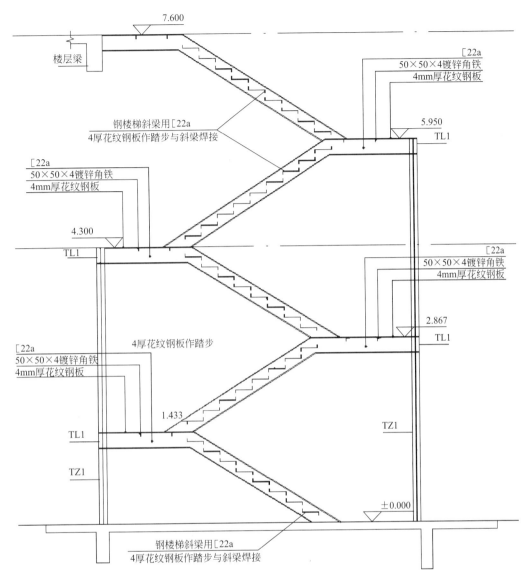

图 7-56 梁式楼梯示意图

4）既有工业建筑室外雨篷的加建

既有工业建筑室外雨篷的加建也是采用钢结构的形式处理，利用原有结构梁，通过植筋锚固的形式与原结构梁连接，钢雨篷在预制厂制作完成后直接吊运至现场进行焊接连接处理（图 7-57）。对于悬挑梁部分加建钢雨篷时，需要复核其悬挑梁的承载力。

7.4.2 既有工业建筑的幕墙结构加建

本项目中的幕墙加建部分的主要思路为在保持原有围护结构不变的情况下，增设相应的透光降热的材质（如拉丝铝网或 Low-E 窗），利用幕墙对大部分热量进行截留，以实现建筑美观、节能、透光要求。幕墙采用外挂的形式与原有围护结构实现有效的结合，减少材料的浪费，避免新增幕墙对既有围护结构造成不利影响，同时为了实现节能及提高施工

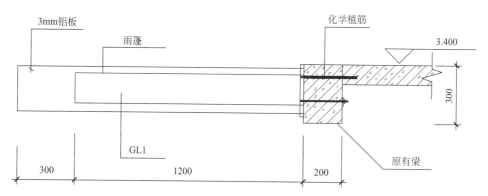

图 7-57　钢雨篷连接示意图

图 7-58　建筑 5-7 幕墙现场图

图 7-59　建筑 7-4 幕墙现场图

安装效率，本项目中采取以下策略：

（1）既有幕墙的支座设置在主体结构构件上，避免设置在既有围护结构上，避免原有围护结构承载力不足导致支座承载能力不足。

以建筑 5-7（图 7-58）为例，幕墙支座设置在每一层的梁柱构件上，并使用 M18 螺杆穿透构件横截面，在两端设置钢板以加强与结构构件的连接可靠性。

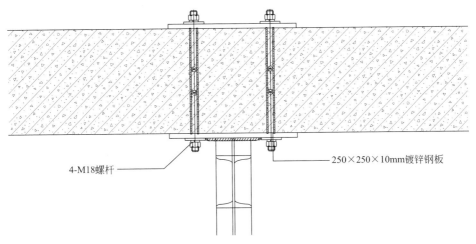

图 7-60　幕墙支座与主体结构构件连接图

（2）为提高幕墙安装效率，借鉴装配式安装方法，拉丝铝网等外挂构件进行标准单元划分（图 7-61），根据建筑物的轮廓及层高确定拉丝铝网的宽度及高度，从而提高幕墙的安装速度。安装过程中只要在自攻螺丝进行固定后再进行加焊即可完成施工安装，如图 7-58、图 7-59 所示。

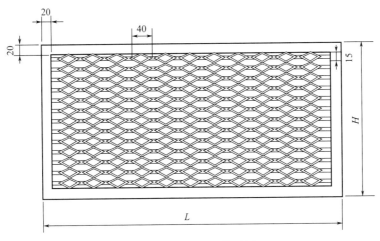

图 7-61　拉丝铝网单元图

7.4.3　既有工业建筑的基础加建

既有工业建筑的基础加建主要为新增平台、电梯、楼梯等新建构件，基础类型主要为独立基础，部分为筏形基础，新增基础在施工过程中需要避免对既有的基础及结构造成不利影响，故本项目中采取以下策略：

（1）根据周边既有基础的埋深，大部分新建基础的埋深控制在周边既有基础底面以上，支护形式采取开挖放坡，尽量避免超挖影响既有基础。

以 7-2 建筑为例（图 7-62、图 7-63），A 轴南侧需要新建独立基础，为避免新建基础对既有基础造成影响，新建基础底的标高与既有基础平齐，避免超挖情况发生，从而保证既有基础的安全性。

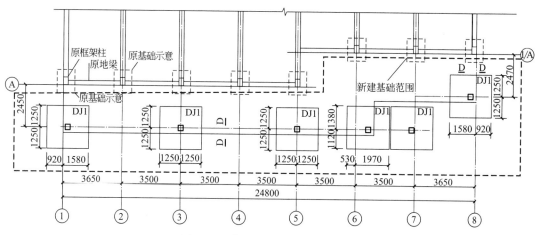

图 7-62　建筑 7-2 新建基础示意图

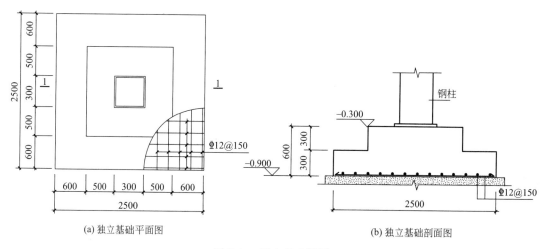

(a) 独立基础平面图　　　　　　　　　　　(b) 独立基础剖面图

图 7-63　独立基础详图

（2）对土层承载力不足且无法扩大基础面积的新建基础，采取地基处理方式提高土层承载力，解决新建基础的承载力问题，避免继续深挖。

对于承载力不足的土层，电梯基础的持力层存在软弱层，对不同的厚度采取不同的措施。对软弱层厚度不大于 1.5m 时，采用中粗砂全部换填，中粗砂换填时需分层夯实，压实系数不小于 0.94，如图 7-64 所示。

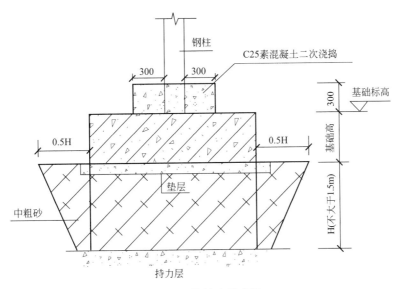

图 7-64　换填法示意图

当基础底软弱土层厚度大于 1.5m 时，采用钢管桩地基处理，刚管桩桩径 50mm，壁厚 5mm，间距为 600mm（以计算为准），钢管桩顶铺设砂石群垫层 200mm，以残积黏性土为持力层。钢管桩可采用现场焊接（图 7-65）。

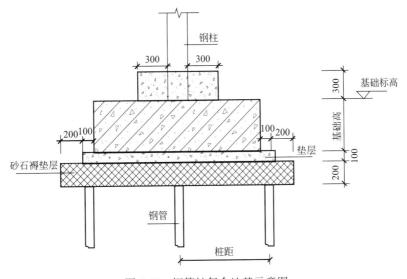

图 7-65　钢管桩复合地基示意图

本章参考文献

[1] 东莞市大业建筑技术咨询有限公司 . 东莞市鳊鱼洲文化创意产业园房屋结构安全补充鉴定报告 . 2019.

[2] 东莞市大业建筑技术咨询有限公司 . 东莞市鳊鱼洲文化创意产业园构筑物结构安全补充鉴定报

告．2019.

［3］广东省机电建筑设计研究院．鳡鱼洲工业区活化利用1.5级开发项目安全鉴定报告书．2018.

［4］陶小林，黄斌．现存建筑结构安全性评估和加固措施［J］．科技创新与应用，2020（25）：115-116.

［5］赵斌骅．某工业园区多层通用厂房结构加固设计［J］．建筑结构，2013.4.

［6］夏清燕．房屋建筑工程结构加固改造技术的应用分析［J］．城市建设理论研究（电子版），2020（17）：94.

［7］赵军．房屋建筑结构加固技术及实施要点研究［J］．建筑技术开发，2019，46（24）：3-4.

［8］何永忠．钢结构厂房施工与安装质量控制要点［J］．工程建设与设计，2020（22）：144-145.

［9］混凝土结构设计规范（2015版）GB 50010-2010［M］．北京：中国建筑工业出版社，2015.

［10］混凝土结构加固设计规范 GB 50367-2013［M］．北京：中国建筑工业出版社，2013.

［11］混凝土结构工程施工质量验收规范 GB 50204-2015［M］．北京：中国建筑工业出版社，2015.

第8章 更新改造案例分析
(饲料厂原料立筒库)

8.1 基本概况

  饲料厂原料立筒库的建设时期为 20 世纪八九十年代。建筑位于原东莞市粮油工业公司下属的东泰饲料厂内，搬迁后租给康达尔饲料厂使用。曾为东泰饲料厂、东铭饲料厂和康达尔饲料厂原料储存的仓库，立筒库由 8 个圆形立筒组成，占地面积为 604.4m^2，建筑面积为 931.8m^2，建筑总高度 30.5m，筒仓本体高度 22.6m，标识性较强，是地标性建筑物，如图 8-1、图 8-2 所示。筒仓表皮保存完整，表皮在自然作用下产生的锈蚀现象，使筒壁表面形成富有工业年代感的肌理，工业特征显著，是 20 世纪 80 年代至 21 世纪初的工业生产活动的重要体现（图 8-3）。2017 年，饲料厂原料立筒库被评为东莞市第二批历史建筑。

(a) 改造前　　　　　　　(b) 改造后塔楼　　　　　　(c) 改造后筒仓

图 8-1　筒仓改造前后图

图 8-2　筒仓改造后现场图

215

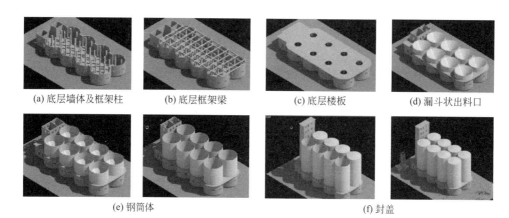

(a) 底层墙体及框架柱　　(b) 底层框架梁　　(c) 底层楼板　　(d) 漏斗状出料口

(e) 钢筒体　　　　　　　　　　　(f) 封盖

图 8-3　筒仓内部结构示意图

8.2　建筑现状

1）柱：首层柱网密集，室内光线昏暗，如图 8-4 所示。原有立筒库建筑底层为钢筋混凝土框架结构，由于建筑主要荷载为金属结构筒仓自重，因此底层柱子按照筒仓平面进行布置，柱子分布较为密集，现有柱子尺寸有多种，筒体内部柱子为方形截面 450mm×450mm，筒体相交处为 1900mm×450mm，塔楼柱子截面为 450mm×650mm、400mm×500mm。柱距最小为 1250mm，最大的柱间距为 4650mm。

2）梁、板：部分梁体和楼板存在不同程度钢筋锈蚀、混凝土保护层胀裂；部分楼板存在收缩裂缝和破坏；部分墙体和板底存在抹灰脱落。

3）墙体：现有底层墙体滋生青苔、抹灰脱落。

4）门窗：原有窗扇为木窗，出现木材糟朽，木材脱色严重，窗扇破损、残缺的现象。

(a) 建筑5-1平面　　　　(b) 塔楼楼板开洞　　　　(c) 首层空间光线昏暗

(d) 筒身轻度锈蚀　　　　(e) 顶盖严重锈蚀　　　　(f) 仓体底部轻度锈蚀

图 8-4　筒仓现状图

5）仓体：筒身及仓体底部存在轻度锈蚀，连接螺栓存在中度至严重锈蚀，如图 8-4（d）、图 8-4（f）所示。

6）顶盖：存在严重锈蚀现象，部分钢板锈穿，如图 8-4（e）所示。

8.3　空间改造

立筒仓类工业构筑物与常规工业厂房不一样，它是由一个机械化的空间改造为人性化的使用空间，其自身的结构往往在改造后满足不了人性化空间的结构要求，例如原有筒仓底层内部空间柱子间距最小的仅有 1.25m，最大的柱间距为 4.65m，不利于空间的重新利用；原有的仓体结构为金属薄壁，也给改造带来了困难和局限性，因此采用外部加建扩建的方式很好地解决这一问题。通过水平方向向外围的扩建或垂直方向竖直向上加建，能够更好地利用其高度优势，同时也展现了新的表现形式。

8.4　建筑改造情况

（1）功能：将原有的仓储功能转换为休闲娱乐功能，塔楼原有的疏散交通功能保留。
（2）立面：对建筑进行安全修缮，保留铁皮保护层，维持锈铁韵味，优化外部感观。
（3）室内：增设电梯，更新设备，增加消防设施、新增消防楼梯。
（4）墙面：重做批荡，做外墙防水，外刷同色涂料。
（5）平台：基座屋面加建钢构平台。
（6）楼电梯：原有筒仓人流线较为单一，即首层空间和塔楼的垂直运输，现在顶部加建平台后，人流量加大，疏散距离变大，需增设楼梯来满足疏散。此外还应满足无障碍的要求，因此在塔楼一侧对其进行加建电梯（图 8-5、图 8-6）。

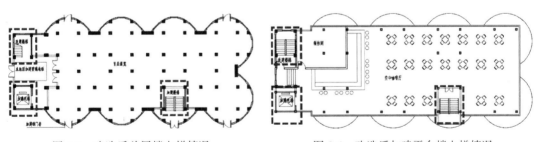

图 8-5　改造后首层楼电梯情况　　　　图 8-6　改造后加建平台楼电梯情况

8.5　消防疏散

原有建筑人流量主要集中在一层及塔楼处，一层设有多个疏散门，塔楼则由楼梯解决疏散，原有楼梯经测量后，梯段宽度为 830mm，平台宽度为 420mm，栏杆高度为 740mm，不满足现有规范要求。现有筒仓人流量主要集中在一层、塔楼、顶部平台处。由于筒仓顶部加建平台，人流量增大，为了满足疏散要求，在筒仓内部增设一部钢楼梯，在塔楼处增设一部消防电梯，来满足疏散。

8.6 既有筒仓顶部加建改造技术研究

8.6.1 既有筒仓顶部加建改造技术的组成

既有筒仓顶部加建改造技术的受力结构主要包括加建建筑受力结构本身以及筒仓相关加固加强构件。其中加建建筑受力结构本身主要由平台桁架及格构柱组成，筒仓相关加固加强构件主要由交叉钢支撑、筒仓底部加固框架组成。

（1）既有筒仓顶部加建改造的研究思路

1）既有筒仓加建改造关键技术整体思路（图8-7、图8-8）

由于传统筒仓顶部加建建筑前，需要对原有筒仓仓身进行加固，加固筒仓仓身过程中存在施工工程量大、工程时间长、受力不明确等问题，为解决该技术性难题，本技术根据筒仓框架的结构布置，在筒仓底部框架增设四个格构柱，用于支撑筒仓顶部的加建建筑，将加建建筑所增加的荷载直接传递至筒仓底部框架处，避免将荷载传到筒仓仓身，既保证加建建筑的可实施性还明确荷载的受力方式，提高加建建筑的安全度；同时对筒仓底部框架及筒仓塔楼进行加固，加大截面及设置交叉支撑。

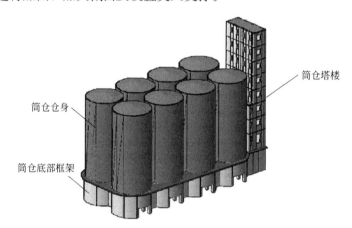

图 8-7　既有筒仓加建建筑前示意图

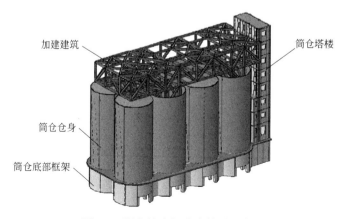

图 8-8　既有筒仓加建建筑后示意图

本项目采用格构柱及平台桁架进行设计和施工，并通过加固既有筒仓的原有结构筒仓底部框架及设置交叉支撑对筒仓进行保护，充分考虑既有筒仓的结构受力特性与筒仓顶部新建建筑的融合，解决传统筒仓仓身加建建筑过程中所遇到的问题。

既有筒仓顶部加建改造技术采用钢结构装配化施工，通过吊车进行现场拼装，从而实现装配式安装。该既有筒仓顶部加建改造技术研究改变传统加建建筑搭在筒仓仓身的方式，直接将受荷点传至筒仓底部，产生的经济效益和社会效益是显著的，具有如下优势：

① 与传统既有筒仓顶部加建建筑的方法相比，本既有筒仓顶部加建改造技术无需现场对筒仓仓身进行加固，仅需对筒仓塔楼及筒仓底部框架进行加固，受力明确，安全程度高，缩短整个施工作业时间，减少繁重、复杂的迁改作业，提高经济效益。

② 与常规的施工做法相比，本技术根据筒仓原有筒仓底部框架布置设置四个格构柱，用于支撑筒仓顶部加建建筑，实现筒仓顶部加建建筑新增的荷载直接传递到筒仓底部，避免筒仓仓身受力，提高安全富余度。

③ 与其他传统的筒仓顶部加建建筑技术相比，对于加建建筑的悬挑桁架在筒仓上方无法设置竖向临时施工支撑时，在筒仓周边设置竖向支撑并设置水平受力构件施工支撑，对悬挑桁架进一步保护。

④ 与其他传统的筒仓顶部加建建筑技术相比，对于加建建筑的与邻近筒仓塔楼的处理方法，采用悬挑桁架并仅贴近不接触，同时在邻近的筒仓塔楼采用交叉支撑和调整相应施工顺序，加强筒仓塔楼的强度和刚度，提高筒仓塔楼的安全度。

2）加建建筑结构研究思路

根据筒仓底部的结构布置，一般的既有筒仓底部框架为密柱的布置形式，筒仓平面内部有用于支撑原有储物荷载的框架柱，可利用该类型框架柱作为新建建筑竖向荷载的支撑，从而选择适合的竖向承重构件，同时考虑平台在部分筒仓顶部加建需要进行部分悬挑，综合考虑为"钢筋混凝土墩＋格构柱＋平台桁架"的结构方案（图 8-9）。

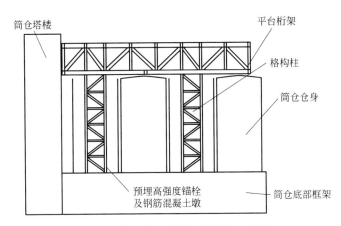

图 8-9　既有筒仓顶部加建结构选型图

"钢筋混凝土墩＋格构柱＋平台桁架"的结构方案能够很好解决既有筒仓顶部加建改造中结构的选型问题。钢筋混凝土墩于格构柱底部及框架柱上部，作为框架柱顶部的延长部分，通过植筋的方式与框架柱形成整体，施工钢筋混凝土墩的过程中预埋高强度锚栓，避免高强度锚栓直接安装在原框架柱时对原框架柱的破坏；格构柱用于承担新建建筑的荷载，格构柱具有质量轻强度高刚度大的特点，采用格构柱能很好适应原有筒仓的框架柱布局；平台桁架承受楼面荷载，其桁架方案能解决部分加建建筑在筒仓上方的悬挑问题，保证平台的刚度和强度，同时悬挑方案可以避免对筒仓塔楼的直接接触，尽可能减少水平力的影响。

3）既有筒仓塔楼与底部框架保护思路

由于既有筒仓塔楼与新建建筑贴近，且部分底部框架提供新建建筑的竖向支撑，在施工新建建筑之前，需考虑对筒仓塔楼及部分筒仓底部框架进行加固及加强，考虑筒仓塔楼的尺寸、考虑新建建筑的荷载及框架柱截面，对筒仓塔楼采用柱间交叉支撑方案及对框架柱采用扩大截面加固法及设置钢筋混凝土墩保护。

筒仓塔楼方面，采用柱间交叉支撑的加强方式可充分考虑新建建筑对塔楼的推力，同时既有筒仓塔楼的高宽比较大，通过柱间交叉的方式能够很好地将新建建筑的水平力传递给塔楼底部，从而保护筒仓塔楼。框架柱方面，为更好地使格构柱与框架柱在连接时对框架柱起到加固作用，采用扩大截面法及设置钢筋混凝土墩的方法，避免发生预埋螺栓对框架柱的破坏，同时起到加固框架柱的作用（图8-10、图8-11）。

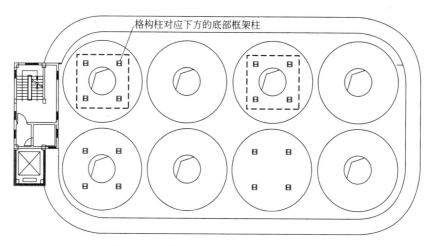

图 8-10　格构柱对应下方的底部框架柱图

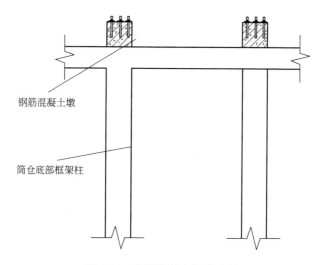

图 8-11　钢筋混凝土墩示意图

4）既有筒仓顶部加建改造施工思路

在既有筒仓加建前，需要对原有建筑进行加固及加强，需要选择正确的施工工序，其施工思路如下：①对既有筒仓的相关构件进行鉴定及加固，对筒仓塔楼及底部框架柱进行相应的加固及加强，施工柱间交叉支撑及加固框架柱；②进行格构柱的施工，通过吊车进行钢结构装配式安装；③施工水平桁架，与格构柱类似，通过吊车进行钢结构装配式施工，对水平桁架悬挑部分根据筒仓的布局采用钢管支撑保证施工安全。

（2）既有筒仓顶部加建改造相关组成与规格

既有筒仓顶部加建结构主要由钢筋混凝土墩、格构柱、平台桁架、柱间交叉支撑、底部加固框架柱组成（表 8-1）。

既有筒仓顶部加建改造的构件类型表　　　　　　　表 8-1

名称	位置	作用
钢筋混凝土墩	筒仓底部框架顶部	连接底部框架及格构柱，保护底部框架
格构柱	钢筋混凝土墩上方	承受平台桁架的竖向荷载并传递至框架柱
平台桁架	格构柱上方	承受建筑荷载，并传递至格构柱中
柱间交叉支撑	筒仓塔楼框架柱之间	加强筒仓塔楼刚度及强度，抵御水平力作用
底部加固框架柱	筒仓底部	承受新建建筑荷载并传递给基础

1）钢筋混凝土墩

钢筋混凝土墩采用现浇钢筋混凝土形式，设置于筒仓内部的底部框架柱上，通过植筋的方式与底部框架柱连接，并在施工钢筋混凝土墩过程中预埋高强度锚栓。配筋为传统框架柱配筋方式，设置纵向钢筋及箍筋（全长加密），通过植筋的方式与筒仓底部框架柱形成整体并预埋高强度螺栓，避免预埋锚栓至框架柱时对框架柱的破坏。钢筋混凝土墩的截面同加固后的框架截面，伸出长度为 0.5～1.0m。在尚未切开筒仓顶部过程中，钢筋混凝土墩的定位是一个难点，可利用筒仓侧窗及筒仓入料口进行二次定位实现钢筋混凝土墩的设置。同时，设置定位板对锚栓定位，保证后续钢结构的连接精度（图 8-12）。

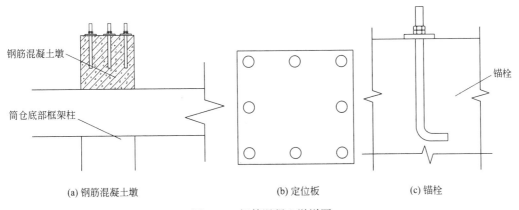

(a) 钢筋混凝土墩　　　　　　(b) 定位板　　　　　　(c) 锚栓

图 8-12　钢筋混凝土墩详图

2）格构柱

格构柱采用钢结构装配式安装形式，设置于钢筋混凝土墩上方，并与钢筋混凝土墩螺栓固定连接，用于承受加建建筑的竖向荷载。格构柱的高宽根据底部框架柱的实际间距确定，根据格构柱的纵向长度及施工安排对格构柱纵向进行分段吊装施工，在地面安装某一分段后，通过吊车将安装好的一段吊至指定位置，实现装配式安装，保证施工质量（图 8-13）。

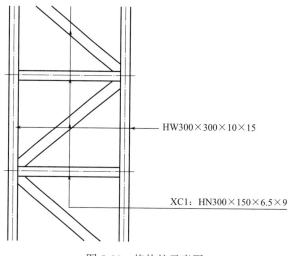

图 8-13　格构柱示意图

3）平台桁架

平台桁架同格构柱同样采用钢结构装配式安装形式，设置于格构柱上方，并与格构柱固定连接，采用桁架的形式保证楼层整体刚度及强度，同时对于部分需要悬挑的位置，桁架能够很好解决该位置的强度及刚度问题。对于平台桁架邻近筒仓塔楼部分，采用悬挑桁架的形式，与筒仓塔楼进行设缝处理，减少对筒仓塔楼的影响；对于平台桁架靠外筒仓方向的位置，由于无格构柱竖向支撑，同样采用悬挑桁架的方式，由于悬挑长度较大，需要对其进行竖向支撑，可根据筒仓的分布情况设置较大直径的钢管支撑对其进行支撑，保证施工过程的顺利（图 8-14）。

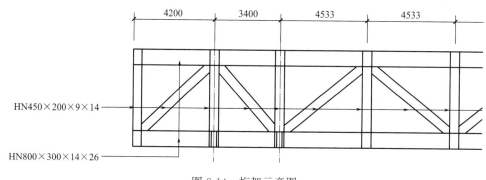

图 8-14　桁架示意图

4）柱间支撑

柱间支撑作为加强筒仓塔楼结构的刚度及强度安全富余度的构件，设置于筒仓塔楼的框架柱之间，呈交叉状布置并与筒仓塔楼的框架柱连接，主要由钢支撑组成。柱间支撑呈交叉状布置能有效地将新建建筑传递的水平力传递至筒仓塔楼下部，从而保护筒仓塔楼

（图 8-15）。

　　5）底部加固框架柱

　　底部加固框架柱采用传统截面加大法施工，位于部分筒仓内部的底部框架柱，根据竖向荷载的大小确定新增截面的大小及配筋，通过加固底部框架柱，通过格构柱及钢筋混凝土墩的荷载传递，直接传递至加固后的底部框架柱（图 8-16）。

　　（3）力学计算分析

　　1）分析目的

　　既有筒仓顶部加建建筑的结构形式是一种针对筒仓仓身避免受到额外荷载所设计的结构，由于该结构从设计及施工工艺，与传统意义上的加固筒仓仓身的施工存在较大的差异。为确保该类型改造技术的推广应用，需通过计算分析该改造技术过程中的各项性能指标，尤其是力学性能指标。为了科学深入地了解该加建建筑的力学性能指标，必须通过建立合理的力学计算分析模型，对主要改造中的关键力学性能指标进行计算分析，为实际工程提供新的改造思路。

图 8-15　柱间支撑图

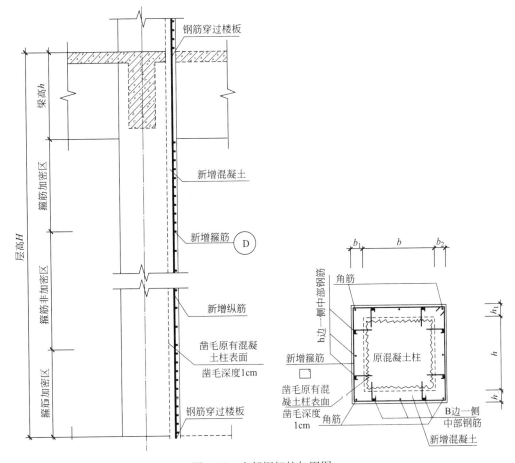

图 8-16　底部框架柱加固图

2）模拟工程概况

本节技术研究计算模型以某实际工程的既有筒仓顶部加建改造项目进行分析，某改造工程为既有筒仓加建一层建筑，原建筑面积为 $980\mathrm{m}^2$，新增筒仓顶部加建面积为 $467\mathrm{m}^2$，筒仓顶标高 22.6m，筒仓塔楼顶标高为 30.6m，新增楼层顶标高为 27.35m，附有 8 个既有筒仓。加建改造方案为本施工关键技术的加建建筑的格构柱＋平台桁架以及筒仓相关加固加强构件方案。本节主要对该项目加建部分的关键技术进行验算，主要有新建钢结构验算、交叉钢支撑验算、底部加固柱验算、吊车施工验算及悬挑部分支撑验算。

3）计算内容

① 计算参数

本既有筒仓顶部加建的钢结构计算模型，采用手算与电算结合，模拟加建结构的力学性能。由于交叉支撑为增加安全富余度的手段，故在模拟分析过程中，加建钢结构不考虑交叉支撑作用，柱间交叉支撑、底部框架柱加固也单独验算。

新建钢结构以分为格构柱及平台桁架，其中格构柱的构件截面尺寸为 HW300×300、HN300×150×6.5×9、□300×300×12×12 等构件为主，平台桁架的构件截面尺寸以 HN450×200×9×14、HN450×200×9×14、HN800×300×14×26 等为主。底部加固框架柱新浇混凝土采用 C25 等级，纵向钢筋为 ⬩20 钢筋，箍筋为 $\phi8$，钢筋混凝土墩截面及配筋与加固后底部框架柱的截面相同。

② 新建钢结构计算

按照工程实际情况，进行新建结构分析模拟，本次电算使用同济大学 3D3S 软件对新建钢结构进行模拟，计算简图具体见图 8-17，结构重要性为 1.0。其中设计参数如下，地震烈度：7 度（0.10g）；水平地震影响系数最大值：0.08；计算振型数：9；建筑结构阻尼比：0.035；特征周期值：0.25；地震影响：多遇地震；场地类别：Ⅰ类；地震分组：第一组；周期折减系数：1.00；地震力计算方法：振型分解法。

根据电算结果显示，新建钢结构的结构的总体指标均满足规范要求（强度、位移、周期比，抗震工况下性能等），所有构件强度均满足要求，位移比 1.36 小于 1.5，周期比 0.75 小于 0.9，位移角 1/5300，最大竖向位移为 20mm，均满足要求（图 8-18）。对于单个构件，根据结果表明，相关能够满足承载力计算要求，应力比最大值为 0.96。模型总体应力比分布图如图 8-19 所示。

③ 交叉钢支撑验算

根据原有鉴定分类，既有筒仓塔楼承载力及总体指标满足（除高宽比不满足外）要求，但仍需考虑新建建筑有可能传递的水平力作用。根据计算结果，其水平推力为 550kN。对交叉钢支撑进行独立验算。

a. 端部约束信息

恒载分项系数：1.30

活载分项系数：1.50

活载调整系数：1.00

是否考虑自重：考虑

轴向恒载标准值：0.000（kN）

轴向活载标准值：550.000（kN）

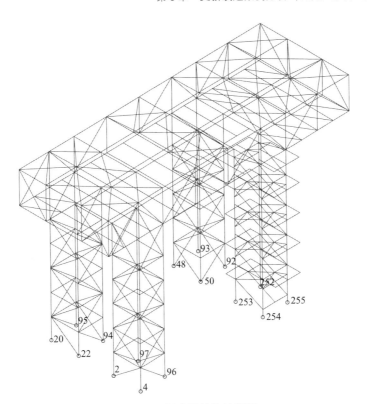

图 8-17　新建钢结构计算图

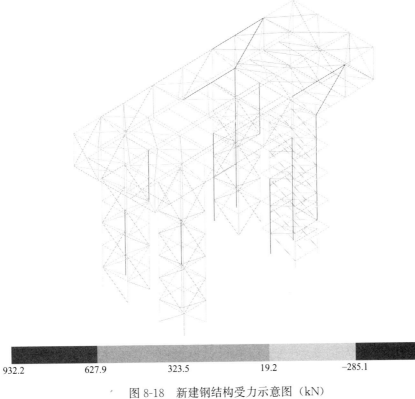

| 932.2 | 627.9 | 323.5 | 19.2 | −285.1 | −589.4 |

图 8-18　新建钢结构受力示意图（kN）

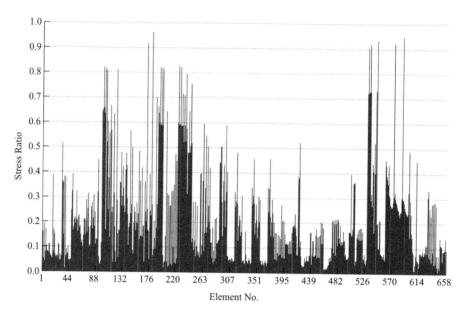

图 8-19　杆件应力比分布图

偏心距 E_x：0.0（cm）

偏心距 E_y：0.0（cm）

b. 端部约束信息

X-Z 平面内顶部约束类型：简支

X-Z 平面内底部约束类型：简支

X-Z 平面内计算长度系数：1.00

Y-Z 平面内顶部约束类型：简支

Y-Z 平面内底部约束类型：简支

Y-Z 平面内计算长度系数：1.00

c. 强度信息

最大强度安全系数：1.66

最小强度安全系数：1.66

最大强度安全系数对应的截面到构件顶端的距离：0.000（m）

最小强度安全系数对应的截面到构件顶端的距离：3.800（m）

计算荷载：825.25kN

受力状态：轴压

最不利位置强度应力按《钢结构设计标准》公式（5.1.1-1）

$$\frac{N}{A_n}=\frac{825246}{6353}=129.8987\text{N/mm}^2$$

d. 稳定信息

绕 X 轴弯曲：

长细比：$\lambda_x=44.08$

轴心受压构件截面分类（按受压特性）：b 类

轴心受压整体稳定系数：$\phi_x = 0.882$

最小稳定性安全系数：1.46

最大稳定性安全系数：1.46

最小稳定性安全系数对应的截面到构件顶端的距离：3.800（m）

最大稳定性安全系数对应的截面到构件顶端的距离：0.000（m）

绕 X 轴最不利位置稳定应力按《钢结构设计标准》公式（5.1.2-1）

$$\frac{N}{\varphi_x A} = \frac{825246}{0.882 \times 6353} = 147.2620 \text{N/mm}^2$$

绕 Y 轴弯曲：

长细比：$\lambda y = 75.70$

轴心受压构件截面分类（按受压特性）：b 类

轴心受压整体稳定系数：$\varphi_y = 0.716$

最小稳定性安全系数：1.18

最大稳定性安全系数：1.18

最小稳定性安全系数对应的截面到构件顶端的距离：3.800（m）

最大稳定性安全系数对应的截面到构件顶端的距离：0.000（m）

绕 X 轴最不利位置稳定应力按《钢结构设计标准》公式（5.1.2-1）

$$\frac{N}{\varphi_y A} = \frac{825246}{0.716 \times 6353} = 181.5397 \text{N/mm}^2$$

e. 分析结果

构件安全，强度及稳定性均满足要求（图 8-20）。

④ 底部框架柱加固

底部框架柱采用截面加大法进行加固，现场鉴定混凝土强度满足 C20 要求，为增加安全富余度角度出发，不考虑原有钢筋的有利作用，新浇混凝土采用 C25，纵向钢筋为 ϕ 20 钢筋，箍筋为 $\phi8$（图 8-21、表 8-2、表 8-3）。

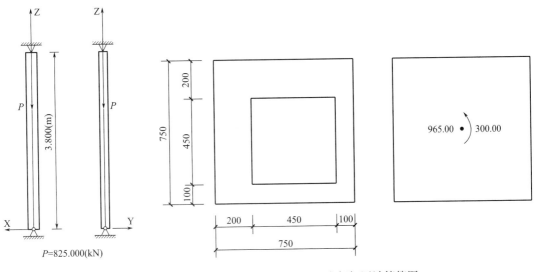

图 8-20　支撑计算简图

图 8-21　底部加固计算简图

规格参数 表 8-2

计算类型	承载力验算
轴力设计值 N(kN)	965.00
考虑 p-δ 效应	×
弯矩设计值 M(kN·m)	300.00
原截面形式	矩形
原截面尺寸	—
b_1(mm)	450
h_1(mm)	450
新增截面尺寸	
Δb_1(mm)	200
Δb_r(mm)	100
Δh_u(mm)	200
Δh_d(mm)	100
混凝土强度设计值 f_{cc}(N/mm²)	9.600

抗震参数 表 8-3

抗震等级	四级抗震
组合水平地震力	是
后续使用年限	30 年（A 类建筑）
原截面材料	
混凝土等级	C20
纵筋级别	HRB400
受拉纵筋面积(mm²)	0
受压纵筋面积(mm²)	0
新增截面材料	—
混凝土等级	C25
纵筋级别	HRB400
受拉纵筋面积(mm²)	2480
受压纵筋面积(mm²)	2480
原纵筋 a_{s1}(mm)	25
新增纵筋 a_s(mm)	35
柱长(m)	5.20

a. 轴压比

$$\mu = \frac{N}{f_{c0}A_{c0} + \alpha_{cs}f_c A_c} = \frac{965.00 \times 10^3}{9.6 \times 202500 + 0.8 \times 11.9 \times 360000} = 0.180$$

b. 偏压验算

根据平截面假定，得：

受压区高度 $x = 103.53\text{mm}$

受压区形心处混凝土应力 $\sigma_{cc} = 8.51\text{N/mm}^2$

新增受拉钢筋应力 $\sigma_s = 360.00\text{N/mm}^2$

新增受压钢筋应力 $\sigma_s' = 322.44\text{N/mm}^2$

$$Ne = \alpha_1 \sigma_{cc} bx \left(h_0 - \frac{x}{2}\right) + \alpha_s \sigma_s' A_s' (h_0 - a_s') + \sigma_{s0}' A_{s0}' (h_0 - a_{s0}') - \sigma_{s0} A_{s0} (a_{s0} - a_s)$$

式中：α_s——新增钢筋强度利用系数，当新增钢筋应力达到强度设计值时取 $\alpha_s = 0.9$，其他取 $\alpha_s = 1.0$。

$$e_i = e - \frac{h}{2} + a_s$$

$$e_0 = e_i - e_a$$

$\dfrac{Ne_0}{\gamma R_a} = \dfrac{742.25}{0.68} = 1091.54\text{kN} \cdot \text{m} > M = 300.00\text{kN} \cdot \text{m}$ 承载力满足。

c. 抗剪验算

$$h_0 = h - a_s = 750 - 35 = 715\text{mm}$$

$$\lambda_y = \frac{M}{Vh_0} = \frac{300000000}{120000 \times 715} = 3.50$$

$\lambda_y = 3.5 > 3.0$，取 $\lambda_y = 3.0$

截面验算，根据《混凝土规范》式（6.3.1）：

$h_w/b = 1.0 \leqslant 4$，受剪截面系数取 0.25

$V_y = 120.00\text{kN} < 0.25\beta_c f_c bh_0 = 0.25 \times 1.00 \times 11.9 \times 750 \times 715 = 1595.34\text{kN}$

截面尺寸满足要求。

配筋计算

根据《混凝土规范》式（6.3.12）：

$$\frac{A_{svy}}{s} = \frac{V - \dfrac{1.75}{\lambda + 1} f_t bh_0 - 0.07N}{f_{yv} h_0}$$

$$= \frac{120000 - \dfrac{1.75}{3.00 + 1} \times 1.27 \times 750 \times 715 - 0.07 \times 965.00 \times 10^3}{270.0 \times 715}$$

$$= (-1.272)\text{mm}^2/\text{mm}$$

箍筋最小配筋率：0.40%

由于箍筋不加密，故 $\rho_{vmin} = 0.4\% \times 0.5 = 0.2\%$

计算箍筋构造配筋 Asvmin/s：

$$\frac{A_{svmin}}{s} = \frac{\rho_{min}(b - 2(a_s - 10))(h - 2(a_s - 10))}{b - 2(a_s - 15) + h - 2(a_s - 15)}$$

$$= \frac{0.0020 \times (750 - 2(35 - 10)) \times (750 - 2(35 - 10))}{750 - 2 \times (35 - 15) + 750 - 2 \times (35 - 15)} = 0.690\text{mm}^2/\text{mm}$$

$$\frac{A_{svy}}{bs} = \frac{(-1.272)}{750} = (-0.170\%) < \frac{A_{svmin}}{bs} = \frac{0.690}{750} = 0.092\%$$

故箍筋配筋量：$A_{svy}/s=0.690\,mm^2/mm$

竖向箍筋：d8@100/200 四肢箍（2010/1005mm^2/m　$\rho_{sv}=0.26\%/0.13\%$）$>A_{sv}/s=$ 690mm^2/m，配筋满足。

d. 总结

承载力满足。

混凝土墩计算配筋与底部加固柱相同。

⑤ 悬挑部分竖向支撑计算

桁架悬挑部分的竖向支撑用于施工过程中的悬挑部分支撑，根据筒仓的布局在筒仓周边设置竖向钢管进行支撑，以保证施工过程中悬挑部分吊装顺利。该支撑采用 D325×9 的竖向钢管及［28b 双拼工字钢（图 8-22）。

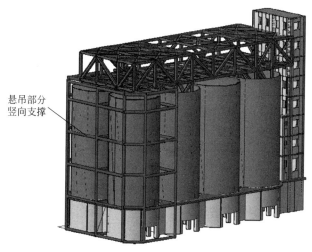

悬吊部分
竖向支撑

图 8-22　桁架悬挑部分竖向支撑示意图

a. 竖向支撑柱计算

（a）构件材料特性

材料名称：Q235

构件截面的最大厚度：9.00（mm）

设计强度：215.00（N/mm^2）

屈服强度：235.00（N/mm^2）

截面特性：

截面名称：无缝钢管：$d=325$（mm）

无缝钢管外直径［$2t\leqslant d$］：325（mm）

无缝钢管壁厚［$0<t\leqslant d/2$］：9（mm）

缀件类型：

构件高度：5.000（m）

容许强度安全系数：1.00

容许稳定性安全系数：1.00

（b）荷载方式

恒载分项系数：1.30

活载分项系数：1.50

活载调整系数：1.00

是否考虑自重：考虑

轴向恒载标准值：0.000（kN）

轴向活载标准值：230.000（kN）

偏心距 E_x：2.0（cm）

偏心距 E_y：0.0（cm）

（c）稳定计算

长细比：$\lambda_x = 44.74$

轴心受压构件截面分类（按受压特性）：a 类

轴心受压整体稳定系数：$\phi_x = 0.930$

均匀弯曲的受弯构件整体稳定系数：$\phi_{by} = 1.000$

最小稳定性安全系数：4.42

最大稳定性安全系数：4.43

最小稳定性安全系数对应的截面到构件顶端的距离：5.000（m）

最大稳定性安全系数对应的截面到构件顶端的距离：0.000（m）

绕 X 轴最不利位置稳定应力按《钢结构规范》公式（5.2.5-1）：

$$\frac{N}{\varphi_x A} + \frac{\beta_{mx} M_x}{r_x W_x \left(1 - 0.8 \frac{N}{N'_{Ex}}\right)} + \eta \frac{\beta_{ty} M_y}{\varphi_{by} W_y}$$

$$= \frac{345456}{0.930 \times 8935} + \frac{1 \times 0}{1.15 \times 686851 \left(1 - 0.8 \times \frac{345456}{8251827}\right)} + 0.7 \times \frac{1 \times 6900000}{1.000 \times 686851}$$

$$= 48.6083 \text{N/mm}^2$$

绕 Y 轴弯曲：

长细比：$\lambda_y = 44.74$

轴心受压构件截面分类（按受压特性）：a 类

轴心受压整体稳定系数：$\phi_y = 0.930$

均匀弯曲的受弯构件整体稳定系数：$\phi_{bx} = 1.000$

最小稳定性安全系数：4.25

最大稳定性安全系数：4.25

最小稳定性安全系数对应的截面到构件顶端的距离：5.000（m）

最大稳定性安全系数对应的截面到构件顶端的距离：0.000（m）

绕 Y 轴最不利位置稳定应力按《钢结构规范》公式（5.2.5-2）：

$$\frac{N}{\varphi_y A} + \eta \frac{\beta_{tx} M_x}{\varphi_{bx} W_x} + \frac{\beta_{my} M_y}{r_y W_y \left(1 - 0.8 \frac{N}{N'_{Ey}}\right)}$$

$$= \frac{345456}{0.930 \times 8935} + 0.7 \times \frac{1 \times 0}{1.000 \times 686851} + \frac{1 \times 6900000}{1.15 \times 686851 \left(1 - 0.8 \times \frac{345456}{8251827}\right)}$$

$$= 50.6144 \text{N/mm}^2$$

（d）强度计算

最大强度安全系数：4.54

最小强度安全系数：4.54

最大强度安全系数对应的截面到构件顶端的距离：0.000（m）

最小强度安全系数对应的截面到构件顶端的距离：5.000（m）

计算荷载：345.46kN

受力状态：绕 Y 轴单弯

最不利位置强度应力按《钢结构规范》公式（5.2.1）

$$\frac{N}{A_n}+\frac{M_y}{r_y W_{ny}}=\frac{345456}{8935}+\frac{6900}{1.15\times686851}=47.4001\text{N/mm}^2$$

（e）总结

满足要求。

b. 水平梁计算

取受力较大的梁进行验算。

（a）计算参数

左支座简支　　　　　右支座简支

跨号	跨长（m）	截面名称
1	8.500	热轧普通槽钢组合梁：xh=［28a（型号）xh=［28a d=30

（b）计算结果

跨号：1	左	中	右
上部弯矩（kN-m）：	0.0000	0.0000	0.0000
下部弯矩（kN-m）：	0.0000	137.9413	0.0000
剪　力（kN）：	36.1194	−21.1765	−45.8252

跨号	正应力（上侧）（N/mm²）	正应力（下侧）（N/mm²）	剪应力（N/mm²）
1	0.00	193.20	13.01

跨号	抗弯强度	抗剪强度	安全状态
1	1.113	9.606	安全

（c）位移验算

位移最大 32.253mm 小于 $1/250 L_0=34$mm，满足要求。

⑥ 起重吊车机械的选择

a. 起吊重量的计算

根据计算，本工程最大起重量为楼层主钢梁的第一段，重量约为 4.5t，按 4.5t 考虑。

计算式：
$$Q\geqslant K(Q_1+Q_2)$$

式中：K——起重量安全系数，取 1.2；

　　Q——吊车起重量；

　　Q_1——构件重量；

　　Q_2——索具重量，本工程按 1t 计算。

$$K(Q_1+Q_2)=1.2\times(4.5+1)=6.12t$$

b. 起吊高度的计算

计算式：
$$H \geqslant H_0 + H_1 + H_2 + H_3$$

式中：H——吊车提升高度；

H_0——吊车支腿地面标高，本工程按 ± 0.000m 计算；

H_1——构件顶面标高，本工程按 $+26.950$m 计算；

H_2——绑扎高度，本工程钢梁按 5m 计算；

H_3——工作间隙，本工程按 0.5m 计算。

$$H_0 + H_1 + H_2 + H_3 = 0 + 26.95 + 5 + 0.5 = 32.45\text{m}$$

c. 作业半径及现有建筑的限制

远端钢构件距吊车站位一侧的现有建筑边缘最短距离为 14.2m，现有建筑边缘高度 22.05m。综合考虑各种因素，按作业半径 24m 选择汽车吊，并且要求在距旋转中心 9m 位置处吊臂下方空间需大于 21m。

据以上情况，拟选择 250t 汽车吊进行吊装作业。查 250t 汽车吊性能参数，在全支腿、24m 作业半径、80m 主臂、配重 96.6t 的工况下，250t 汽车吊最大起吊重量为 9.3t（大于 6.12t）、最大起吊高度为 75m（大于 32.45m）、距旋转中心 9m 位置处吊臂下方空间为 35m（大于 21m），完全能满足本工程的吊装要求（表 8-4）。

250t 汽车吊主臂其中性能表　　　　　表 8-4

96,6 t					8,68 m x 8,50 m				360°					ISO	
(0°) 14,5 m*	14,5 m	19,3 m	24,1 m	28,9 m	33,7 m	38,5 m	43,3 m	48,1 m	52,9 m	57,7 m	62,5 m	67,3 m	72,1 m	77,2 m	80,0 m
m t	t	t	t	t	t	t	t	t	t	t	t	t	t	t	t
250,0	-	-	-	-	-	-	-	-	-	-	-	-	-	-	-
197,0	155,0	147,5	-	-	-	-	-	-	-	-	-	-	-	-	-
168,0	155,0	147,5	146,0	-	-	-	-	-	-	-	-	-	-	-	-
146,5	146,5	144,5	143,0	134,5	-	-	-	-	-	-	-	-	-	-	-
129,0	129,0	129,0	126,0	124,0	106,5	-	-	-	-	-	-	-	-	-	-
115,0	115,0	115,5	114,0	110,5	101,0	81,1	-	-	-	-	-	-	-	-	-
104,0	104,0	104,0	103,0	100,0	94,8	78,1	60,6	-	-	-	-	-	-	-	-
94,4	94,4	94,7	94,0	91,1	88,8	74,9	58,7	47,6	-	-	-	-	-	-	-
84,4	84,4	86,6	86,2	83,6	82,9	71,7	57,0	44,5	-	-	-	-	-	-	-
50,8	50,8	73,7	73,2	71,3	70,9	64,8	53,6	39,1	34,2	29,4	-	-	-	-	-
-	-	61,4	61,9	60,9	61,7	57,7	49,8	34,3	30,6	26,9	23,6	-	-	-	-
-	-	45,9	53,3	52,2	53,0	51,5	46,0	31,0	27,1	24,4	21,6	18,1	14,7	-	-
-	-	-	46,9	46,6	45,6	46,7	42,2	28,4	24,7	21,9	19,9	17,3	14,7	10,9	9,3
-	-	-	37,1	39,8	38,9	39,3	39,3	26,1	22,3	20,2	18,1	16,1	14,4	10,9	9,3
-	-	-	-	34,5	35,4	34,4	35,5	24,7	20,0	18,4	16,8	14,8	13,6	10,9	9,3
-	-	-	-	31,6	31,1	30,8	31,1	23,3	18,2	16,7	15,5	13,9	12,8	10,5	9,3
-	-	-	-	-	27,5	28,5	27,6	21,9	16,9	15,1	14,3	13,0	12,1	10,2	9,3
-	-	-	-	-	24,8	25,5	24,6	20,5	15,8	14,0	13,0	12,1	11,4	9,8	9,3
-	-	-	-	-	21,1	23,0	22,1	19,5	14,8	12,9	12,1	11,2	10,7	9,3	9,0
-	-	-	-	-	-	20,9	19,9	18,7	13,9	11,8	11,2	10,4	10,0	8,8	8,5
-	-	-	-	-	-	18,4	18,0	17,8	13,3	11,3	10,3	9,7	9,3	8,4	8,0
-	-	-	-	-	-	16,4	17,0	12,7	10,5	9,5	9,0	8,7	7,9	7,5	
-	-	-	-	-	-	15,5	15,7	12,0	10,0	8,8	8,3	8,2	7,4	7,0	
-	-	-	-	-	-	-	14,5	11,4	9,5	8,3	7,7	7,6	7,0	6,6	
-	-	-	-	-	-	-	13,3	10,9	9,1	7,9	7,0	7,1	6,6	6,2	
-	-	-	-	-	-	-	10,8	10,6	8,6	7,5	6,6	6,6	6,2	5,8	
-	-	-	-	-	-	-	-	10,2	8,2	7,1	6,2	6,0	5,8	5,4	
-	-	-	-	-	-	-	-	9,9	8,0	6,7	5,9	5,7	5,4	5,0	
-	-	-	-	-	-	-	-	-	7,7	6,4	5,5	5,3	4,9	4,6	
-	-	-	-	-	-	-	-	-	3,5	5,9	4,8	4,6	4,4	3,9	
-	-	-	-	-	-	-	-	-	-	5,4	4,4	4,0	3,9	3,3	
-	-	-	-	-	-	-	-	-	-	-	3,9	3,5	3,2	2,8	
-	-	-	-	-	-	-	-	-	-	-	-	3,0	2,8		
-	-	-	-	-	-	-	-	-	-	-	-	2,4	2,0		
-	-	-	-	-	-	-	-	-	-	-	-	-	1,6		

（行首半径 m 依次为：3, 4, 5, 6, 7, 8, 9, 10, 12, 14, 16, 18, 20, 22, 24, 26, 28, 30, 32, 34, 36, 38, 40, 42, 44, 46, 48, 50, 54, 58, 62, 66, 70, 74）

8.6.2 既有筒仓顶部加建改造应用施工技术

（1）既有筒仓顶部加建改造施工技术流程图（图 8-23）

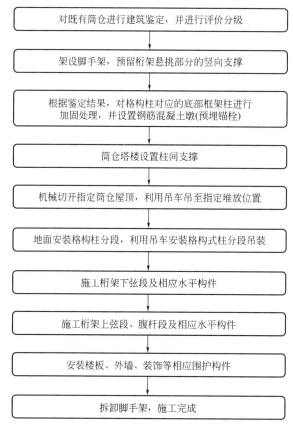

图 8-23　既有筒仓顶部加建改造施工技术流程图

（2）既有筒仓顶部加建改造施工技术

既有筒仓顶部加建前，架设脚手架，预留桁架悬挑部分的竖向支撑，针对既有筒仓原有相关构件的加固及加强必不可少，根据设计的计算结果选取加固框架柱及交叉支撑的合适尺寸，利用筒仓侧窗及筒仓下料口等有限空间进行测量定位，并借助定位板，保证钢筋混凝土墩及锚栓的位置准确；柱间支撑通过吊车将支撑吊至筒仓塔楼指定楼层，通过植筋的方式与筒仓形成整体，既有筒仓的相关构件加固及加强完毕。

既有筒仓顶部加建建筑的施工，主要通过钢结构进行装配安装，安装采用工厂成品加工，倒运至现场，并通过吊车提升而安装，提高安装效率，减少施工人力及时间。借助架设脚手架预留的针对桁架的竖向支撑及重型汽车吊进行吊装作业，先施工格构柱再施工平台桁架，最后进行四周围护构件、楼板、装饰等安装。格构柱以成品的方式分段安装，桁架以单根钢梁或组合钢梁的方式进行吊装，桁架的悬挑部分有临时支撑支顶，格构柱与钢筋混凝土墩的连接方式采用锚栓连接，其余钢结构构件的连接采用高强度螺栓＋焊接连接（图 8-24～图 8-30）。

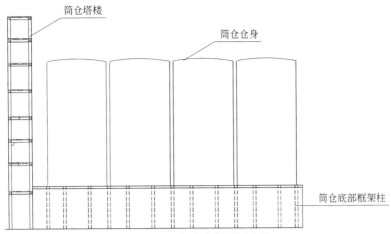

第一步：对既有筒仓进行鉴定分类

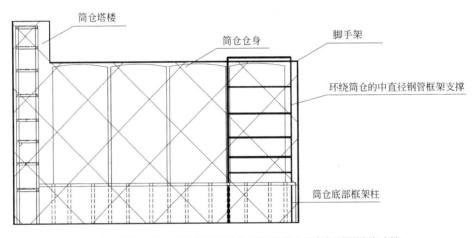

第二步：架设脚手架，预留桁架悬挑部分的环绕筒仓的中直径钢管框架支撑

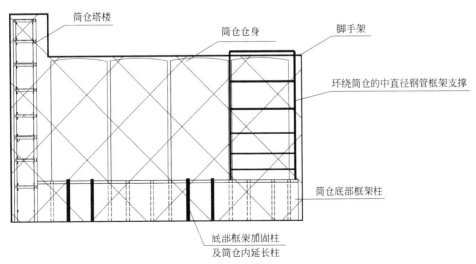

第三步：加固底部框架柱及设置筒仓内延长柱

图 8-24　既有管井顶部加建改造工序图（一）

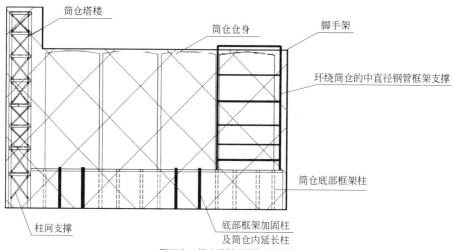

第四步：筒仓塔楼设置柱间支撑

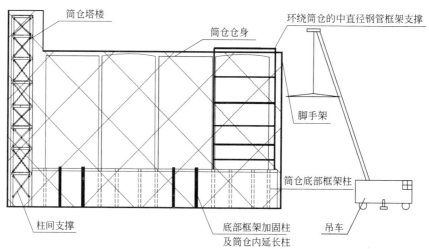

第五步：机械切开指定筒仓屋顶，利用吊车吊至指定堆放位置

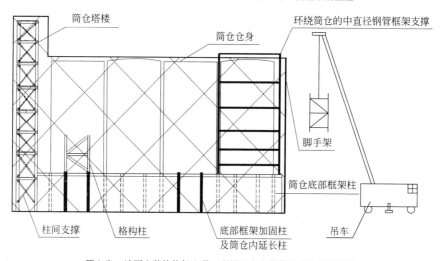

第六步：地面安装格构柱分段，利用吊车安装格构式柱分段吊装

图 8-25　既有管井顶部加建改造工序图（二）

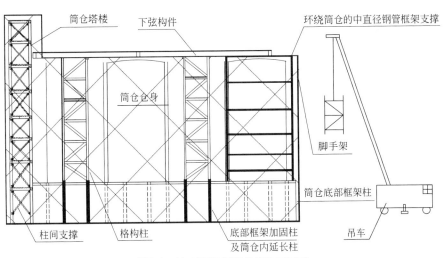

第七步：施工桁架下弦段及相应水平构件

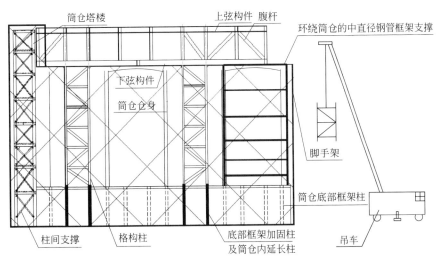

第八步：施工桁架上弦段、腹杆段及相应水平构件

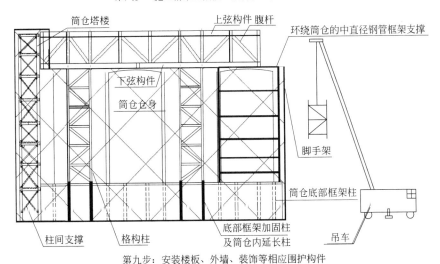

第九步：安装楼板、外墙、装饰等相应围护构件

图 8-26　既有管井顶部加建改造工序图（三）

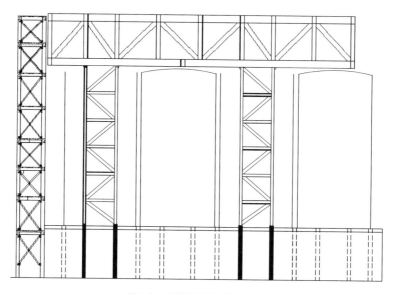

第十步：拆卸脚手架，施工完成

图 8-27　既有管井顶部加建改造工序图（四）

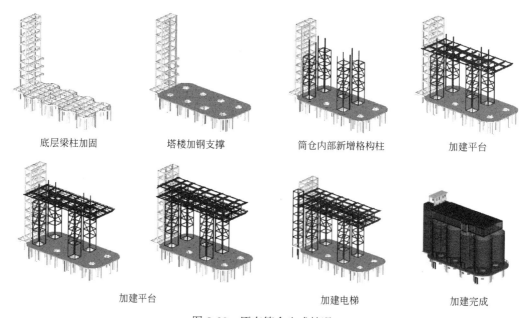

底层梁柱加固　　　塔楼加钢支撑　　　筒仓内部新增格构柱　　　加建平台

加建平台　　　　　　　　加建电梯　　　　加建完成

图 8-28　原有筒仓生成情况

（3）施工流程详细说明

1）对既有筒仓进行建筑鉴定，并进行评价分级

建筑鉴定单位对既有筒仓进行鉴定，出具既有筒仓鉴定报告，对既有筒仓进行评价分级，鉴别构件相应承载力及提供加固意见。

2）架设脚手架，预留桁架悬挑部分的竖向支撑

施工架设筒仓的脚手架，根据施工相关要求进行架设，保持环绕筒仓的中直径钢管框

(a) 对既有筒仓进行鉴定分类

(b) 架设脚手架及竖向支撑

(c) 加固底部框架柱并设置混凝土墩

(d) 安装柱间支撑

(e) 钢材进场，并吊装格构柱

(f) 施工桁架下弦段及相应水平构件

图 8-29　既有筒仓顶部加建改造现场施工图（一）

(g) 施工桁架上弦段、腹杆段及相应水平构件

(h) 安装楼板、外墙、装饰等相应围护构件

(i) 拆卸脚手架

(j) 施工完成

图 8-30 既有筒仓顶部加建改造现场施工图（二）

架支撑的间距与脚手架的间距保持一定倍数关系，同时避免中直径钢管框架支撑与常规脚手架碰撞，用 25t 汽车吊和人工辅助进行拼装，并进行支座固定措施，保证脚手架与支撑固定。最后设置观测点。各项检查无误后进行下一步工作。

3）对格构柱对应的底部框架柱进行加固处理，并设置筒仓内延长柱

根据加固及筒仓延长柱配筋方案进行施工准备，其中技术难点为筒仓内延长柱的定位，利用既有筒仓的下料口及侧窗进行二次测量定位，在既有筒仓附近设置基准点，筒仓底层及筒仓侧窗处架设全站仪同时进行测量，保证延长柱的定位与底部筒仓框架柱的位置保持一致。

对底部框架柱进行截面加大法加固，对原有底部框架柱的表面混凝土凿除并露出钢筋，将柱混凝土表面清理干净，将界面处理剂涂抹在混凝土基面，架设钢筋及箍筋定位，

植筋及箍筋绑扎成型，同时底部框架顶部预埋筒仓内延长柱纵向钢筋，与此同时，邀请产权单位相关人员一起根据现场情况确定标高。

筒仓内延长柱与底部框架安装方法类似，预埋与底部加固框架柱钢筋，绑扎纵向钢筋及箍筋，在支模的过程中设置定位板及预埋锚栓，使其锚栓位置准确。筒仓内延长柱与底部框架加固柱同时进行浇筑。

4）筒仓塔楼设置柱间支撑

柱间支撑的安装采用吊车安装及化学锚栓进行固定，吊车将交叉构件吊运至指定楼层，通过人工搬至指定位置，对需要化学锚栓部分进行放线及定位，清除混凝土表面杂物，接好电锤电源，进行钻孔施工，检查成孔直径及深度并进行验收。进行化学锚栓后置钢板。将柱间支撑搬运至指定位置并利用个别螺栓进行临时定位，最后安装好所有螺栓，完成施工，进入下一步骤。

5）机械切开指定筒仓屋顶，利用吊车吊至指定堆放位置

施工工人位于需要进行切割筒仓顶的，切割过程前吊车需要对筒仓顶部屋盖进行吊绳连接并预拉防止坠落，避免筒仓在切割完成后产生滑移，同时在筒仓顶部切割后设置限位器防止侧移，达到双重保护。施工工人切割完成后，吊车将筒仓顶屋盖吊至指定材料堆放点，进行下一步骤。

6）安装格构柱分段，利用吊车安装格构柱分段吊装

格构柱出厂前已将格构柱进行优化分段，使其满足货车运输、筒仓内施工、吊车的运输半径及运输高度等条件，货车运至指定位置，通过250t吊车将分好段的格构柱吊至筒仓内部。吊运前先对基础标高、柱顶螺栓位置，平面位置按图纸逐个检查复核尺寸并用螺母逐个试验，保证安装位置的准确和每个螺栓的螺纹可靠性。吊运时注意对位及临时固定，必要时可用缆风绳作临时固定，每个柱子拉三点，最后进行螺栓连接。

7）施工桁架下弦段及相应水平构件

由于平台桁架尚未形成整体，桁架的下弦段的大悬挑段施工是难点，通过架设环绕筒仓的中直径钢管框架支撑对桁架下弦段进行支撑，保证施工过程中桁架悬挑段的顺利进行。对部分完成螺栓安装的构件进行翼缘的焊接处理。

8）施工桁架上弦段、腹杆段及相应水平构件

继续通过吊车将桁架上弦段、腹杆段及相应的水平构件进行吊装，安装过程中需要保证上弦段的施工侧向稳定，必要时架设侧面支撑保证上弦段的稳定。对部分完成螺栓安装的构件进行翼缘的焊接处理。

9）安装楼板、外墙、装饰等相应围护构件，施工完成

安装楼板、外墙、装饰等围护构件，施工完成后组织各方进行质量验收，施工完成。

8.6.3　既有筒仓加固操作要点

（1）既有筒仓的底部框架加固及筒仓内延长柱操作要点

既有筒仓的底部框架加固主要为：施工放线→清理、修整原结构柱→原结构柱表面凿毛→加固柱周围楼板开洞→植筋成孔→钢筋绑扎→验收→模板安装→浇筑混凝土。

1）清理、修整、凿毛原结构柱

对原混凝土结构柱的表面，先清除被加固柱表面的剥落、疏松、蜂窝、腐蚀等劣化混

凝土。界面处理采用电镐打毛，在混凝土粘合面上錾出麻点，形成点深约 3mm、点数为 $600\sim800$ 点/m^2 的均匀分布。为增强新旧混凝土的粘结能力，结合面凿毛后应用空气压缩机吹净表面浮灰，并涂刷一道混凝土界面结合剂。

2）新增钢筋、箍筋连接

钢材要求：钢筋应有出厂质量保证书和试验报告，并按规定取样做力学性能试验和焊接试验，合格后方可使用。

钢筋加工：严格按照施工图纸要求完成钢筋翻样工作，确定所采用的钢筋型号、规格、下料长度、所成形钢筋形状、钢筋所使用的部位根数。再由现场钢筋工根据翻样单确定成形钢筋，在成形钢筋过程中，质检员要随时检查成形钢筋是否合格，不合格者坚决返工。

受力钢筋在加固楼层范围内应通长设置，中间不得断开。新增受力钢筋上下两端弯折后与原柱纵向受力钢筋焊接连接好后质检员要逐一进行检查，最后由质检员、监理人员或业主方人员对钢筋工程进行隐蔽验收后才能进入下道工序。

在加固底部框架柱预埋筒仓内纵向钢筋，在底部框架顶钻孔并通过临时焊接将纵向钢筋固定，架设箍筋。

新增插筋需要植入框架柱内 300mm，植筋前必须清洗成孔并清除孔内积水与杂物，钢筋必须除锈，并将钢筋锚固段擦拭干净，采用化学植筋保证其稳固性，并进行检验验收。

3）预埋件的安装

当钢筋绑扎到埋件位置时，进行预埋件的测量放线及埋件初步固定（图 8-31）。

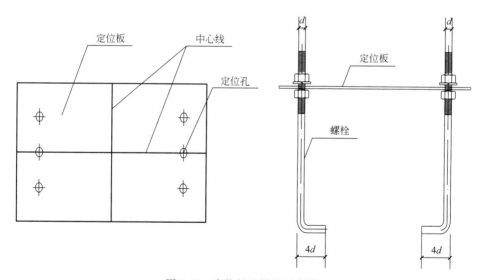

图 8-31　定位板及锚栓示意图

埋件的中心线的确定：根据甲方提供的坐标定位系统，使用卫星定位确定圆筒内的轴线位置，按照预埋件详图中埋件从轴线偏移的数值，卷尺对圆筒内的轴线进行偏移确定。埋件标高线的确定：用水准仪测量确定。

为了加快安装进度，预埋件安装时，按图纸尺寸，用 5mm 钢板做出每一种预埋的定位板，并在定位板上划出两个方向的中心线。

4）模板架设

模板安装：方柱模板采用多层板，用50mm×80mm木方作竖挡，间距250mm，采用钢管柱箍，间距1000mm。圆柱模板采用木条拼装，内包铁皮，采用成品圆柱箍，间距1000mm。柱模板在中间位置开浇筑口，同时进行体外振捣，从而保证所浇筑C25混凝土的密实度。振捣完毕后，用模板封堵浇筑口，然后继续浇筑。

5）浇筑混凝土

本工程加固构件扩大截面柱采用C25混凝土浇筑。

灌浆料制备：灌浆料搅拌时严格按照厂家提供的配合比用水量加水、搅拌均匀、无浮浆即可使用。搅拌用水必须采用饮用水。

混凝土浇筑：柱模板在中间位置处开一个浇筑口，采用体外振捣。振捣完毕后，封堵此浇筑口，然后继续浇筑。这样做会保证灌浆料的密实度。

混凝土养护：混凝土浇捣后，灌浆料在浇捣完毕后4h以内开始养护，经常洒水使其保持湿润，养护时间不少于7天。洒水次数以能保证混凝土表面湿润状态为佳。

（2）筒仓塔楼柱间交叉支撑施工操作要点

筒仓塔楼柱间交叉支撑施工主要为化学锚栓施工→吊车吊运交叉支撑→对位→螺栓固定。

1）化学锚栓操作要点

现场清理→放线、验线→钻孔→清孔→注胶→植栓→报验。

放线、验线，放出化学锚栓植栓的点位线。复核点位线位置无误后，采用电钻钻孔（如有特殊要求，钻孔前需用钢筋探测仪探明原结构钢筋位置）。

钻孔，根据设计要求，确定化学锚栓钻孔规格。接好电锤电源，进行钻孔施工。钻孔施工完成，检查成孔直径及深度。

清孔，用手吹风或其他设备吹出植栓孔内灰尘。用毛刷将植栓孔内灰尘刷干净。用棉丝封堵植栓孔口待用。请甲方、监理、总包负责人对成孔进行验收。

注浆植栓，将与化学锚栓规格配套的药剂管插入植栓孔内。用电钻带化学锚栓缓慢旋转着植入孔内。锚固完钢栓后，在2h内不得人为扰动，以保证植栓质量。填写单项工程验收单，并报请监理或总包验收。

待植栓完全固化后，按设计要求做化学锚栓拉拔试验。化学锚栓拉拔试验合格后，报请监理或总包验收。然后填写隐检资料，分项/分部工程质量报验认可单，请总包负责人、监理签字。

化学锚栓质量标准，化学锚栓拉拔实验及后置钢板，植栓完成后，为保证施工质量，根据本行业要求需对已植好的化学锚栓进行抽样拉拔检测，检测方法如下：同种规格的化学锚栓，每植1000根检测一次；每次抽取已植好的三根锚栓进行现场拉拔。实测数据与行业规范数据相比较，得出植栓施工是否合格的结果。拉拔实验由有国家检测资质的单位进行现场测试，出具盖有公章的检验报告。

后置钢板安装前，首先检查安装钢板位置是否平整，如果不平整应整修；其次后置钢板要与混凝土面平行无缝安装。

序号	检验项目	允许偏差（mm）	检验方法
1	植栓深度	+10，−5	用卷尺检查
2	植栓孔径	+2	用卷尺检查

化学锚栓允许偏差项目　　　　　　　　表 8-5

2）柱间钢支撑的安装

既有筒仓柱间钢支撑施工时，通过吊车将柱间支撑直接吊运至指定楼层后进行拼装。为了加快施工进度，在以上工序采取措施，进行搭接施工、交叉作业。

吊装，构件的吊装，根据交叉支撑重量和形状，采用两吊点吊装，支撑吊点在构件厂出厂时已经设置，吊升时用绳索作为风缆做临时固定，将构件吊至指定楼层中，卸下构件，确认安全后方可摘除吊钩。

施工工人将支撑构件进行搬运至柱间支撑安装位置，待后置钢筋与柱间支撑就位后，利用临时螺栓将其与化学锚栓后置钢筋连接上，螺杆应与连接面垂直，与构件间不应有间隙。

最后进行螺栓的旋拧，在拧紧螺栓时，应逐个均匀拧紧，且要适当掌握松紧程度，一般以弹簧垫圈压平为宜。拧紧后的螺栓应露出螺母 3～5 扣，如果露出的螺杆较长，必须加垫圈时，每端垫圈不应超过 2 个。母线连接接触部分应涂上一层中性凡士林油，螺栓两侧都应放置平垫圈螺母，侧加装弹簧垫圈，两螺栓垫圈间应有 3mm 以上间距，以防止造成滑移。

8.6.4　既有筒仓顶部新建施工操作要点

（1）安装施工准备工作

基线、基点确定，全面彻底地熟悉施工图纸，根据图纸结合本工程平面位置特点，与甲方代表确定平面定位基线（每个单项工程纵横两条），设置水准控制点（每个单项工程两点）并由甲方书面提供水准基点位置及标高。

校核，根据图纸和已确定的平面定位基线、水准点校核地脚螺栓的平面定位尺寸、标高的偏差，作出实测平面图。

筒仓内延长柱的螺栓复验，地脚螺栓的精度将直接影响到建筑的安装质量，故吊装前的复核工作非常重要。请务必落实此项工作。其精度要求可参照有关的现行国家规范，并需核对地脚螺栓及配套螺母和垫圈的数量和规格。

（2）钢结构安装平面布置及顺序

根据筒仓现有的施工平面，对 250t 的吊车吊装施工平面图进行布置，如图 8-32 所示。

安装顺序为：安装格构柱→安装平台桁架→安装楼层四周围护构件→收尾工作。钢结构桁架的所有连接节点腹板螺栓连接、翼缘板焊接。

（3）格构柱的吊装要点

在柱吊装之前，先对基础标高、柱顶螺栓位置，平面位置按图纸逐个检查复核尺寸并用螺母逐个试验，保证安装位置的准确和每个螺栓的螺纹可靠性。在基础表面把建筑物轴线、安装中心线、梁脚范围用墨线弹出来，以供后续施工使用。检查立柱是否符合安装要求，确定吊点，并做相应的准备。在立柱底板、顶部标出纵横两个方向的轴线，并在底部

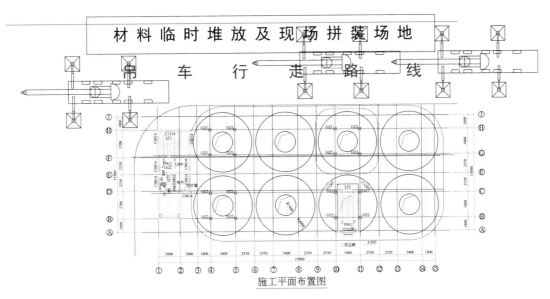

图 8-32　吊车布置平面图

适当高度处标出标高准线，以便于校正立柱的平面位置和垂直度，以及屋架的标高等。准备好足够的吊装用的吊索、吊具、风绳等并检查其可靠性。

吊点确定。根据钢桁架柱的形状、重量和长度，采用两吊点吊装，吊点设置在钢桁架上部的横杆与立杆连接的两端。吊升时，采用旋转法吊装，这就要求构件及基础中心线近似位于起重机的同一工作半径的圆弧上，在构件进场时就注意摆放位置的准确。对位时，让地脚螺栓对准柱脚板上螺栓孔缓缓放下，使柱脚板置于地脚基础上，用调节螺帽调整柱脚高度，并用螺帽初步固定。对位完毕，使柱基本保持垂直，初校垂直度使偏差控制在 25mm 以内，拧紧螺母后方可松钩。必要时可用绳索作风缆做临时固定，每柱拉三点。校正用两台经纬仪在两个方向同时检测立柱的垂直度。采用底板下调节螺帽调节校正立柱的垂直度，使之达到规范要求。

格构柱与格构柱的吊装对位同上，对准位置后进行螺栓安装及焊接安装，利用螺栓进行临时固定，组织焊工进行翼缘焊缝。

（4）平台桁架的吊装

钢梁吊装设置两个吊点。所有柱与屋面梁连接紧固时，需在脚手架搭成的作业平台上操作以保证作业安全。同时为了避免钢梁受损，翼缘之间要垫置木块，吊索捆绑处的地方也要垫置木块以避免吊索造成损伤。吊装时，为防止钢梁在吊起后摇摆及与其他构件碰撞，在起吊前应在两端绑扎溜绳。慢慢吊起钢梁，牵引到正确位置，使梁端板螺栓孔和相应的柱的螺栓孔对准后，用临时螺栓或插销临时固定，待钢梁的垂直度和直线满足要求后，用高强度螺栓将其最后固定。待所有的临时支撑固定完成后，方可松钩，安排焊缝工人进行翼缘焊缝。

（5）环绕筒仓的中直径钢管框架支撑卸荷

本工程桁架悬挑部分的卸载施工需严格按照卸载顺序进行操作。首先，在卸载前必须保证结构的安装已经检查验收合格，各项检测资料齐全。其次，在卸载前再次检查并确认现场钢构件的连接处是否完好，焊接处保证无断焊及漏焊的现象，螺栓连接完好，螺母紧固符合设计要求，无松动的现象。

在卸载之前的准备工作中，遵循"先加固，再拆除"的原则。按照临时支撑设计图纸对支撑的构件进行检查，如有变形、弯曲的构件进行更换或者补强，需要加强的部位进行加强（如千斤顶受力部分），以保证卸载过程中的整体结构安全。

为了控制卸载速度，卸载时必须同时完成每一步骤的卸载过程。每一步骤卸载完后需检测，检测使用全站仪监测结构的下挠度及各个支撑点处的工作稳定性，待检测完毕，各个系统性能良好，没有不良影响因素后，再重复进行下一步的卸载操作。

1）测量未卸载前各支撑点的定位高度，并记录在案。

2）掌握每次卸载量，提前在支撑处画上标记线，每次卸载量的控制都要严格按照画线处量取。

3）卸载时需用千斤顶支撑住结构后进行下降，然后再重新垫上支撑垫块，把千斤顶取出，释放桁架与千斤顶之间的水平位移。每步卸载都要按照规定的卸载量来降低支撑的高度，提前做好各个步骤的支撑块，以保证每一个卸载行程完成后支撑块刚好能支撑住结构，防止该支撑点失效而导致结构产生局部受力过大，影响结构安全。千斤顶的行程要满足卸载高度的要求，提前做好试验，以免行程不够而不满足要求。

4）每次卸载后，应测量卸载点的标高，以确定下一次卸载的调整值。

为了确保结构卸载后达到预期的下降量，必须对整个结构在卸载过程中的变形进行监测。

1）支架监测。卸载过程中设有安全员和安全监控员全过程监测支架，尤其是监测支撑下临时支撑变形等，发现异常情况及时报告。卸载过程中安排专门人员负责监控，监测以肉眼观测和仪器监测同时进行。监测仪器使用一台全站仪、一台水准仪和二台经纬仪，并在支撑架处设立线坠，卸载过程中，严禁无关人员进入现场，现场拉设警戒线，派专人监护。

2）屋盖钢结构监测。在卸载过程中要时刻监测，随时控制各控制点的变形情况，监测钢结构在卸载过程中是否有与计算结果有较大偏差的出现。使用全站仪派专人进行监测，每卸载一步都要有详细的监测记录，监测记录要准确、及时、真实反映卸载过程的工况。

（6）脚手架的拆卸

拆除脚手架前，应清除脚手架上的材料、工具和杂物。拆除脚手架时，应设置警戒区，设立警戒标志，并由专人负责警戒。脚手架的拆除，应按后装先拆的原则，按下列程序进行：

1）先拆顶部扶手与栏杆柱，然后拆脚手板（或水平架）与扶梯段，再卸下水平杆加固杆和剪刀撑。

2）继续开始拆卸交叉支撑及平台。

3）继续以上第一步、第二步。脚手架的自由悬臂高度不得超过三步，否则应加设临时拉结。

4）拆除扫地杆、底层门架及封口杆。

5）拆除基座，运走垫板和垫块。

8.6.5　既有筒仓顶部加建改造施工技术控制措施

（1）施工安全目标及文明要求

1）安全目标

安全生产方针：安全第一，预防为主，全员动手，综合治理。

安全生产目标：文明施工，安全检查达标，确保重大安全事故为零。

2）安全要求

① 文明施工，须做到临时设施设备齐全，布置合理，场地干净。

② 按进度计划安排材料进场，现场材料堆放整齐，标识清楚。

③ 作业现场工完料清，作业后不遗弃垃圾废料在现场。

④ 控制施工噪声，使之符合项目所在地的相关规定。

⑤ 员工统一着装，言语文明，无打架斗殴现象。

⑥ 遵守业主对文明施工的总体要求。

（2）施工准备

1）正式开工前可以进行如下工作：

① 认真研究设计图纸提供的资料。

② 建设各方等单位进行图纸预审、会签工作，做好图纸会审记录。

③ 派专人对施工现场项目进行勘测调查。

④ 审核施工图纸及有关技术措施，设计人员对施工人员进行技术交底，做到严格按设计施工图、规范和施工方案施工。

2）制定详细的实施方案，并切实予以执行，保证施工期间既有筒仓建筑在加固加强后的建筑加建施工工作安全。

3）改造施工前，使用测量仪器，仔细核对施工位置。

4）采购部门按照材料概算书，及时准确地将生产及施工所需的材料及配件的生产厂家的情况汇总。质量检验部门按照有关的国家现行标准，确定对施工、材料的质量和生产班组的加工质量进行检查的内容。

5）根据图纸结合本工程平面位置特点，确定平面定位基线（每个单项工程纵横两条），设置水准控制点及标高。

由于本工程体量大、工期紧，需要的施工机具种类与数量比较多，需要提前做好详尽的加工安装设备计划准备工作，根据该计划提前维护保养，使所需机械处于正常工作状态，满足施工的需要。

（3）施工作业措施

1）钢筋混凝土的浇筑

① 对模板、钢筋的质量、数量、位置逐一检查，并作好记录。

② 模板安装的结构尺寸要准确，模板支撑稳固，接头紧密平顺，不得有离缝、左右错缝和高低不平等现象，接缝、平整度必须满足规范要求，以减少因混凝土水分散失而引起的干缩，影响混凝土表面光洁。

③ 混凝土浇筑施工连续进行，尽量使混凝土浇筑一次完成，当必须间歇时，尽量缩短间歇时间并在前层混凝土凝结之前，将次层混凝土浇筑完成，采用振捣器捣实混凝土

时，每一振点的振捣时间，以将混凝土捣实至表面呈现浮浆和不再沉落为止。

④ 加大测量力度和现场跟踪控制，保证混凝土基线、尺寸准确，同时坚持质检人员跟班作业，监督并及时纠正施工出现的问题。

⑤ 制定有效的混凝土高温施工质量保证措施，确保混凝土满足设计及相关规范要求。

2）框架柱加固施工

为了保证新老混凝土之间的粘结性能，必须对原有结构接缝表面进行凿削，并去除所有风化脆性层、碳化锈层和严重油污层，直到完全暴露出实心基层，并在该基层上凿削。使表面凹凸差约为5mm，混凝土与界面粘结剂粘结在浇筑混凝土之前。弹线定位纵筋及箍筋位置；植筋及箍筋绑扎成形；装模；浇混凝土前，淋水养护凿毛面不少于12h；拆模时注意不要损伤梁边角混凝土，并浇水养护。

3）柱间钢支撑的施工

柱间钢支撑的施工主要为化学锚栓及螺栓定位，其主要工序为：现场清理→放线、验线→钻孔→清孔→注胶→植栓→报验→支撑安装→施工完毕。具体措施如下：

① 现场清理、放线、验线，放出化学锚栓植栓的点位线，复核点位线位置无误后，采用电钻钻孔（如有特殊要求，钻孔前需用钢筋探测仪探明原结构钢筋位置）。

② 根据设计要求，确定化学锚栓钻孔规格，接好电锤电源，进行钻孔施工。钻孔施工完成，检查成孔直径及深度。用手吹风或其他设备吹出植栓孔内灰尘，用毛刷将植栓孔内灰尘刷干净，用棉丝封堵植栓孔口待用，对成孔进行验收。

③ 根据设计要求，与材料供应商联系，组织材料进场，报请监理或总包验收，合格后，方可进行植栓作业，将与化学锚栓规格配套的药剂管插入植栓孔内。用电钻带化学锚栓缓慢旋转着植入孔内，锚固完钢栓后，在2h内不得人为扰动，以保证植栓质量。报请监理或总包验收。

④ 将支撑进行对位，临时固定后进行焊缝，焊缝需分成多道焊缝进行敷焊，后道焊缝需等前道焊缝冷却到100℃以下后再施焊。新增板件与原构件需压紧接触，所需要的连接焊缝，依次施焊各区段，焊缝焊接时应间隙2～5min。焊接顺序：焊接时应保证同时焊接对称处间断焊缝，连接焊缝应错开，施工完成，组织验收。

4）钢筋混凝土墩及预埋件的安装

钢筋混凝土墩及预埋件安装流程：钢筋绑扎→预埋件测量放线→预埋件临时固定→埋件校正并最终固定→混凝土浇筑。施工过程中并遵循以下规则：

① 当钢筋绑扎到预埋件位置时，进行预埋件的测量放线及埋件初步固定。

② 埋件的中心线的确定：根据甲方提供的坐标定位系统，使用全站仪经纬仪确定圆筒内的轴线位置，按照预埋件详图中埋件从轴线偏移的数值，卷尺对圆筒内的轴线进行偏移确定。

③ 埋件标高线的确定：用水准仪测量确定。

④ 为了加快安装进度，预埋件安装时，按图纸尺寸，用5mm钢板做出每一种预埋的定位板，并在定位板上划出两个方向的中心线（图8-33）。

5）起重机械的选择

以本节所选取的工程为例，根据计算，本工程最大起重量为楼层主钢梁的某一段，考虑安全系数最小起重量为6.12t，按作业半径24m选择汽车吊，并且要求在距旋转中心

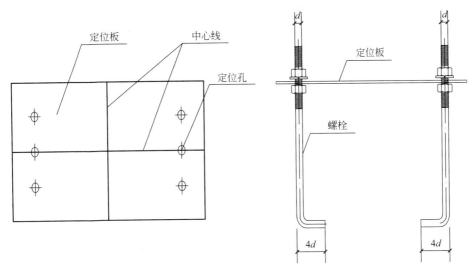

图 8-33　定位板及锚栓示意图

9m 位置处吊臂下方空间需大于 21m。

据以上情况，拟选择 250t 汽车吊进行吊装作业。查 250t 汽车吊性能参数，在全支腿、24m 作业半径、80m 主臂、配重 96.6t 的工况下，250t 汽车吊最大起吊重量为 9.3t（大于 6.12t）、最大起吊高度为 75m（大于 32.45m）、距旋转中心 9m 位置处吊臂下方空间为 35m（大于 21m），完全能满足本工程的吊装要求。

本章参考文献

[1] 徐苏斌，赵子杰. 从存储粮食到储藏艺术——筒仓类工业遗产再利用设计研究 [J]. 新建筑，2019（05）：52-56.

[2] 李景明. 佛山三水芦苞仓活化设计研究 [D]. 广州：广州大学，2018.

[3] 蒋滢，Teemu Hirvilammi，Marc Maurer，何健翔，Thomas Odorico，梁子龙. 浮法玻璃厂筒仓改造原浮法玻璃厂原料筒仓改造设计，2013 深港建筑双年展 [J]. 世界建筑导报，2017，32（03）：20-21.

[4] 汤洪家. 既有粮食筒仓改造中的钢结构施工技术 [J]. 建筑施工，2018，40（07）：1152-1153.

[5] 周文亮. 矿井地面煤仓加层改造设计方案探索 [J]. 陕西煤炭，2019，38（S1）：107-110.

[6] 王欣. 筒仓类工业构筑物的改造再利用研究 [D]. 济南：山东建筑大学，2018.

[7] 混凝土结构设计规范（2015 版）GB 50010-2010 [M]. 北京：中国建筑工业出版社，2015.

[8] 钢结构设计标准 GB 50017-2017 [M]. 北京：中国建筑工业出版社，2017.

第9章　更新改造案例分析（残损厂房）

9.1　基本概况

东莞市鳡鱼洲文化创意产业园残损厂房的曾用名为"鳡鱼洲工业区活化利用 1.5 级开发项目 8-5 与 8-6、东莞市鳡鱼洲商改项目第 41 号楼"，该房屋建于 20 世纪 80 年代，原设计为单层排架结构，用途为厂房车间，已空置多年，部分屋面已损坏（图 9-1、图 9-2）。

图 9-1　残损厂房航拍图　　　　　　　图 9-2　残损厂房现场图

9.2　建筑现状

（1）柱、梁、板：建筑为钢筋混凝土框架结构，由于年久失修，部分柱、梁和楼板存在不同程度钢筋锈蚀、混凝土保护层胀裂；部分楼板存在收缩裂缝；柱网较大，空间改造较灵活。

（2）墙体：建筑立面保存较完整，原有建筑墙体存在抹灰脱落，表面滋生细菌和青苔，墙体脱色严重。

（3）屋面：屋面层钢屋架锈蚀严重，部分屋盖缺失，钢屋面板等构件需处理。

9.3　空间改造

本项目中以残损厂房作为案例分析，该残损厂房的结构形式为钢筋混凝土排架结构，厂房横向间距 27.18m，纵向长度 49.29m，柱纵向间距为 5.2m，厂房最高高度为 11m。新的改造方案为在内部增设 1 层平台同时屋顶高度调整为 16.850m（图 9-3、图 9-4）。

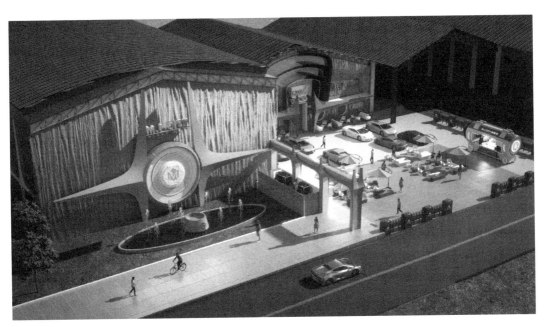

图 9-3　残损厂房改造后效果图

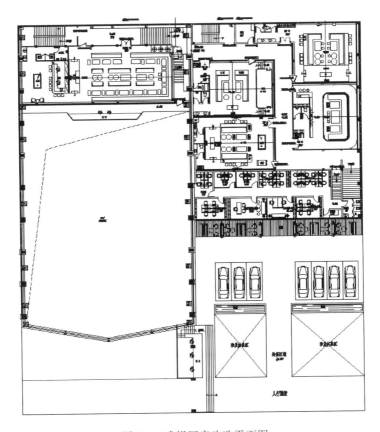

图 9-4　残损厂房改造平面图

9.4 残损厂房改造设计研究

9.4.1 残损厂房改造设计研究思路

本次残损厂房的改造方案为单层排架结构改造为局部二层的排架结构，同时对原有屋顶抬升。为解决残损厂房的更新改造问题，本残损厂房改造设计研究主要从以下方面解决问题。

（1）避免改造导致加固量上升，保持原有排架结构的基础（拆除屋面），内部新增受力构件，通过新增的受力构件来承受建筑主要荷载，降低残损厂房的安全风险。

（2）加强新增受力构件与既有残损厂房结构构件的连接，通过加强新增受力构件与地基梁、纵向梁的连接节点设计，达到新增受力构件与残损厂房构件的连接，实现建筑整体加强的目的。

（3）采用装配式理念，除与残损厂房连接的新增竖向受力构件采用混凝土结构，内部其他受力构件采用装配式钢结构，其具有施工精度高、减少搭设模板及脚手架工程量等特点，能够缩短既有工业建筑改造的工期及施工环保。

根据残损厂房的原结构布置情况（图9-5）并考虑加建后的荷载，其原有受力结构已经不宜承受改造后所传导的荷载，所以本技术在保留原有受力结构下，新增内部受力构件，将改造后产生的荷载直接传递到新增受力构件上，避免将荷载传递到残损厂房的原有受力构件，减少相应的加固梁，保证结构的安全。

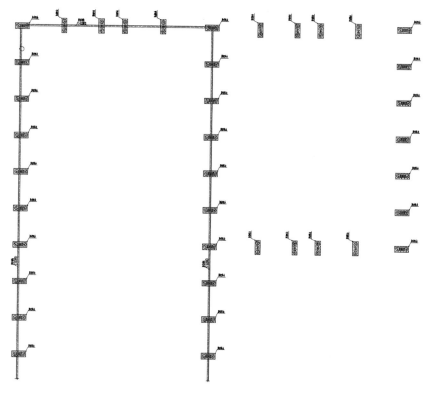

图9-5 残损厂房原有结构布置图

采用内部新增受力构件加既有受力构件与新增受力构件连接的方式能够很好解决残损厂房改造中所遇到加固量大的问题。内部新增受力构件根据既有厂房的排距进行穿插布置，并与原有残损厂房的构件进行连接形成整体，增强厂房结构的整体性。对于新建受力构件的基础，当存在空间限制时，采用桩基础施工，当场地空间较宽裕时采用独立基础。其相关研究流程如图9-6所示。

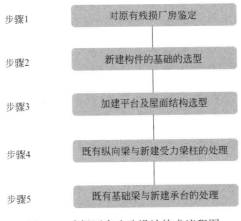

步骤1   对原有残损厂房鉴定

步骤2   新建构件的基础的选型

步骤3   加建平台及屋面结构选型

步骤4   既有纵向梁与新建受力梁柱的处理

步骤5   既有基础梁与新建承台的处理

图9-6 残损厂房改造设计技术流程图

9.4.2 残损厂房改造的结构及基础选型

本项目中的改造方案由原来的单层排架厂房改造为局部二层且屋顶标高须抬高，原有的构件不宜再作为承重构件来承受改造后的荷载，为保留原有工业建筑的历史痕迹韵味，决定在保留排架结构的基础上通过新建受力构件的形式进行改造，所有的荷载通过新建受力结构进行承担，原残损厂房的构件作为围护构件处理，以下将从基础选型、梁柱及屋面结构的设计研究进行叙述。

（1）新增梁柱及屋面的设计研究

根据残损厂房的原有结构布置及施工工作空间，尽可能保留残损厂房的原有构件及围护结构，为与既有排架结构的钢筋混凝土结构相适应，边柱采用钢筋混凝土结构，内部空间的加建平台及屋面钢结构则采用钢结构施工，能够实现快速施工。对于屋面结构，由于改造后的屋面须抬升处理且原有屋面已损坏严重，故对原有的残损屋面进行拆除重建处理。

1）竖向构件

在残损厂房外圈竖向受力构件柱设计方面，为尽可能地保持原有残损的排架柱及外围护结构，边柱尽可能减少对排架柱及围护结构的影响，在首层位置上，新增的柱采用紧贴外墙的方式减少对残损厂房外立面的影响；新建竖向受力构件在屋面增高部分采取变截面的方式尽量与外结构平齐，使外立面没有突兀的感觉；新增的受力构件根据既有残损构件的间距进行穿插处理，并预留相应的位置作为出入口，新增的竖向布置如图9-7～图9-9所示。

在内部加建平台方面，由于残损厂房的内部结构不受外部既有排架结构的影响，为原有屋面的拆除提供良好的施工条件，故采用钢结构的方式进行施工，对构件进行标准化设

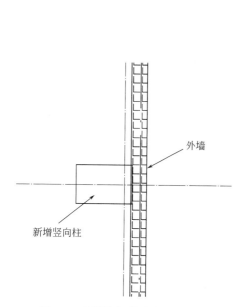

图 9-7　新增柱与外墙关系示意图

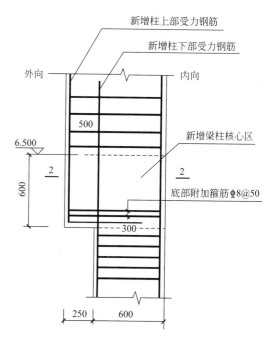

图 9-8　新增柱与外墙关系示意图

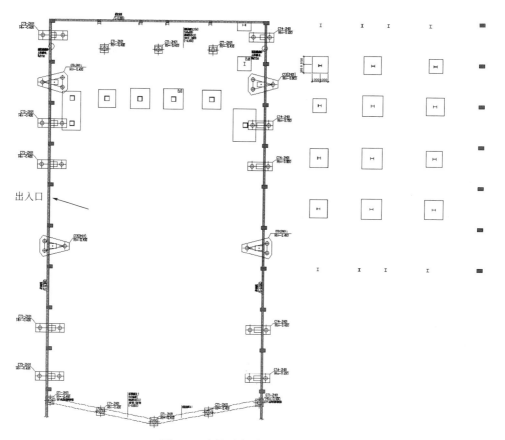

图 9-9　残损厂房增设结构布置图

计，大大地减少钢结构构件的规格种类和数量，同时钢结构在制作方面有利于生产质量控制，在安装效率方面实现大大的提升（图 9-10、图 9-11）。

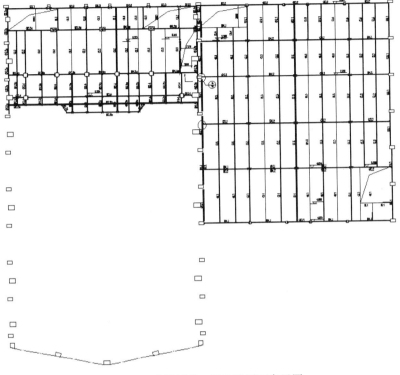

图 9-10　残损厂房二层改造平面布置图

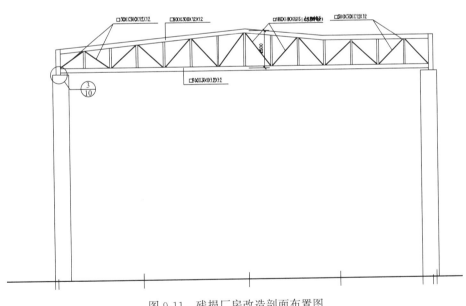

图 9-11　残损厂房改造剖面布置图

2）屋面钢结构

屋面钢结构结构选型与内部加建平台相同，采用钢结构的方式，与原有残损的结构形式一致，由于新建竖向受力构件为新建构件，可在新建竖向构件上预埋钢结构锚栓，便于施工（图9-12）。

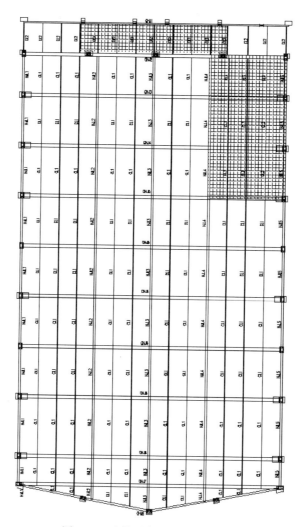

图9-12 残损厂房顶层平面布置图

（2）新增基础设计研究

对于新增基础设计，与残损厂房周边新增的基础原理相似，尽量减少对既有基础及基础梁的扰动，故在残损厂房周边采用桩基础处理，在内部采用独立基础处理（图9-13、图9-14）。

由于厂房周边受力柱荷载较大且为减少开挖面对既有基础梁的影响，桩基础的形式能够保证桩基础最小程度地影响既有基础梁，是较好的基础选型方式。同时由于内部空间受力柱的荷载较小，用独立基础的形式就能够达到经济适用的目的。

对于桩基础及内部的独立基础的施工顺序，需要根据施工便利性调整其相关顺序，先施工厂房周圈桩基础后再进行内部的独立基础施工，减少因独立基础的开挖而导致的桩基础施工空间不足的影响。

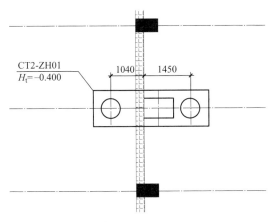

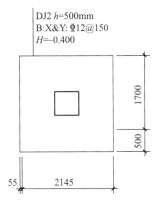

图 9-13　厂房周圈桩基础示意图　　　　　　图 9-14　内部空间独立基础图

9.4.3　残损厂房改造的新旧构件连接研究

残损厂房的新旧构件的连接是残损厂房改造中的重难点，新建受力构件与既有的构件如何进行有效的连接是关注的重点，在本残损厂房改造中，根据受力模型，将排架结构作为围护结构进行处理，其主要受力构件为新建构件，新建构件与既有构件主要在基础梁及纵向梁，以及新建水平梁及既有梁柱的连接。以下将对每个部分的连接进行研究。

（1）新建承台与基础梁的连接

残损厂房周圈的桩基础承台及基础梁的相交部分，采用相互连接的方式处理，这种连接方式可实现新承台与既有地基梁融合，避免建造新的地基梁，同时能够增加既有地基梁的整体刚度。为此，新建承台与基础梁的连接采用以下方式（图 9-15、图 9-16）：

1）对基础梁相交部分的位置进行凿除处理，保留原有钢筋。

2）在凿除处增设水平连接上部钢筋，保证承台与基础梁的整体性，增设的水平连接上部钢筋植入基础梁内 $15d$ 或贯穿。

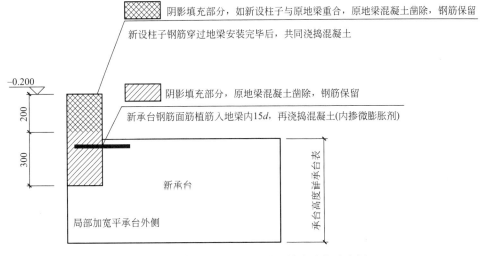

图 9-15　新建承台与既有基础梁单边连接示意图

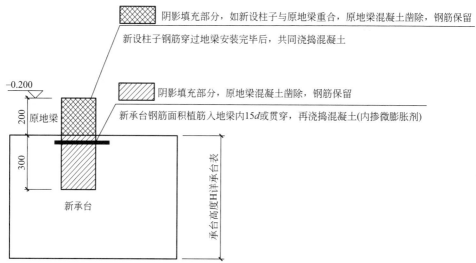

图 9-16　新建承台与既有基础梁双边连接示意图

3）浇筑地基梁与承台相交部分混凝土时，采用膨胀混凝土，避免新旧混凝土产生裂缝。

（2）新建受力柱与纵向梁的连接

新增的受力柱及残损厂房的纵向梁主要为相贴及部分相交方式，对于新建受力柱与纵向梁的处理方式，相贴部分的纵向梁采用设置植筋，同时能够增加既有地基梁的整体刚度。为此，新建承台与基础梁的连接采用以下方式：

新建受力柱与纵向梁相贴情况下做法：在二者相贴时，利用植筋技术设置 L 形钢筋，并绕过柱第二排纵筋并与另外一个 L 形钢筋搭焊接封闭，实现既有梁与新增柱固定连接，如图 9-17、图 9-18 所示。

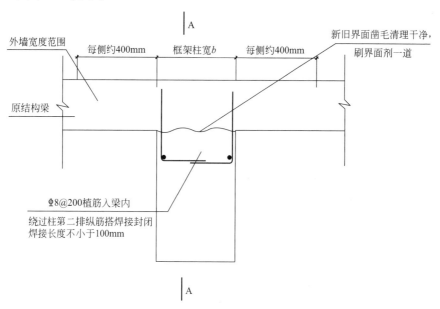

图 9-17　新建受力柱与纵向梁相贴时做法平面图

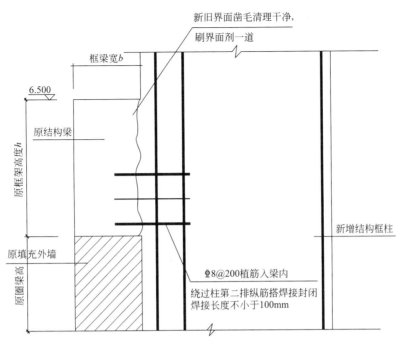

图 9-18　新建受力柱与纵向梁相贴时做法剖面图

新建受力柱与纵向梁为相交情况下做法：在二者相交时，凿除二者相交部分的混凝土并保留钢筋，利用新建柱的竖向钢筋穿过纵向梁的钢筋，新增柱内纵筋须贯通穿越已有梁内钢筋笼，不得搭接或焊接（图 9-19、图 9-20）。

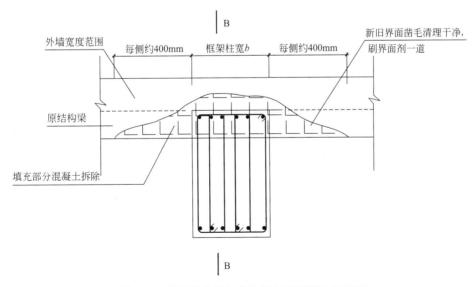

图 9-19　新建受力柱与纵向梁相交时做法平面图

（3）新建纵向梁与既有纵向梁的连接

新建纵向梁位于既有厂房结构的顶部，与既有纵向梁采用相贴的方式进行连接，在既有梁的区域中，植筋Φ10@200 与新浇筑框架梁箍筋绑扎一起。在既有柱顶区域中，

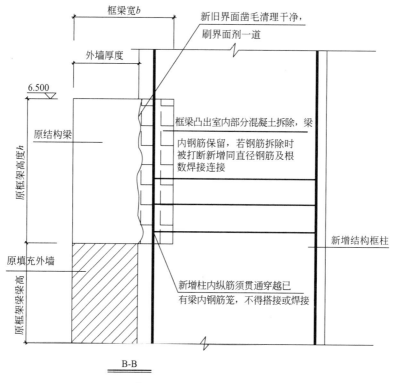

图 9-20　新建受力柱与纵向梁相贴时做法剖面图

通过植筋的方式，设置箍筋为Φ8@100 的暗柱，实现新旧纵向梁构件的连接（图 9-21、图 9-22）。

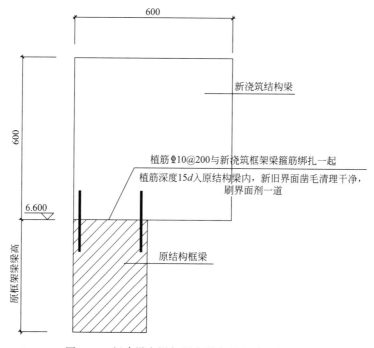

图 9-21　新建纵向梁与既有纵向梁相贴时做法图

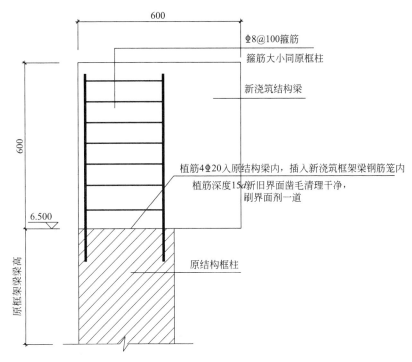

图 9-22　新建纵向梁与既有纵向梁相贴时做法图

9.4.4　残损厂房改造设计研究总结

本技术研究对残损厂房的改造设计进行研究，对残损厂房中遇到的结构选型、新旧构件连接进行分析，综合考虑残损厂房结构，从而现状制定相应的设计方案。

在结构及基础选型上，本研究尽可能保持既有主体结构及围护结构，新增柱贴近既有围护结构、新增柱采用变截面方式、周圈基础采用桩基础方式，最大程度减少既有构件的拆除，最大化地将工业历史韵味保存下来。

在新旧构件的连接方面，以同样的思路最大程度减少对既有构件的影响，通过设置水平连接上部钢筋、L 形钢筋植筋、设置暗柱等措施，实现新旧构件的连接，实现改造目的的同时减少加固工程量。

本章参考文献

［1］戈玉平，余洋．增大截面法加固旧混凝土柱承载效果分析［J］．天津建设科技，2021，31（01）：59-61.

［2］武乾，张特刚．基于再生改造的旧工业厂房结构安全分析［J］．建筑结构，2016，46（05）：58-62.

［3］韩大江．混合结构厂房梁柱加固技术［J］．施工技术，2021，50（03）：43-44，65.

［4］欧兴付，孙洋．单跨框架结构多层工业厂房的防震设计探讨［J］．住宅与房地产，2020（36）：75-76.

［5］宋奕潮．某既有钢筋混凝土单层工业厂房加固方法比较研究［D］．西安建筑科技大学，2014.

［6］李明达．单层工业厂房夹层改造技术问题研究与工程应用［D］．沈阳建筑大学，2016.

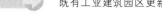

［7］ 陈道政，王扬帆. 某单层空旷砖混结构厂房加层分析与加固设计［J］. 建筑结构，2020，50（24）：74-79，109.

［8］ 黄彬辉. 外高桥保税区通用厂房由多层改造成高层的结构加固设计与分析［J］. 建筑结构，2020，50（24）：69-73，90.

［9］ 毛无际，刘富成. 旧厂房改造项目结构加固设计及施工研究［J］. 居舍，2020（34）：77-78，106.

［10］ 李坤伟，胡军. 某钢结构厂房桩基础加固设计与施工控制［J］. 重庆建筑，2020，19（02）：52-55.

［11］ 武乾，李娜，王力，卢安琪. 钢筋混凝土旧工业厂房主体改造加固的风险耦合研究［J］. 安全与环境学报，2020，20（05）：1661-1667.

［12］ 郭慧珍，李敏. 大跨度门式刚架预应力结构加固研究［J］. 建设科技，2020（19）：91-93.

［13］ 凌程建. 工业厂房加固方法研究与实际应用［D］. 成都：四川大学，2006.

第10章　更新改造案例分析（其他建筑）

10.1　海关驻鳒鱼洲办事机构旧址

10.1.1　基本概况

海关驻鳒鱼洲办事机构旧址建设于 20 世纪 80～90 年代，占地面积约 2044m²，总建筑面积约 3902 m²，为二层钢筋混凝土结构。它初期为东莞市粮食进出口公司的冷库，之后二层部分作为海关驻鳒鱼洲的办事机构。建筑物外墙有"依法执勤，把好国门"字样，对于反映鳒鱼洲外贸方面取得的成就具有重要意义（图 10-1）。

(a) 建筑1-5改造前

(b) 建筑1-5改造后

(c) 建筑1-5改造前

(d) 建筑1-5改造后

图 10-1　建筑 1-5 改造前后图

10.1.2　建筑现状

（1）柱、梁、板：建筑为钢筋混凝土框架结构。由于年久失修，部分柱、梁和楼板存在不同程度钢筋锈蚀、混凝土保护层胀裂；部分楼板存在收缩裂缝；部分墙体和板底存在抹灰脱落现象。柱网为5.8m×7.0m，间距较大，空间改造比较灵活（图10-2、图10-3）。

图10-2　标语不清晰，楼梯破损严重

图10-3　墙体滋生细菌、部分窗户被封、后加涂料

（2）墙体：建筑立面保存较完整，遗留标语反映历史信息，原有建筑墙体存在抹灰脱落、表面滋生细菌和青苔，墙体脱色严重；原有标语"依法执勤，把好国门"字样保存较为完整，需原位保留。

（3）屋面：屋面层存在混凝土开裂，防水层老化，原有女儿墙存在安全高度不足，混凝土开裂现象。

（4）楼梯：原有楼梯保存较差，损坏严重；可保留作为景观小品以保存其历史信息完整度。

（5）门窗：原有窗扇为木窗，出现木材糟朽，木材脱色严重，窗扇破损、残缺的现象。

10.1.3　建筑改造情况

（1）空间：将原有建筑部分内隔墙进行拆除，并在建筑东北面增设廊道空间。

（2）立面：保留原黄色涂料墙面，尤其注意保留大字在内的历史符号，大门增设构件强化入口空间，将原有木窗及铁门更换为深灰色铝合金门窗，局部增设黑色装饰箱体窗。置入观景休闲廊道，使立面更丰富。

（3）屋顶：进行修缮，做防水处理（图10-4～图10-6）。

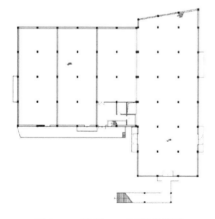

图10-4　建筑1-5实测平面图

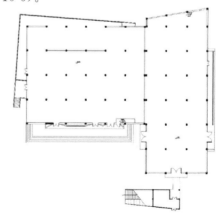

图10-5　建筑1-5改造平面图

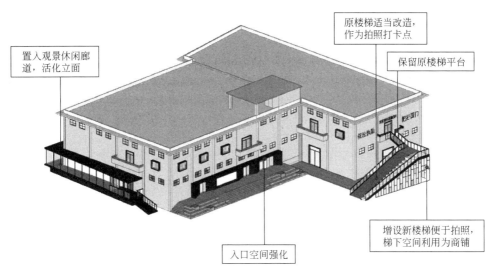

图 10-6　建筑 1-5 方案改造内容

10.2　东莞市面粉公司办公楼旧址

10.2.1　基本概况

本楼建设时期为 20 世纪 80～90 年代。占地面积约 1246m²（其中园林面积 440m²），总建筑面积约 2206m²。它原在东莞市面粉公司内，作为办公大楼，是该公司为数不多能保留下来的建筑物之一，也是目前鳒鱼洲内保存最好的建筑之一。该办公楼共四层，钢筋混凝土框架结构，首层入口处墙体顶部设有竹节窗，室内将建筑分为两个部分，中间用天井隔开，二至三层用连廊将两个体块进行连接。此种做法有利于建筑的通风散热，符合岭南气候炎热的特点。整栋建筑的外立面和场地景观都基本保持原貌，在设计、材料、装饰和工艺方面，完整展示了改革开放初期岭南办公建筑及园林的典型风格。

办公楼旧址中的园林部分称之为"憩园"，现存月洞门和一处六角亭，月洞门为钢筋混凝土框架结构，表面贴青砖，门两侧各有琉璃花窗一个，琉璃筒瓦屋面，目前保存较为良好。六角亭为钢筋混凝土框架结构，共两级台阶，柱间设有美人靠和挂落，屋面翼角起翘，上铺黄色琉璃瓦，整体样式极具岭南风格（图 10-7、图 10-8）。

图 10-7　东莞市面粉公司办公楼旧址老照片

(a) 门楼旧照

(b) 月洞门旧照

(c) 六角攒尖亭旧照

图 10-8　东莞市面粉公司部分照片

10.2.2　建筑现状

（1）柱：宿舍楼柱子主要存在抹灰层脱落、钢筋锈蚀、混凝土保护层胀裂的现象。

（2）梁、板：宿舍部分梁体和楼板存在不同程度钢筋锈蚀、混凝土保护层胀裂现象，楼板存在收缩裂缝，部分梁和板底存在抹灰脱落现象，部分走廊护栏混凝土压顶局部存在不同程度混凝土块脱落，部分室内梁、板被熏黑。

（3）墙体：由于自然风化和人为使用不当的影响，现存的建筑中墙体大都出现不同程度的损坏，包括滋生青苔、杂草，表面抹灰起鼓和脱落以及墙体开裂现象，室内墙体部分被熏黑（图 10-9）。

(a) 宿舍楼梁底钢筋锈蚀外露

(b) 走廊护栏混凝土压顶存在混凝土块脱落

(c) 内墙体被熏黑

(d) 墙体抹灰脱落

图 10-9　宿舍楼改造前图

（4）屋面：门楼屋面层存在混凝土胀裂和渗水现象，宿舍楼存在混凝土开裂、防水层老化，原有女儿墙存在安全高度不足、混凝土开裂现象。

（5）门窗：原有窗扇为木窗，现有建筑出现木材糟朽，木材脱色严重，窗扇破损、残缺；窗户玻璃碎裂、缺失。钢窗框及大门，均存在生锈、部分构件缺失的现象。

（6）亭子：六边形，钢筋混凝土结构，黄色琉璃瓦屋面，建筑保存完整。亭子周围杂草丛生。

10.2.3　建筑改造情况

（1）空间改造：东莞市面粉公司由办公楼、憩园组成，在建筑环境和空间营造上可以结合历史院落形成完整组团空间，利用园林达到移步异景的效果。办公楼建筑可以通过加建钢结构玻璃顶棚，形成新的中庭，将消极院落优化为积极的公共空间。除此之外，由于面粉厂办公楼紧邻 3-1，本项目通过新增钢结构连廊，将两栋建筑连为一个整体。

（2）屋面：重做屋面保温层、防水层。

（3）门窗：将办公楼原门窗构件进行替换，原位替换为铝合金门窗，尽可能保持立面形式不变；修复憩园月洞门琉璃花窗。

（4）墙体：根据图纸小心拆除部分室内墙体，后用 100mm、200mm 厚的蒸压加气混凝土砌块进行砌筑；清洗并修复外墙马赛克砖，安全修缮并清洗外部墙面；清洗憩园月洞门面砖（图 10-10）。

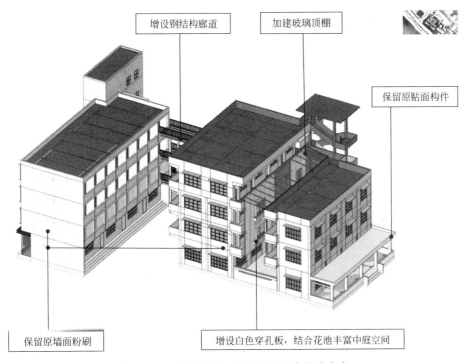

图 10-10　面粉公司办公楼旧址方案改造内容

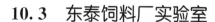
10.3 东泰饲料厂实验室

10.3.1 基本概况

本楼建设时期为 20 世纪 80～90 年代，为饲料厂的化验场所，占地面积约 96m²，建筑面积：218.3m²。它原在东莞市粮油工业公司下属的东泰饲料厂内，后因合作公司的更换，更名为东铭饲料厂，结业后租给康达尔饲料厂使用。建筑采用水刷石外墙，开拱形窗，体现了东莞改革开放初期工业建筑的特征和审美取向。实验室还保留了很多当年的试剂和器材，体现了 20 世纪 80 年代至 21 世纪初东莞开放创新的工业精神（图 10-11、图 10-12）。

图 10-11　东泰饲料厂外观原状

图 10-12　东泰饲料厂室内原状

10.3.2 建筑现状

（1）梁、板、柱：由于年久失修，部分梁、板、柱存在钢筋锈蚀、混凝土保护层胀裂现象。二层及屋面的⑤×Ⓐ轴外侧挑梁上后期加建钢筋混凝土板与 5-9 栋的二层及屋面连通，作为连接通道及雨篷，加重悬臂构件的负荷，存在安全隐患。

（2）墙体：原建筑墙面为水刷石，水刷石存在滋生细菌、局部缺失的现象。

（3）门窗：形式为圆形拱门窗，由亮子、窗扇、五金件组成，其中，窗扇为钢制窗框加透明玻璃组成。窗户中窗框存在锈蚀现象，窗扇及玻璃部分缺失，多处窗玻璃碎裂或松脱；原有铁门存在生锈现象，部分被拆除，因此可按美观性和正常使用性的要求采取修复措施。

（4）屋面：女儿墙净高约为 0.4m，低于国家规范的最低安全要求；屋面保温层及防水层年久失修，屋面混凝土表面存在开裂现象。

（5）楼梯：混凝土栏板高度不能满足现有安全规范（净高 1.05m），且存在崩塌现象。

（6）阳台：原阳台栏杆不满足安全规范高度，业主在二层④～⑤×Ⓑ轴外侧阳台加建卫生间。阳台缺乏有组织排水。

（7）室内：室内部分墙体后期用木板包裹，室内墙体、楼板出现抹灰层空鼓、脱落现象。马赛克地面局部缺失（图 10-13）。

(a) 梁体钢筋锈蚀外露

(b) 与5-9栋之间加建的连廊和雨篷

(c) 高度不足且局部损坏的楼梯栏板

(d) 高度不足的阳台护栏

(e) 阳台加建卫生间

(f) 马赛克地板破损

图 10-13　东泰饲料厂实验室现状图

10.3.3　建筑改造情况

（1）空间：保持原有空间不变。

（2）墙体：对于残损的水刷石面层进行修复，将原墙体清除干净后，刷专用界面剂一遍，用10mm厚专业抹灰砂浆，分两次抹灰，再刷素水泥砂浆一遍，最后用10mm厚1：1.5水泥石子，半干时刷子蘸水刷掉表面水泥。修复时注意遵循从上至下，从左至右的序次，上部施工时应严密掩盖好下部水刷石饰面，避免二次污染。

（3）阳台：拆除后期加建卫生间，将原阳台样貌进行复原；阳台栏板原有高度为0.4m，低于国家规范的最低安全要求（净高1.05m），因此在原有栏杆的基础上加0.75m的方钢管栏杆。

（4）楼梯：保留原有楼梯，局部重做钢筋混凝土栏板。

（5）门窗：原有窗户骨架保留完好，现只将玻璃进行更换，窗户均原位保留。铁门原位保留，清理金属面并进行除锈后重刷油漆。

（6）屋面：栏杆高度在原有栏板0.4m的基础下，加0.75m方钢管栏杆；屋面拆除至钢筋混凝土屋面板，刷专用界面剂两遍后，用C20细石混凝土找坡，再重做防水层和保温层，最后用40mm厚C20补偿收缩混凝土保护层随捣随平，表面压光，内配$\phi4\times150mm\times150mm$双向钢筋网片，设间距≤3000mm的分格缝，缝宽10mm，缝内填聚氨酯密封胶，钢筋网在分格缝处需断开。

（7）地板：对原地板进行修复，采用同规格、同颜色的马赛克按照原有花纹进行修复（图10-14）。

（a）阳台增设栏杆　　　　　　　　（b）屋面增设栏杆　　　　　　　　（c）水刷石墙体修复

图10-14　部分修复后图

10.4　饲料厂烟囱及锅炉房

10.4.1　基本概况

本建筑建设时期为20世纪80～90年代，占地面积约235m²，建筑面积470.8m²。它原为东莞市粮油工业公司下属的东泰饲料厂，后因合作公司的更换，更名为东铭饲料厂，搬迁后为康达尔饲料厂使用。主要建筑由锅炉房和附设的烟囱组成，锅炉房为单层钢筋混凝土结构，外墙开有纵向拱形长窗，烟囱砖砌圆形，筒高40m，筒身顶部外直径1.68m，筒身底部外直径3.68m，底部标高10m以下壁厚为0.49m，是早期工业防污染措施的典型之一。它反映了 20 世纪 80 年代至 21 世纪初的工业生产活动（图 10-15）。

(a) 建筑5-3锅炉房旧照

(b) 建筑5-4锅炉房旧照

(c) 建筑5-5锅炉房旧照

图 10-15　饲料厂烟囱及锅炉房改造前图 1

10.4.2　建筑现状

（1）墙体：普遍存在墙身有污渍、抹灰脱落现象，5-3 栋建筑内部 2.3m 标高平台墙体受损、倒塌，现只残留部分钢筋混凝土框架和残缺红砖墙，室内墙体局部被熏黑。

（2）门窗：钢窗的窗框普遍锈蚀，多处窗玻璃碎裂或松脱，所有门被拆除。

（3）屋顶：屋面均存在漏水现象，飘板底部有裂缝并有渗漏水现象。5-5 屋面有树木生长，隔热和排水系统已遭破损，屋面梁板被熏黑。

（4）楼梯：三栋建筑楼梯栏板和阳台栏板的净高约为 0.6～0.9m，低于国家规范的最低安全要求（净高 1.05m），应采取措施。

（5）烟囱：烟囱顶部杯口位置部分砖砌块存在松脱落现象；烟道爬梯锈蚀、松动变形及砖砌块部分存在表面分化和损伤；周围有邻近树木枝条紧贴烟囱生长（图 10-16）。

(a) 建筑2.3m标高平台墙体受损倒塌

(b) 高度不足的楼梯栏板

(c) 钢窗的窗框普遍锈蚀及玻璃碎裂

(d) 板底裂缝并有渗漏水痕迹

(e) 屋面有树木生长

(f) 阳台栏板高度不足

图 10-16　饲料厂烟囱及锅炉房改造前图 2

10.4.3　建筑改造情况

（1）空间：5-3 对室内空间进行加层设计，在原有标高 2.3m 处局部加建二层，并在室内外增设楼梯通往二层平台。5-4 对室内进行加层设计，在原有标高 5.6m 处局部加建二层。5-3 与 5-4 通过加建连廊、增设钢结构雨篷来连接两栋建筑，在空间上形成一个共享中庭，使空间更具趣味性。

（2）墙体：针对现有功能，将建筑平面布局进行重新划分，将原有的部分墙体拆除，并用蒸压加气混凝土砌块重砌新墙，隔墙均需砌筑至梁底或楼板底，潮湿环境、防潮层以下应采用蒸压灰砂砖进行砌筑。

（3）阳台：阳台栏板原有高度为 0.4m，低于国家规范的最低安全要求（净高1.05m），因此在原有栏杆的基础上加 0.75m 的方钢管栏杆。

（4）楼梯：5-3 在原有楼梯基础上，对栏板进行加高处理。5-4 新增一处双跑梯，用于加建平台（休闲区）的人员疏散，5-3 加建一处单跑楼梯和一处转角双跑梯，用于加建平台（餐饮区）的人员疏散。

（5）门窗：保留部分原有窗户，将部分损坏较严重的窗户根据原有样式和颜色进行更改，尽量做到"修旧如旧"。

（6）屋面：原屋面为不上人屋面，为了使建筑从根本上解决漏水问题，除了对屋面的防水层、保温层、隔离层等重做之外，还增加了有组织排水措施，在屋檐向内收进 1m处，增加 200mm 高的 C20 高素混凝土反坎，与屋面之间留出一截水沟，将水通过管道有组织地排到地面，减少对墙身的侵蚀（图 10-17）。

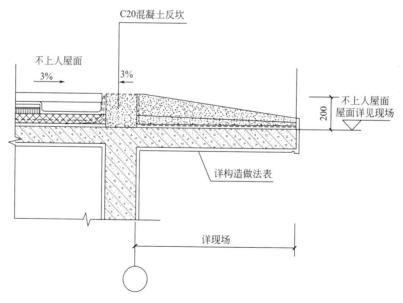

图 10-17　屋面改造情况

10.5　总结

城市发展是不断积淀的过程，建筑是城市历史文脉的重要载体，不同时期建筑文化的叠加，构成了丰富的城市历史文化。鳒鱼洲改造项目充分认识既有建筑的历史、文化、技术和艺术价值，坚持充分利用、功能更新原则，加强城市既有建筑保留利用和更新改造，避免片面强调土地开发价值，防止"一拆了之"。它坚持城市修补和有机更新理念，延续城市历史文脉，保护中华文化基因，留住居民乡愁记忆。我们深入贯彻落实中央城市工作会议精神，践行绿色发展理念，加强绿色城市建设工作，促进城市高质量发展。

本章参考文献

[1] 东莞旧厂区便是文化新地标. https：//www. sohu. com/a/340573854＿356115.

[2] 徐荣，何湘，周星等. 鳒鱼洲文化创意产业园施工图 [Z]. 东莞：广东华方工程设计有限公司，2019.

[3] 三江六岸至东莞记忆鳒鱼洲出发了 [EB/OL]. http：//land. dg. gov. cn/zfxxgkml/qt/gzdt/content/post＿2152266. html.

[4] 东莞市人民政府——自然地理 [EB/OL]. http：//www. dg. gov. cn/zjdz/dzgk/zrdl/content/post＿2824920. html.

[5] 关于《东莞鳒鱼洲历史地段保护规划》的批后公告 [EB/OL]. http：//121. 10. 6. 230/dggsweb/DGGSASP/Article＿Show. asp？ArticleID＝5201.

[6] 《东莞鳒鱼洲历史地段保护规划》公示：近期重点开发中部和北部 [EB/OL]. http：//news. sina. com. cn/c/2019-02-26/doc-ihsxncvf7815513. shtml.

[7] 南希. 生态视角下深圳华侨城旧工业区改造分析与优化策略研究 [D]. 哈尔滨：哈尔滨工业大学，2013.

[8] 陈正鹏. 旧住宅的适老化改造设计研究 [D]. 南京：南京工业大学，2018.

[9] 许溶烈，陈明中，黄坤耀. 既有建筑综合改造的社会需求与发展前景 [J]. 建筑结构，2008（05）：120-125.

[10] 倪文岩. 广州旧城历史建筑再利用的策略研究 [D]. 广州：华南理工大学，2009.

[11] 曾锐. 基于保护转型与再生评价的工业遗产更新研究 [D]. 安徽：合肥工业大学，2018.

[12] 李雅洁. 基于"城市触媒"理论的旧工业区更新改造策略研究 [D]. 邯郸：河北工程大学，2016.

[13] 田卫. 旧工业建筑（群）再生利用决策系统研究 [D]. 西安：西安建筑科技大学，2013.

[14] 李茜. 成都市成华旧工业区临街外立面改造装饰语言研究 [D]. 成都：西南交通大学，2006.

第11章 附录

鲢鱼洲历史事件表 表 11-1

时间		鲢鱼洲历史事件	东莞历史事件
20世纪70年代	1974	建设制冰厂	
	1977	建设腊味加工厂	
	1979	鲢鱼洲建成、交通便桥建成	万江大桥建成通车
20世纪80年代	1981	建设粮食工业片区	
	1982	建设面粉厂	
	1984	玻璃钢船厂成立	
	1985	食品进出口公司成立	列为珠江三角洲经济开发区
	1986	脱皮烤熟花生厂成立 米面制品厂成立 东泰饲料厂投产	《东莞市报》创刊 常平体育馆落成 东莞市发电厂建成投产
	1987	金鳌饮料厂投产	东莞大桥高架桥正式通车
	1988	浓缩预混饲料厂成立	东莞升格为地级市 东莞海关正式开关
	1989	鲢鱼洲批准为莞城进出口货物装卸点	
20世纪90年代	1992	东莞船舶工业公司成立	建成第一所大学 东莞理工学院
	1993	双八食品总厂成立	全国第一家民营职业篮球俱乐部成立
	1994	冷冻食品厂成立 粮食制品厂迁入	实现了农村工业化
	1995	双八食品总厂停产	东莞诺基亚移动电话有限公司成立
	1996	米面制品厂停产 浓缩预混饲料厂结业	厚街被评为"全国绿化百家镇"
	1997	龙通货柜码头公司迁入 康达尔饲料公司成立 强盛鞋业公司迁入	虎门大桥建成通车
	1998	设立海关办事点	成为全国公路密度最大的地级市 次年成为全国第二大出口创汇城市

续表

时间		鳒鱼洲历史事件	东莞历史事件
2001~2010	2001	海关设立鳒鱼洲码头监管科	
	2002	东江大道和公园修建工程动工	外贸出口总额全国第三位 为"全国经济林建设先进市" 为"全国科技进步先进城市"
	2003	面粉厂关停 粮食制品厂关停	虎门港正式对外开放
	2004	制冰厂关停 肉类加工厂关停 冷冻食品厂关停 东莞船舶工业关停 粤东米面制品厂关停 龙通货柜码头搬迁 人民便民桥被拆除 居委会和码头监管科搬迁	被授予珠三角地区国家电子信息产业基地
	2009	康达尔饲料公司搬迁 食品进出口公司关停 化工技术设备开发公司关停 强盛鞋业有限公司关停 船舶工业公司关停 粮油工业公司关停	全省率先实行积分入学政策
2011 年至今	2012		率先试点商事制度改革
	2013		正式批准为国务院农村综合改革示范试点单位
	2014	—	东莞生产总值 5881 亿元
	2015		智造东莞 广东国际机器人及智能装备博览会
	2016		东莞地铁 2 号线正式通车
	2017		成为粤港澳大湾区主要核心城市之一
	2018	"东莞作用"大型艺术展览开幕	广深港高铁全面通车
	2019	鳒鱼洲工业遗存重开 《鳒鱼洲》纪录片开拍 举行招商发布会	—

仓库建筑尺寸表　　　　　　　　　　　　　　　　　　表 11-2

仓库								
建筑编号	首层面积	开间×进深 (轴线间)/米	柱网尺寸 (轴线间)/米	比例	建筑高度	层数	结构类型	柱子规格
1-3	892.10	48×18	6×6		16.6	2	C	400×400 (内外圈)
1-4	892.10	48×18	6×6		16.6	2	C	400×400 (内外圈)

续表

仓库								
建筑编号	首层面积	开间×进深 (轴线间)/米	柱网尺寸 (轴线间)/米	比例	建筑高度	层数	结构类型	柱子规格
2-4	755.01	40×18	4×9	2∶1	7.19	1	C	350×600(外圈) 350×400(内圈)
3-2	752.16	40×18	4×9	2∶1	7.07	1	C	350×600 (外圈)
3-4	755.77	40×18	4×9	2∶1	7.25	1	C	350×600(外圈) 350×400(内圈)
3-5	754.61	40×18	4×9	2∶1	7.03	1	C	350×600 (内外圈)
4-3	1316.24	63.1×20	4.5×3.3	3∶1	7.87	1	C	300×400 (内外圈)
6-1	521.51	42×11.6	6×11.6	4∶1	7.07	1	C	400×600(外圈)
6-2	251.64	20.4×11.6	5×11.6 5.2×11.6	2∶1	7.09	1	C	400×600(外圈)
6-5	293.25	25.3×11.5	5×6.2 5×5.2	5∶2	10.7	3	C	350×500 (内外圈)
7-5	271.68	18.3×16	多种	1∶1	8.2	1		350×500 (内外圈)
7-7	105.78	12.3×8.6	5.9×8.6 6.4×8.6	3∶2	4.4	1	砌体	440×440
7-8	133.90	无	无	无	4.2	1	砌体	无

厂房和车间建筑尺寸表 表 11-3

厂房和车间								
建筑编号	面积	开间×进深 (轴线间)/米	比例	柱网尺寸 (轴线间)	建筑高度	层数	结构类型	柱子规格
1-1	975.6	无	无	多种	13.6	2	C	多种
3-6	1557.29	74.8×22.7	3∶1~4∶1	4.5×12.5 4.5×10.2 4.5×4.5 4.5×8	9.96	2	C	300×500
4-1	289.83	22.5×12.5	2∶1	4.5×4.25 4.5×4	5.51	1	C	400×600(外圈) 350×350(内圈)
4-4	382.50	22.4×17	无	6×6 4.35×6	17.32	4	C	300×500
5-1	520.39	37.9×15.5	2∶1	多种(根据圆形筒体布柱)	30.5	1	C	450×450 1900×450 450×650 400×500

续表

厂房和车间								
建筑编号	面积	开间×进深（轴线间）/米	比例	柱网尺寸（轴线间）	建筑高度	层数	结构类型	柱子规格
5-3	228.37	12×16.4	3：4	3.2×4	10.78	1	C	多种
5-4	325.26	15.8×10.6	3：2	4.85×5.3 5.5×5.3	11.43	1	C	多种
5-5	164.17	17.4×8.5	2：1	5.5×4.2	6.8	2	C	350×600 350×450
6-3	263.64	25×10.3	2.5：1	5×10.3	7.17	1	C	400×600
6-4	282.34	28.5×11	2.5：1	5×4.8 5×6.2	6.91	1	C	350×400
7-1	1082.94	40×25（主体） 45.7×35	2：1	5×12.5	7.4	1	C	400×600
7-4	439.76	非规整平面	无	5.2×7.6 4.5×6.6 4.5×5.7	11.41	3	C	350×500
7-6	无	非规整平面	无	无	无	1	C	500×350
8-4	1636.82	60.2×27	2：1	5×27	11.3	1	单层排结构	400×450 400×700
8-5 8-6	2879.5	60.4×54.4	1：1	5×27	11.2	1		400×700

宿舍建筑尺寸表　　　　　　　　　　　　　　表 11-4

宿舍								
建筑编号	用地面积	开间×进深（轴线间）/米	比例	柱网尺寸（轴线间）	建筑高度	层数	结构类型	柱子规格
1-6	126.36	15.6×8.1	2：1	3.5×8.1	10.3	2	砌体结构	500×500 360×500
2-1	238.8	29.3×10.9	3：1	2.6×6.2	17.0	4	C	300×300 350×500
3-1	410.6	20.6×24	5：6	多种	17.0	4	C	300×300 300×500
3-3	497.0	不规整图形	无	3.6×4.55 3.6×6.55	23.6	6	C	300×450
4-2	245.07	30×6.6	5：1	4×5.3 2.5×5.3 （楼梯）	9.74	3	C	250×400

续表

宿舍

建筑编号	用地面积	开间×进深（轴线间）/米	比例	柱网尺寸（轴线间）	建筑高度	层数	结构类型	柱子规格
5-7	448.94	25.5×6	5：1	5.7×6 2.5×6 （楼梯）	19.63	6	C	300×500 300×300
7-2	246.84	24.8×13	2：1	3.5×6.7 3.5×4.6	16.9	4	C	300×450
8-2	312.33	不规整图形	无	3.65×5.75	15.25	4	C	300×500
8-3	176.33	15.0×11.3	3：2	6.5×3.8	15.41	4	C	250×500

办公楼建筑尺寸表　　　　　　　　　　　　　表 11-5

办公楼

建筑编号	用地面积	开间×进深（轴线间）	比例	柱网尺寸（轴线间）	建筑高度	层数	结构类型	柱子规格
1-5	1821.5	不规整图形	无	5.8×7	16.15	2	C	450×450（外） 400×500（内）
1-7	66.15	10.5×6.3	2.5：1	4.1×1.8 4.1×3.1	7.8	2	砖混结构	无
4-2	201.3	30×6.6	5：1	4×5.3 2.5×5.3	9.74	3	C	250×400
5-6	80.9	8.8×13	3：4	6.2×3.8	10.0	2	C	无
5-9	190.6	22×10.8	2：1	4.1×9.3	10.35	2	框架结构＋局部砖墙承重的混合结构	350×500
7-3	196.5	21×10.2	2：1	7×8.7 3.9×5 3.3×5	10.52	3	C	450×450 300×350 400×750 300×500
8-1	278.7	26.2×11.2	2：1	4×8.7 4.7×3.6 4.7×5	18.49	4	C	250×500 350×600